全国铁道职业教育教学指导委员会规划教材
高等职业教育电气化铁道供电技术专业课程改革规划教材

高电压设备测试

何发武　陈继杰　主　编
方　彦　苗　斌　副主编
陈瑞源　主　审

中国铁道出版社

2014年·北 京

内 容 简 介

本书是全国铁道职业教育教学指导委员会规划教材。全书以典型高压设备为载体,共分7大项目,按设备分类顺序介绍了电力变压器、互感器、高压开关、避雷器、电力电容器、电力电缆、套管及绝缘子、GIS等试验项目及全过程。

由于高压属于特种危险行业,本教材围绕电力系统的高电压技术,以高压设备测试与绝缘为核心内容,立足于高压电气试验工的核心岗位,同时适用于高压变电工、配电工、检修工,是电气专业从业人员技能培训精品教材。

本书是高等职业教育电气化铁道供电技术专业教学用书,也可以作为职业技能培训与鉴定教材,或供从事高压测试类的维护与管理人员、现场一线员工的学习培训参考用书。

图书在版编目(CIP)数据

高电压设备测试/何发武,陈继杰主编 . —北京:
中国铁道出版社,2014.7
全国铁道职业教育教学指导委员会规划教材 高等职业教育电气化铁道供电技术专业课程改革规划教材
ISBN 978-7-113-18158-1

Ⅰ.①高… Ⅱ.①何…②陈… Ⅲ.①高压电器-测试-高等职业教育-教材 Ⅳ.①TM510.6

中国版本图书馆 CIP 数据核字(2014)第 042930 号

书 名	:高电压设备测试	
作 者	:何发武 · 陈继杰 主编	
策 划	:阚济存	
责任编辑	:阚济存 编辑部电话:010-51873133	电子信箱:td51873133@163.com
封面设计	:崔丽芳	
责任校对	:龚长江	
责任印制	:李 佳	

出版发行:中国铁道出版社(100054,北京市西城区右安门西街 8 号)
网 址:http://www.tdpress.com
印 刷:北京新魏印刷厂
版 次:2014 年 7 月第 1 版 2014 年 7 月第 1 次印刷
开 本:787 mm×1 092 mm 1/16 印张:14.25 字数:354 千
印 数:1~3 000 册
书 号:ISBN 978-7-113-18158-1
定 价:29.00 元

前　言

　　本教材根据全国铁道职业教育教学指导委员会确定的规划教材编写计划及要求进行撰写。

　　由于高压测试涉及绝缘和防护方面的理论知识和操作技能，理论与实践比较难以融合理解，在授课时也存在"理论涩，实训难"的问题。所以本教材涉及电力变压器、互感器、高压开关、避雷器、电力电容器、电力电缆、套管、绝缘子、GIS 等常见高压设备，并以设备分类为主线，介绍了绝缘介质（气体、液体、固体）的基本电气特性，阐述了高压设备绝缘基本概念，并全面讲解了测试方法及过程。通过本教材的学习，能掌握电气设备绝缘结构的基本知识和测试方法，掌握高电压试验和绝缘预防性试验中常用的试验装置及测试仪器的原理与用法、基本测试程序和安全防护技能等。

　　本书具有以下几个特点：

　　1. 标准化测试。本教材依据国标（GB 50150—2006）《电气装置安装工程电气设备交接试验标准》（以下简称《试验标准》）和电力行标（DL-T 596）《电力设备预防性试验规程》（以下简称《规程》）进行编写，通过标准化测试训练，强化标准化意识，规范测试行为。

　　2. 项目化强。本课程以高压测试案例进行教学，从大量现场高压案例分析中导入与高压相关的基本理论知识，激发学生学习和参与的兴趣，提高动手能力。在教学设计上，将内容按设备分成多个高压试验项目，形成一个高压实践课程教学系列，以项目任务为载体实施教学，让学生在完成项目任务的过程中逐步提高职业能力，在教材中也增加现场中新设备检测技术的介绍。通过实训与案例教学，能正确理解高压的基本概念及成因，具有一定程度的现场综合操作能力，基本能从事高电压相关技术工作。

　　3. 操作性强。实现教学中的学做一体，工学结合。本套教材立足于高压试验工的核心岗位，紧扣试验工的核心技能要求，以中、高级技能人才培训为主，同时引入输配电高压试验的工艺和技术标准，把《中华人民共和国职业技能鉴定规范　电力行业：电气试验工(11057)》引入教材内容，保持学习和实际工作的一致性，力求教学过程中在提高专业能力的同时培养职业素质。本教材采用项目教学形式，反映最新的高职教学理念，实现真正意义上的"教、学、做"一体，培养学生的职业能力和职业素质。本教材填补了高压试验项目教学教材的空白。

4. 实用性强。本教材将根据《中华人民共和国职业技能鉴定规范　电力行业》电气试验工职业技能鉴定培训的要求编写的。教材突出了以实际操作技能为主线、将相关专业理论与生产实践紧密结合的特色,反映了当前我国高压试验技术发展的水平,体现了实用可操作性的原则,融入最新的高压测试与试验技术。

5. 配套资源丰富。除纸质教材之外,本教材还将高压试验项目开发成虚拟学习资源,与广州供电段联合录制教学项目视频,创建包括文档、课件、动画、录像等的教学资源库,建立网络课程学习平台,以供学习参考之用。

本书由广州铁路职业技术学院何发武、陈继杰主编,陈瑞源主审。本书项目一、二、三及附录由广州铁路职业技术学院何发武编写,项目六、七由广州铁路职业技术学院陈继杰编写,项目四和项目五之任务一、二由西安铁路职业技术学院方彦编写,项目五之任务三、四由西安铁路职业技术学院苗斌编写。

在本书编写过程中,多次到广铁集团供电段、广东电力设备厂等单位进行项目调研,张仕斌、张明凯、骆世忠等专家提出了宝贵意见,同时得到广州铁路职业技术学院电气化铁道供电技术团队王亚妮、刘让雄、余木鳌、谭慧铭、陈海军、何桂娥、陈健鑫、赵华军、刘文革、张红等审核,同时也得到了杨洪琳、何泽南、冼明珍、何发文、车水轩、何安洋、李逸捷、李俊、李雅、何凤华、何发贤、何月华等同志的大力支持,在内容、体例、案例等给予充分研讨和支持,在此一并表示衷心感谢。

由于作者水平有限,书中难免有错漏,希望读者多多指正。

作者
2014 年 6 月于广州

目　录

项目一　高压设备绝缘综述

【项目描述】对变电所电力一次设备实物进行辨识，着重从高压绝缘的防护和介质设置上，结合设备功能及特性，理解一次主要设备在高压安全测量和防护措施。

【知识要求】

◆能辨别电力变压器、互感器、高压开关、避雷器、电力电容器、电力电缆、套管、绝缘子、GIS 等常见高压设备。

◆辨识常用电气设备高压绝缘结构和绝缘特性，了解绝缘水平下降的成因及解决方法。

◆掌握常用的气体、液体、固体绝缘介质特性，介绍其在高压设备中的应用。

◆掌握安全距离的范围及安全接地要求。

◆掌握常用绝缘安全用具测试方法、检测周期和使用方法。

【技能要求】

◆能掌握常用电气设备绝缘性能指标。

◆能准确把握高压电气设备的结构、功能和绝缘水平。

◆能掌握电气设备测试电气连接关系。

◆掌握验电、接地和拆除地线的正确步骤及方法。

【安全须知】

◆树立高压安全意识。

◆掌握不同电压对应的最小安全距离。

◆掌握接地线和拆除的顺序及方法。

变配电所中承担输送和分配电能任务的电路，称为一次电路或称为主电路、主接线。一次电路中所有的电气设备，称为一次设备或一次元件。

一次设备按其功能来分，可分为以下几类：

（1）变换设备。其功能是按电力系统运行的要求改变电压或电流、频率等，例如电力变压器、电压互感器、电流互感器、变频机等。

（2）开关设备。其功能是按电力系统运行的要求来控制一次电路的通断装置，例如断路器、隔离开关。

（3）保护设备。其功能是用来对电力系统进行过电流和过电压故障等的保护，例如熔断器和避雷器等。

（4）补偿设备。其功能是用来补偿电力系统中的无功功率，提高系统的功率因数，例如电容补偿装置等。

（5）成套设备。按一次电路接线方案的要求，将有关一次设备及控制、指示、监测和保护一次设备的二次设备组合为一体的电气装置，例如高压开关柜、GIS 柜等。

高压设备的安全运行是整个电力系统安全运行的基础。高压电气设备在电网中运行时，如果其内部存在因制造不良、老化以及外力破坏造成的绝缘缺陷，会发生影响设备和电网安全运行的绝缘事故。在设备投运后，进行预防性试验和检修，以便及时检测出设备内部的绝缘缺陷，防止发生绝缘事故。因此，认识绝缘是高压设备测试中非常重要的环节，只有提高设备的绝缘水平，才能在产品设计制造、高压输变电设备运行中，提高绝缘耐压水平，使电力系统稳定地安全运行。下面针对主要的一次设备，着重介绍设备的绝缘材料及结构等内容。

任务一　高压试验安全常识

电气设备绝缘预防性试验是对运行的电气设备进行检验鉴定，防止设备在运行中发生故障的重要措施。由于试验过程中采用了高电压、大电流，并且许多设备属于容性储能设备（如电容器、电缆等），在试验后依然残存静电，常常会危及人身安全。在每年各地的试验中，因安全防护不到位或操作不当而引发的事故时有发生。因此，在试验过程中必须做好安全工作。

一、安全距离

在规定的安全距离下，带电作业中才能确保人身和设备安全。

安全距离是指为了保证人身安全，作业人员与带电体之间所保持各种最小空气间隙距离的总称。具体地说，安全距离包括下列五种间隙距离：最小安全距离、最小对地安全距离、最小相间安全距离、最小安全作业距离和最小组合间隙。最小安全距离是指地电位作业人员与带电体之间应保持的最小距离。最小对地安全距离是指带电体上等电位作业人员与周围接地体之间应保持的最小距离。最小相间安全距离是指带电体上作业人员与邻相带电体之间应保持的最小距离。最小安全作业距离是指为了保证人身安全考虑到工作中必要的活动地电位作业人员在作业过程中与带电体之间应保持的最小距离。最小组合间隙是指在组合间隙中的作业人员处于最低的 50% 操作冲击放电电压位置时人体对接地体与带电体两者应保持的距离之和。

各种安全距离可以参考表 1-1、表 1-2。

表 1-1　各种不同电压等级的安全距离

设备额定电压（kV）		1~3	6	10	35	60	110	220	330	500
带电部分到接地部分（mm）	屋内	75	100	125	300	550	850	1 800	2 600	3 800
	屋外	200	200	200	400	650	900	1 800	2 600	3 800
不相同带电部分之间（mm）	屋内	75	100	120	300	550	900	—	—	—
	屋外	200	200	200	400	650	1 000	2 000	2 800	4 200

表 1-2　人身与带电体的安全距离

电压等级（kV）	10	35(27.5)	63(66)	110	220	330	500
安全距离（m）	0.4	0.6	0.7	1.8(1.6)	2.6	2.6	3.6

在试验中，为保证人员及设备安全，试验人员与带电体之间、带电体与地面之间、带电体与带电体之间、带电体与其他设备之间，都要保持一定的安全距离。安全距离的大小因电压高低、设备类型、安装方式及天气状况的差异而变化。对于各项安全距离，国家都有明确的规定，

不再赘述。有一点值得注意，带电体往往被习惯性地认为是试验中的试验仪器和电气设备，忽视了与设备相连的导线、导线排也同时带电，若工作时距离过近易发生危险。故应将所有带电部位整体看作是带电体，对其所占空间范围均须保持安全距离。特别是做母排耐压试验时，所有人员都要远离柜体，不可进行柜内工作，以免发生危险。

另外，试验工作与其他工作禁止交叉进行。对于非试验人员，由于不熟悉试验工作和带电范围，不得进入试验区域观看或帮助。试验区域围绳或警示牌就是为其划定的安全距离线。若试验中带电体与人体、其他设备、带电线路之间的距离达不到规定要求，此时要进行试验，必须装设临时遮栏、绝缘挡板、绝缘皮垫等进行隔离。试验时若产生火花或放电声，说明距离不够或绝缘介质表面不干净，立即停止试验，调整好距离，擦净绝缘表面，然后再行试验。

二、高压接地

接地是试验中一项重要的工作，也是一项重要的安全措施。试验中的接地包括两部分：即工作接地和保护接地。

高压接地线是用于线路和变电施工，为防止临近带电体产生静电感应触电或误合闸时保证安全之用。高压接地线由绝缘操作杆、导线夹、短路线、接地线、接地端子、汇流夹、接地夹组成。

工作接地是利用大地作为导线或根据正常运行方式的需要将网络的某一点接地，借以形成电气回路，这也是进行试验（特别是耐压试验）的必备条件。以测量避雷器的工频放电电压为例，在升压变压器的高压输出侧，其高压首端与避雷器首端相连，而两者尾端接地，这样工频电源、调压器、升压变压器、避雷器和大地经导线连接就构成一条电压回路，工频电压经升压变压器升压，将高电压加到避雷器上。对高压柜手车上的真空断路器进行耐压试验，测试其对地电气绝缘水平，但此时手车已从柜内拉出，金属外壳脱离接地网，失去了大地导线，若不将其金属外壳接地，则无电压回路，耐压试验无法进行。对耐压试验而言，需要将电气设备金属外壳接地，此时的接地属工作接地。

保护接地是将电气设备正常工作时不带电的金属外壳接地，以防止设备内部故障时碰壳带电危及人身安全。保护接地在供电系统运行中比较完备，而在试验过程中却常常被忽略。试验中因保护接地出现的问题多集中在试验仪器上，因为电气设备（少数需脱离原位置的除外）都有保护接地。由于试验仪器的接线多、拆接频繁、移动性大，加之一些试验人员省事图快，并抱有一定的侥幸心理，对于试验仪器的保护接地往往不做或疏于检查，留下了事故隐患。

接地关系到试验能否正常进行，能否保证人身安全。接地线前应先验电确认已停电，在设备上确认无电压后进行。先将接地线夹连接在接地网或扁铁件上，然后用接地操作棒分别将导线端线类拧紧在设备导线上。拆除短路接地线时，顺序正好与上述相反。装设接地线时须两人进行，装、拆时均应使用绝缘棒和绝缘手套。

安装接地线首先检查接地线是否完好，有无断裂和破损。接地线两端尽量地采用压接方式，不能缠绕，避免接触不良，因此应焊接上金属叉或导线夹。试验仪器或者电气设备上接地点的螺丝和螺母要保证良好的电气接触，若有氧化锈蚀或者绝缘漆覆盖，将其彻底清除、打磨干净。接地体的选择首选地排，若与地排距离较远时，选择临近电气设备的金属外壳接地点，不要挂在如柜门把手、绝缘挡板紧固螺丝等接地状况不可靠的部位。接线地与工作设备之间不能连接刀闸或者熔断器，以防断开失去接地时，检修人员发生触电事故。高压接地线按照电压等级可分为：10 kV 接地线，35 kV 高压接地线，110 kV 接地线，220 kV 高压接地线，500 kV

高压接地线。如图 1-1 所示是 220 kV 高压接地线。

短路接地线应妥善保管。每次使用前,均应仔细检查其是否完好,软铜线无裸露,螺母不松脱,否则不得使用。短路接地线检验周期为每五年一次,检验项目同出厂检验。经试验合格的携带型短路接地线在经受短路后,应根据经受短路电流大小和外观检验判断,一般应予以报废。

三、常用绝缘工具

电气安全管理中,把绝缘工具分为基本安全用具和辅助安全用具。所谓基本安全用具,是指绝缘强度足以承受电气运用电压的安全用具,如绝缘棒、绝缘夹钳、绝缘台(梯)。而辅助安全用具,是指不足以承受电气运行电压,在电气作业中,配合基本安全用具,例如绝缘垫、绝缘鞋,不可以接触带电部分,可以防止跨步电压对人身的伤害。

图 1-2 是常用绝缘工具,包括绝缘棒、绝缘手套、绝缘鞋、安全帽、绝缘拉杆、验电器等。绝缘工具最小有效绝缘长度参考表 1-3。

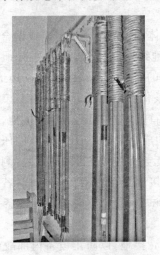

图 1-1   220 kV 高压接地线   图 1-2   常用绝缘工具

表 1-3   绝缘工具最小有效绝缘长度

电压等级(kV)		10	35(27.5)	63(66)	110	220	330	500
有效绝缘长度 (m)	绝缘杆	0.7	0.9	1	1.3	2.1	3.1	4
	绝缘承力工具、绳索	0.4	0.6	0.7	1.0	1.8	2.8	3.7

按照《电业安全工作规程》的要求,这些安全用具必须进行定期耐压试验,满足高压使用安全标准。安全用具应半年进行定期检查。

绝缘操作杆主要用于闭合或打开高压隔离开关,装拆携带式接地线以及进行测量和试验等。绝缘操作杆要有专人保管,半年要对绝缘操作杆进行一次交流耐压试验,不合格的要立即报废,不可降低其标准使用。绝缘操作杆一般有三节,由工作、绝缘、握手三部分组成。工作部分大多是由铜、铸钢、铝合金等金属材料制成,根据需要可以做成不同的形状,装在操作杆的顶端。要注意的是,工作部分的金属钩,在满足需要的情况下,应尽量做得短一些,以免在操作时造成接地或相间短路。工作部分的长度,一般为 50～80 mm。绝缘部分起到绝缘隔离作用,一般由电木、胶木、塑料带、环氧玻璃布管等绝缘材料制成,握手部分用与绝缘部分相同的材料制成,为操作人员手握部分。为保证操作时有足够的绝缘安全距离,绝缘操作杆的绝缘部分长度不得小于 0.7 m;要求外观上不能有裂纹、划痕等外部损伤,耐压强度高、耐腐蚀、耐潮湿、机械强度大、质轻、便于携带,一个人能够单独操作。使用绝缘拉杆进行验电时必须戴绝缘手套,穿绝缘靴。

35 kV 及以下电气设备用的绝缘操作杆,其交流耐压试验电压不应小于线与线间电压的 3 倍,且不应低于 44 kV。对于电压在 100 kV 及以上电气设备用的绝缘操作杆,试验电压应为线与地间(相电压)电压的 3 倍。试验电压须持续 5 min。在耐压试验时,如果不发生放电或爆裂声,试验后无局部发热现象,即认为合格。泄漏电流则不定标准。各式绝缘操作杆,应每年试验一次。存放在无人值班的变电所的操作杆及测验用绝缘操作杆除外应每两年试验一次。测验用绝缘操作杆应每 6 个月试验一次。

绝缘鞋是属于辅助安全用具,可防止跨步电压对人身的伤害,其电压等级有 6 kV、20 kV、25 kV、35 kV 绝缘靴。注意应根据作业场所电压高低正确选用绝缘鞋,低压绝缘鞋禁止在高压电气设备上作为安全辅助用具使用,高压绝缘鞋可以作为高压和低压电气设备上辅助安全用具使用。但不论是穿低压或高压绝缘鞋,均不得直接用手接触电气设备。根据新标准要求,电绝缘鞋外底的厚度不含花纹不得小于 4 mm,花纹无法测量时,厚度不应小于 6 mm,绝缘鞋的鞋面或鞋底应有标准号、绝缘字样及电压数值。

绝缘手套每次使用前应进行外部检查查看表面有无损伤、磨损或破漏、划痕等。如有砂眼漏气情况,禁止使用。检查的方法是,将手套朝手指方向卷曲,当卷至一定程度时,内部空气因体积减小,压力增大,手指鼓起,不漏气即为良好。使用绝缘手套时,应将外衣袖口放入手套的伸长部分里。绝缘手套要在干燥并且无尖锐物体的地方存放,每半年应进行预防性试验检测。

【事故案例】忘记拆除短接线引起事故。

事故经过:在 6 kV 进线开关进行耐压试验后,试验人员忘记拆除用做短接线的熔丝,运行人员复查时又未能发现(光线较暗),导致开关投入后短路,引发上级电站跳闸,开关触头有一定的烧损。

事故教训:根据规程,做短接线时,试验专用软线和熔丝必要时可配合使用。为保证安全,必须做到"谁短接、谁拆除,专人检查、组长检查和联合检查相结合"。

 ## 复习与思考

1. 110 kV 带电设备的安全距离是多少?
2. 安全距离有哪几种? 10 kV 发电机出线端子与人体的电气安全距离是多少?

任务二　电力变压器绝缘

一、电力变压器绝缘结构

变压器是一种通过改变电压而传输交流电能的静止感应电器。在电力系统中,变压器的地位十分重要,要求安全可靠,所以绝缘要求高。

变压器除了应用在电力系统中,还在特种电源的工矿企业中。例如:冶炼用的电炉变压器,电解或化工用的整流变压器,焊接用的电焊变压器,试验用的试验变压器,交通用的牵引变压器以及补偿用的电抗器,保护用的消弧线圈,测量用的互感器等。所以不同场合中的变压器,对绝缘的要求是不同的。

变压器主要结构如图 1-3 所示,主要包括以下部分。

(1)器身:包括铁芯、绕组、绝缘部件及引线。

(2)调压装置:即分接开关,分为无励磁调压和有载调压。

(3)冷却装置:包括油箱、油枕及散热管等冷却装置。

(4)保护装置:包括安全气道、吸湿器、气体继电器、净油器和测温装置等。

(5)绝缘套管:包括高压绝缘套管、低压绝缘套管。

变压器的铁芯与绕组,铁芯由硅钢片叠成,硅钢片导磁性能好、磁滞损耗小。在铁芯上有 A、B、C 三相绕组,每相绕组又分为高压绕组与低压绕组,一般在内层绕低压绕组,外层绕高压绕组。图 1-4 所示左边是高压绕组引出线,右边是低压绕组引出线。如图 1-5 所示为三相电力变压器内部结构图,如图 1-6 所示为电力变压器铁芯实物图。

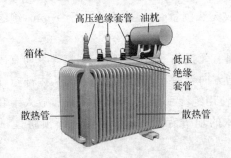

图 1-3　三相电力变压器外观结构

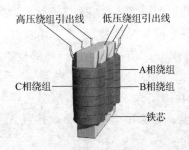

图 1-4　三相电力变压器内部铁芯与绕组

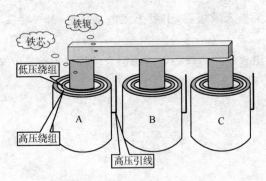

图 1-5　三相电力变压器内部结构图

图 1-6　电力变压器铁芯实物图

把铁芯与绕组放入箱体,绕组引出线通过绝缘套管内的导电杆连到箱体外,导电杆外面是瓷套管,通过它固定在箱体上,保证导电杆与箱体绝缘。为减小因灰尘与雨水引起的漏电,瓷套管外型为多级伞形。右边是低压绝缘套管,左边是高压绝缘套管,由于高压端电压很高,高压绝缘套管比较长,如图 1-7 所示。

变压器主要结构的箱体(即油箱)里灌满变压器油,铁芯与绕组浸在油里,如图 1-8 所示。变压器油比空气绝缘强度大,可加强各绕组间、绕组与铁芯间的绝缘,同时流动的变压器油也帮助绕组与铁芯散热。在油箱上部有油枕,有油管与油箱连通,变压器油一直灌到油枕内,可充分保证油箱内灌满变压器油,防止空气中的潮气侵入。

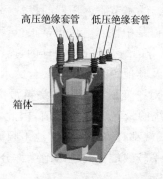

图 1-7 变压器高低压绝缘套管

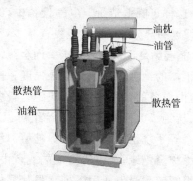

图 1-8 变压器油枕与散热管

变压器运行时会发热,绕组和铁芯温度升高,根据 A 级绝缘,绕组间、绕组与铁芯间的绝缘材料耐受温度一般不能超过 95℃,所以油箱外排列着许多散热管,运行中的铁芯与绕组产生的热能使油温升高,温度高的油密度较小上升进入散热管,油在散热管内温度降低密度增加,在管内下降重新进入油箱,铁芯与绕组的热量通过油的自然循环散发出去,如图 1-9 所示。

一些大型变压器为保证散热,装有专门的变压器油冷却器。冷却器通过上下油管与油箱连接,油通过冷却器内密集的铜管簇,由风扇的冷风使其迅速降温。油泵将冷却的油再打入油箱内,图 1-10 是一台容量为 400 000 kV·A 的特大型电力变压器模型,其低压端电压为 20 kV,高压端电压为 220 kV。

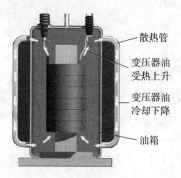

图 1-9 变压器油对流散热图

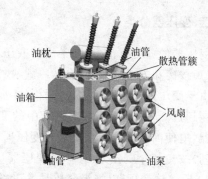

图 1-10 变压器外观结构图

采用油冷却的变压器结构较复杂,存在安全性问题。目前,在城市内、大型建筑内使用的变压器已逐渐采用干式电力变压器,变压器没有油箱,铁芯与绕组安装在普通箱体内。干式变压器绕组用环氧树脂浇筑等方法保证密封与绝缘,容量较大的绕组内还有散热通道,大容量变压器并配有风机强制通风散热。由于材料与工艺的限制,目前多数干式电力变压器的电压不超过 35 kV,容量不大于 20 000 kV·A,大型高压的电力变压器仍采用油冷方式。

电力系统所使用的变压器,其中性点的绝缘结构有两种:一种是全绝缘结构,其特点是中性点的绝缘水平与三相端部出线电压等级的绝缘水平相同,此种绝缘结构主要用于绝缘要求较高的小接地电流接地系统,目前我国 40 kV 及以下电压等级电网均属小电流接地系统,所用的变压器基本是全绝缘结构。另一种是分级绝缘结构,其特点是中性点的绝缘水平低于三相端部出线电压等级的绝缘水平。分级绝缘的变压器主要用于 110 kV 及以上电压等级电网的大电流接地系统。采用分级绝缘的变压器可以使内绝缘尺寸减小,从而使整个变压器的尺寸缩小,这样可降低造价。电气设备中,绝缘投资比较大,为了节省变压器的投资,分级绝缘使靠近中性点的部分绕组的绝缘投资减少,绝缘水平下降,但是中性点电位正常很低,不会造成绝缘击穿,能够满足正常运行要求。而全绝缘是绕组所有部分的绝缘水平是一样的,投资较大。

变压器的绝缘水平也称绝缘强度,是与保护水平以及其他绝缘部分相配合的水平,即耐受电压值,由设备的最高电压 U_m 决定。设备最高电压 U_m 对于变压器来说是绕组最高相间电压有效值,从绝缘方面考虑,U_m 是绕组可以联结的那个系统的最高电压有效值,因此,U_m 是可以大于或者等于绕组额定电压的标准值。绕组的所有出线端都具有相同的对地工频耐受电压的绕组绝缘称全绝缘;绕组的接地端或者中性点的绝缘水平较线端低的绕组绝缘称分级绝缘。

绕组额定耐受电压用下列字母代号标志:

LI——雷电冲击耐受电压;SI——操作冲击耐受电压;AC——工频耐受电压。

变压器的绝缘水平是按高压、中压、低压绕组的顺序列出耐受电压值来表示(冲击水平在前)的,其间用斜线分隔开,分级绝缘的中性点绝缘水平加横线列于其线端绝缘水平之后。如:LI850AC360—LI400AC200/LI480AC200—LI250AC95/LI75AC35,其含义为:220 kV 三侧分级绝缘的主变压器,高压侧引线端雷电冲击耐受电压是 850 kV,工频耐受电压是 360 kV,高压侧中性点引线端雷电冲击耐受电压是 400 kV,工频耐受电压是 200 kV;中压侧引线端雷电冲击耐受电压是 480 kV,工频耐受电压是 200 kV,中压侧中性点引线端雷电冲击耐受电压是 250 kV,工频耐受电压是 95 kV;低压侧引线端雷电冲击耐受电压是 75 kV,工频耐受电压是 35 kV。

二、变压器分类

变压器的分类有很多种,常用的变压器分类有以下几种。

(1)按冷却方式分类:有自然冷式、风冷式、水冷式、强迫油循环风(水)冷方式、及水内冷式等。由于变压器绕组内容的绝缘材料主要是由绝缘漆和绝缘纸组成的 A 级绝缘材料,耐受温度不能超过 95℃,所以需要对运行中的变压器内部发热绕组进行冷却,其中常见的是油浸式变压器,迫使油循环的油泵安装在变压器底部。

(2)按冷却介质分类:有干式变压器(绝缘介质是空气)、油浸变压器(绝缘介质是变压器油)及 SF_6 气体变压器(绝缘介质是 SF_6)等。

(3)按中性点绝缘水平分类:有全绝缘变压器、半绝缘(分级绝缘)变压器。

变压器型号包括变压器绕组数、相数、冷却方式、是否强迫油循环、有载或无载调压、设计序号、容量、高压侧额定电压,如:SFPZ9-120000/110 指的是三相(双绕组变压器省略绕组数,如果是三绕则前面还有个 S)双绕组强迫油循环风冷有载调压,设计序号为 9,容量为 120 000 kV·A,高压侧额定电压为 110 kV 的变压器。

电网中各种电气设备绝缘(包括变压器绝缘),在运行中承受长时间的正常工作电压、操作过电压,并在避雷器的保护下承受大气过电压的作用。也就是说,电气设备既要能承受正常工作电压和操作过电压的作用,还应承受避雷器残压的作用,且应有一定的绝缘裕度。

变压器的电气绝缘强度是变压器能否投入电网可靠运行的基本条件之一,变压器中的任何部位如绕组、引线、开关等零部件的绝缘若有损伤,就可能引起整台变压器的损坏,甚至会由此危及整个电网的安全运行。变压器生产出厂时,应具备耐受试验电压的水平,而且有一定的绝缘裕度。变压器出厂试验合格,表明变压器绝缘具备上述水平。

变压器的绝缘可分为内绝缘和外绝缘,是以变压器器身为界分类,外面是外绝缘,里面是内绝缘。外绝缘是指变压器外部绝缘部分。内绝缘包括绕组绝缘、引线绝缘、分接开关绝缘和套管下部绝缘。内绝缘还可分为主绝缘和纵绝缘,如表 1-4 所示。

表 1-4 变压器绝缘分类

绝缘类型	部件	绝缘性质	描述
内绝缘	线圈	主绝缘	同相绕组之间
			异相绕组之间
			绕组对油箱
			绕组对铁芯柱、绕组对旁柱之间
			绕组端部对铁轭
		纵绝缘	绕组线匝之间
			绕组饼间
			绕组层间
	引线	主绝缘	引线对地
			引线对异相线圈
		纵绝缘	一个绕组的不同引线之间
	开关	主绝缘	开关对地
			开关上不同绕组引线触头之间
		纵绝缘	同相绕组不同引线触头之间
外绝缘	套管		套管对各部分接地之间
			异相套管之间

主绝缘是指绕组对它本身以外的其他结构部分的绝缘,包括对油箱、对铁芯、夹件和压板、对同一相内其他绕组的绝缘以及对不同相绕组的绝缘。变压器高压绕组线圈主要分为饼式和圆桶式,如图 1-11 所示为饼式结构。绕组端部至铁轭或者相邻组端部间的绝缘又称为端绝缘,属主绝缘。纵绝缘是指绕组本身内部的绝缘,包括匝间、层间、线段间绝缘以及线段与静电板间的绝缘。主绝缘和纵绝缘分别按工频耐压试验和冲击电压试验来检验。

变压器器身表面是散热器,散热面越大,散热效果越好,当变压器上层油温和下层油温产生温差时,通过散热器产生对流经散热器冷却后流回油箱,起到降低变压器的温度的作用,为提高变压器油的冷却效果可用强油风冷或强油水冷的措施。

变压器内绝缘是油箱内的各部分绝缘,外绝缘是套管上部对地和彼此之间的绝缘。主绝缘是绕组与接地部分之间以及绕组之间的绝缘。在油浸式变压器中,主绝缘以油纸屏障绝缘结构最为常用。纵绝缘是同一绕组各部分之间的绝缘,

图 1-11 变压器绕组绝缘结构图

如不同绕段间、层间和匝间的绝缘等。通常以冲击电压在绕组上的分布作为绕组纵绝缘设计的依据，但匝间绝缘还应考虑长时期工频工作电压的影响。变压器绝缘为油纸组合绝缘，是用变压器油和绝缘纸组成的绝缘。

相对于变压器的主绝缘，即绕组与绕组之间以及绕组与铁芯之间的绝缘而言，变压器还有另外一项重要的绝缘性能指标——纵绝缘。纵绝缘是变压器绕组具有不同电位的不同点和不同部位之间的绝缘，主要包括绕组匝间、层间和段间的绝缘性能，而国家标准和国际电工委员会(IEC)标准中规定的"感应耐压试验"则是专门用于检验变压器纵绝缘性能的测试方法之一。

变压器的纵绝缘主要依赖于绕组内的绝缘介质——漆包线本身的绝缘漆、变压器油、绝缘纸、浸渍漆和绝缘胶等等(不同种类的变压器可能包含其中一种或多种绝缘介质)；纵绝缘电介质很难保证100%的纯净度，难免混含固体杂质、气泡或水分等，生产过程中也会受到不同程度的损伤；变压器工作时的最高场强集中在这些缺陷处，长期负载运作的温升又降低绝缘介质的击穿电压，造成局部放电，电介质通过外施交变电场吸收的功率即介质损耗会显著增加，导致电介质发热严重，介质电导增大，该部位的大电流也会产生热量，就会使电介质的温度继续升高，而温度的升高反过来又使电介质的电导增加。如此长期恶性循环下去，最后导致电介质的热击穿和整个变压器的毁坏。这故障表现在变压器的特性上就是空载电流和空载功耗显著增加，并且绕组有灼热、飞弧、振动和啸叫等不良现象。可见利用感应耐压试验检测出变压器是否含有纵绝缘缺陷是极其必要的。

三、变压器绝缘套管

变压器绝缘套管分为高低压套管，分别用于进线和出线连接。

绝缘套管按用途分为电站类和电器类。前者主要是穿墙套管；后者有变压器套管、电容器套管和断路器套管。按绝缘结构又分为单一绝缘套管、复合绝缘套管和电容式套管。

单一绝缘套管是用纯瓷或树脂绝缘，常制成穿墙套管，如图1-12所示，用于35 kV及以下电压等级。其绝缘件为管状，中部卡装或胶装法兰以便固定在穿孔墙上。法兰一般为灰铸铁，当工作电流大于1 500 A时常用非磁性材料以减少发热。单一绝缘套管的绝缘结构分为有空气腔和空气腔短路两类。空气腔套管用于10 kV及以下电压等级，导体与瓷套之间有空气腔作为辅助绝缘，可以减少套管电容，提高套管的电晕电压和滑闪电压。当电压等级较高时(20～30 kV)，空气腔内部将发生电晕而使上述作用失效，这时采用空气腔短路结构。这种瓷套管的瓷套内壁涂半导体釉，并用弹簧片与导体接通使空气腔短路，用以消除内部电晕。但法兰附近仍可能发生电晕和滑闪。通常在法兰附近两侧瓷套表面各设一个很大的伞裙，并在法兰附近涂以半导电层使电场均匀分布，提高套管的放电特性。

复合绝缘套管以油或气体作绝缘介质，一般制成变压器套管或断路器套管，如图1-13所示，常用于35 kV以下的电压等级。复合绝缘套管的导体与瓷套间的内腔充满变压器油，起径向绝缘作用。当电压超过35 kV时，在导体上套以绝缘管或包电缆线，以加强绝缘。复合绝缘套管的导体结构有穿缆式和导杆式两种。穿缆式是利用变压器的引出电缆直接穿过套管，安装方便。当工作电流大于600 A时，穿缆式结构安装比较困难，一般采用导杆式结构。

图 1-12　穿墙套管

图 1-13　复合绝缘套管

电容式套管由电容芯子、瓷套、金属附件和导体构成,如图 1-14、图 1-15 所示。主要用于超高压变压器和断路器。其上部在大气中、下部在油箱中工作。电容式套管的电容芯子作为内绝缘,瓷套作为外绝缘,也起到保护电容芯子的作用。瓷套表面的电场受内部电容芯子的均压作用而分布均匀,从而提高了套管的电气绝缘性能。金属附件有中间连接套筒(法兰)、端盖、均压球等。导体为电缆或硬质钢管。

图 1-14　变压器电容型套管

图 1-15　牵引电力变压器外观

电容式套管的电容芯子用胶纸制造时,机械强度高,可以任何角度安装,抗潮气性能好,结构和维修简单,可不用下套管,还可将芯子下端车削成短尾式,缩小其尺寸。缺点是在高电压等级时,绝级材料和工艺要求较高,芯子中不易消除气隙,以致造成局部放电电压低。胶纸电容式套管由于介质损耗偏高和局部放电电压低等问题,已逐渐为油纸电容式套管所取代。采用油纸作电容芯子,一般要有下瓷套,下部尺寸较大,对潮气比较敏感,密封要求高;优点是绝缘材料和工艺易于解决,介质损耗小,局部放电性能好。20 世纪 70 年代开始,中国已广泛使用 110～500 kV 超高压油纸电容式套管。

四、变压器油绝缘介质

由于变压器的绝缘材料不同,作用也不同,但是都是为了确保高压绝缘。变压器油箱中都是充满变压器油。

绝缘介质中变压器油是一种极其重要的液体电介质,在起绝缘、冷却和灭弧作用,在变压器中起绝缘、冷却作用,在少油断路器中起灭弧作用。变压器油是天然石油中经过蒸馏、精炼而获得的一种矿物油,是石油中的润滑油馏分经酸碱精制处理得到纯净稳定、黏度小、绝缘性好、冷却性好的液体天然碳氢化合物的混合物,俗称方棚油,浅黄色透明液体,主要成分为环烷烃(约占80%),其他的为芳香烃和烷烃。

良好的变压器油应该是清洁而透明的液体,不得有沉淀物、机械杂质悬浮物及棉絮状物质。如果其受污染和氧化,并产生树脂和沉淀物,变压器油油质就会劣化,颜色会逐渐变为浅红色,直至变为深褐色的液体。当变压器有故障时,也会使油的颜色发生改变。一般情况下,变压器油呈浅褐色时就不宜再用了。另外,变压器油可表现为浑浊乳状、油色发黑、发暗。变压器油浑浊乳状,表明油中含有水分。油色发暗,表明变压器油绝缘老化。油色发黑,甚至有焦臭味,表明变压器内部有故障。

DL/T 572—1995《变压器运行规程》规定油浸式变压器运行上层油温不许超过95℃。一般油浸式变压器的绝缘多采用A级绝缘材料,其耐油温度为105℃。在国标中规定变压器使用条件最高气温为40℃,因此绕组的温升限值为105−40=65(℃)。非强油循环冷却,顶层油温与绕组油温约差10℃,故顶层油温升为65−10=55(℃),顶层油温度为55+40=95(℃)。强油循环顶层油温升一般不超过40℃。

变压器中的吸湿器内装有硅胶干燥剂,储油柜(油枕)内的绝缘油通过吸湿器与大气连通,干燥剂吸收空气中的水分和杂质,以保持变压器内部绕组的良好绝缘性能。一般干燥的干燥剂是蓝色的,当变成粉红色或者白色时,表示已经受潮,需要更换了。油枕是调节油箱油量,防止变压器油过速氧化,上部有加油孔。

五、变压器保护装置

大型电力变压器的基本构成分功能部分和保护部分。其中,保护部分又包括预防性保护和抢救性保护。预防性保护是对电场应力、热应力和机械应力的破坏作用进行防御,以达到预防事故的目的。抢救性保护只是在变压器发生事故之后,限制事故扩大,减少事故损失。保护部分是为电力变压器功能部分服务的,如果抢救性保护部分本身不合理或不可靠,就会影响变压器功能的发挥,导致"功能反被保护误"。然而,由于抢救性保护部分出问题而引起的变压器停电事故在今天仍然频频发生,应该引以为戒。

(1)气体继电器:当变压器内部故障,绝缘击穿,产生瓦斯气体,重瓦斯动作跳闸;

(2)油位计:当变压器油位下降到警戒值时能及时发出报警信号或跳闸;

(3)压力释放阀:保护本体油箱,当发生内部故障,内部压力过大时可以及时卸压,使油箱不至于爆炸;

(4)温度指示控制器:当油温过高时,超出警戒值时及时报警或跳闸。

变压器内部出现故障后,如油箱没有变形损坏,在现场可以抢修,否则,就必须返厂修理。这不仅大大增加运输费用和修理费用,也大大延长停电时间,给电力用户带来更大损失。更严重的是油箱开裂后,油箱内便会进入空气,从而引起火灾。变压器一旦着火,往往是烧完为止,只能彻底报废。

气体继电器的重瓦斯保护。电驱动继电器拒动或延长时,油箱内压力很快增加,当油箱内压力与储油柜油室内的压力发生逆差后,油箱内的油便涌入储油柜,冲动气体继电器的挡板,接通跳闸电路,切断电源,同样起到限止油箱内压力增加的作用。正确动作后,也能保住油箱。

在内部故障严重未能很快控制住油箱内部压力的条件下,启动压力释放装置。压力释放装置以前是采用安全气道,现在采用压力释放阀。安全气道是破防爆膜(一般用玻璃片)排油,而压力释放阀是顶开由弹簧压紧的阀门排油。它们都要在油箱压力上升至超过其启动压力后才会动作。压力释放装置的作用是以排油来限制油箱压力。排油越多,油箱内压力下降越快,保住油箱的可能性就越大。

六、安全须知

变压器运行,发出"嗡嗡"的声音,请勿靠近,要保持在安全距离之外。

七、特别提示

(1)变压器是变电所的"心脏",故障时对供电影响极大,必须由专业技术人员来使用和维护变压器。在任何情况下,必须采取必要的安全和防护措施。

(2)对于变电所和供电段,由于是属于一级负荷,一般都是采用两台完全相同的变压器互为备用。

(3)作业时人员与带电部分之间须保持足够的安全距离,并注意相应的"止步,高压危险"标示牌,如表1-5所示为最小安全距离。

表1-5　最小安全距离

电压等级	无防护栅	有防护栅
55~110 kV	1 500 mm	1 000 mm
27.5和35 kV	1 000 mm	600 mm
10 kV及以下	700 mm	350 mm

 复习与思考

1. 请说明变压器 SF3-QY-25000/110GY 的含义。
2. 变压器绝缘分类有几种?所依据的标准是什么?
3. 变压器油的成分是什么?请说明变压器油在绝缘主要起到什么作用。还应用在哪些高压设备上?
4. 请简要说明变压器的组成部分,阐述结构与绝缘部分是如何考虑的。
5. 请说明油浸式变压器的基本结构和原理。

任务三　互感器绝缘

互感器是一种特殊的变压器,按用途分为电流互感器和电压互感器两种。

电流互感器能将一次系统中的大电流,按比例变换成额定电流为1 A或5 A的小电流;电压互感器则是将一次系统高电压,按比例变换成额定电压为100 V或其他的低电压,向测量仪表、继电保护和自动装置提供电流或电压信号。互感器使测量仪表、保护及自动装置与高压电路隔离,从而保证了低压仪表、装置以及工作人员的安全。电压互感器的工作原理与一般的变压器相同,仅在结构形式、所用材料、容量、误差范围等方面有所差别。

一、电流互感器

电流互感器是升压降流变压器,它是电力系统中测量仪表、继电保护等二次设备获取电气一次回路电流信息的传感器,电流互感器将高电流按比例转换成低电流,电流互感器一次侧接在一次系统,二次侧接测量仪表、继电保护等。

电流互感器工作原理和变压器相似,是利用变压器在短路状态下电流与匝数成反比的原理制成的。其一次绕组通常只有一匝或几匝,串接于大电流电路中;二次绕组匝数越多,并且通常有互相独立的几个绕组,分别与测量仪表和继电保护装置的电流线圈连接,负载阻抗很小;为了满足不同的测量要求,互感器也可以有多个铁芯。因此,电流互感器实质上相当于一台容量很小,励磁电流可以忽略不计的短路变压器。

电流互感器按绝缘介质分有干式、浇筑式、油浸式、气体绝缘。干式电流互感器由普通绝缘材料经浸漆处理作为绝缘,浇筑式电流互感器是用环氧树脂或其他树脂混合材料浇筑成型的电流互感器,油浸式电流互感器是由绝缘纸和绝缘油作为绝缘,一般为户外型,目前我国在各种电压等级均为常用。气体绝缘电流互感器,主绝缘由气体构成。

电流互感器按安装方式分贯穿式、支柱式、套管式、母线式。贯穿式电流互感器是用来穿过屏板或墙壁的电流互感器。支柱式电流互感器是安装在平面或支柱上,兼做一次电路导体支柱用的电流互感器。套管式电流互感器是没有一次导体和一次绝缘,直接套装在绝缘的套管上的一种电流互感器。母线式电流互感器是没有一次导体但有一次绝缘,直接套装在母线上使用的一种电流互感器。

电流互感器安装在开关柜内,与电流表等连接,实现测量仪表和继电保护之用。因为每个仪表不可能接在实际值很大的导线或母线上,所以要通过互感器将其转换为数值较小的二次值,在通过变比来反映一次的实际值。这不仅可靠地隔离开高压,保证了人身和装置的安全,此外,电流互感器的二次额定电流一律为 5 A,这就增加了使用上的方便,并使仪表和继电器制造标准化。由于电流互感器原边绕组串联在被测电路中,匝数很少;副边绕组接电流表、继电器电流线圈等低阻抗负载,近似短路,所以原边电流(即被测电流)和副边电流取决于被测线路的负载,与电流互感器副边负载无关。

二、电压互感器

电压互感器的结构、原理和接线都与变压器相同,区别在于电压互感器的容量很小,通常只有几十到几百伏安。电压互感器实质上就是一台小容量的空载降压变压器。

电压互感器的绝缘方式较多,有干式(普通绝缘材料经浸漆绝缘)、浇筑式(环氧树脂等混合材料浇筑成型)、油浸式(由绝缘纸和绝缘油绝缘)和充气式(气体绝缘,以 SF_6 为主)等。干式(浸绝缘胶)的绝缘结构、绝缘强度较低,只适用于 6 kV 以下的户内配电装置;浇筑式结构紧凑,适用于 3~35 kV 户内配电装置;油浸式绝缘性能好,可用于 10 kV 户内外配电装置;充气式用于 SF_6 全封闭组合电器中,此外还有电容式互感器。目前使用较多的是油浸式和电容式结构的电压互感器。

电压互感器的绝缘方式较多,有干式、浇筑式、油浸式和充气式等。干式(浸绝缘胶)的绝缘结构、绝缘强度较低,只适用于 6 kV 以下的户内配电装置;浇筑式结构紧凑,适用于 3~35 kV 户内配电装置;油浸式绝缘性能好,可用于 10 kV 户内外配电装置;充气式用于

SF_6 全封闭组合电器中。此外还有电容式互感器。目前使用较多的是油浸式和电容式结构的电压互感器。电压互感器按其运行承受的电压不同，可分为半绝缘和全绝缘电压互感器。半绝缘电压互感器在正常运行中只承受相电压，全绝缘电压互感器运行中可以承受线电压。

三、特别提示

（1）电压互感器二次侧不允许短路。由于电压互感器内阻抗很小，若二次回路短路时，会出现很大的电流，将损坏二次设备甚至危及人身安全。电压互感器可以在二次侧装设熔断器以保护其自身不因二次侧短路而损坏。在可能的情况下，一次侧也应装设熔断器以保护高压电网不因互感器高压绕组或引线故障危及一次系统的安全。

（2）为了确保人在接触测量仪表和继电器时的安全，电压互感器二次绕组必须有一点接地。因为接地后，当一次和二次绕组间的绝缘损坏时，可以防止仪表和继电器出现高电压危及人身安全。

（3）电压、电流互感器二次侧是否允许开路或者短路，容易让人混淆，为了方便理解，可以这样理解：电压互感器是将大电压变成小电压，自然将小电流变成大电流，所以不能短路，否则烧坏；电流互感器是将大电流变成小电流，自然将小电压变成大电压，所以不能开路，否则由于高电位差会使人有触电危险。

复习与思考

1. 在高压设备中，互感器主要起着什么作用？其绝缘部分是如何考虑的？
2. 电压互感器和电流互感器二次侧接线时要注意什么？为什么？

任务四　断路器与隔离开关绝缘

断路器的作用在于不仅能通断正常负荷电流，而且能够接通和承受一定时间的短路电流，并能在保护装置作用下自动跳闸，切除短路故障。

一、高压断路器的绝缘分类

按断路器灭弧介质的不同，可分为真空断路器、压缩空气断路器、油断路器、SF_6（六氟化硫）断路器。SF_6 断路器和真空断路器目前应用较广，很多变电所已经实现了油改气的升级改造，从原来的少油断路器升级为用 SF_6 的 GIS。少油断路器因其成本低，结构简单，依然被广泛应用于不需要频繁操作及要求不高的各级高压电网中，如图 1-16 所示，但压缩空气断路器和多油断路器已基本淘汰。真空断路器常用于高压室"手车"上，集成了操作机构，方便故障维修。

图 1-16　户外 110 kV 少油断路器

二、高压断路器的主要结构

高压断路器的主要结构为：导流部分、灭弧部分、绝缘部分、操作机构。
高压断路器型号的表示和含义如图 1-17 所示。

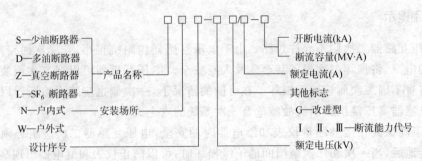

图 1-17　断路器型号示意图

三、SF₆绝缘介质

SF$_6$断路器是使用 SF$_6$气体作为绝缘介质材料，具有结构简单，体积小，重量轻，断流容量大，灭弧迅速，允许开断次数多，检修周期长等优点，不仅在系统正常运行时能切断和接通高压线路及各种空载和负荷电流，而且当系统发生故障时，通过继电保护装置的作用能自动、迅速、可靠地切除各种过负荷电流和短路电流，防止事故范围的发生和扩大。它比少油断路器串联断口要少，可使制造、安装、调试和运行比较方便和经济。

GIS(Gas Insulated Switchgear)中文叫气体绝缘全封闭组合开关电器。GIS 全部采用SF$_6$气体作为绝缘介质，并将所有的高压电器元件密封在接地金属筒中金属封闭开关设备。它是由断路器、母线、隔离开关、电压互感器、电流互感器、避雷器、接地开关、套管 8 种高压电器组合而成的高压配电装置，如图 1-18、图 1-19 所示。

图 1-18　某地铁 110 kV 室内 GIS

图 1-19　某变电站 220 kV 户外 GIS

GIS 详细介绍见项目七。

SF$_6$气体是无色、无味、无毒、不可燃的惰性气体，它的灭弧能力强，绝缘强度高，开断电流大，断开电容电流或电感电流时无重燃，过电压低等。具有很高的抗电强度和良好的灭弧性能,介电强度远远超过传统的绝缘气体。它的绝缘能力约高于空气 2.5 倍,而灭弧能力则高达上百倍。因此将其应用于断路器、变压器和电缆等电气设备,可以缩小设备尺寸,改善电力系统的可靠性和安全性。

纯净 SF_6 气体是无色、无味、无臭、不燃,在常温下化学性质稳定,属惰性气体。气体密度是空气密度的 5.1 倍。SF_6 气体在 0.29 MPa 压力时,绝缘强度与变压器油相当,灭弧能力是空气的 100 倍。在 1.2 MPa 时液化,为此 SF_6 断路器中都不采用过高压力,使其保持气态。SF_6 气体有很强的电负性($SF_6 + e^- = SF_6^-$),而正负离子容易复合成中性质点或原子,这是一般气体所没有的,则 SF_6 气体较其他气体有更强的灭弧性能。

SF_6 不含碳元素,对于灭弧和绝缘介质来说,是极为优越的特性,而且它不含氧元素,因此不存在触头氧化问题。SF_6 具有优良的绝缘性能,在电流过零时,电弧暂时熄灭后,具有迅速恢复绝缘强度的能力,从而使电弧难以复燃而很快熄灭。SF_6 断路器是利用 SF_6 气体为绝缘介质和灭弧介质的无油化开关设备,其绝缘性能和灭弧特性都大大高于油断路器,属于气吹式断路器,其特点是工作气压比较低,在吹弧的过程中,气体不排向大气,而在封闭系统中循环使用。

在断路器和 GIS 操作过程中,由于电弧、电晕、火花放电和局部放电、高温等因素影响下,SF_6 气体会进行分解,它的分解物遇到水分后会变成腐蚀性电解质。尤其是有些高毒性分解物,如 SF_4、S_2F_2、S_2F_{10} SOF_2、HF 和 SO_2,它们会刺激皮肤、眼睛、粘膜,如果吸入量大,还会引起头晕和肺水肿,甚至致人死亡。

GIS 室内空间较封闭,一旦发生 SF_6 气体泄漏,流通极其缓慢,毒性分解物在室内沉积,不易排出,从而对进入 GIS 室的工作人员产生极大的危险。而且 SF_6 气体的比重较氧气大,当发生 SF_6 气体泄漏时 SF_6 气体将在低层空间积聚,造成局部缺氧,使人窒息。另一方面 SF_6 气体本身无色无味,发生泄漏后不易让人察觉,这就增加了对进入泄漏现场工作人员的潜在危险性。如果怀疑发生中毒现象,应组织人员立即撤离现场,开启通风系统,保持空气流通。观察中毒者,如有呕吐应使其侧位,避免呕吐物吸入,造成窒息。其他人员自身应立即用清水冲洗,换衣服,眼部伤害或污染用清水冲洗并摇晃头部。

四、真空断路器

空气是良好的电介质,一般用在设备绝缘上,但是容易受到湿度等因素影响,所以高压设备还可以使用高真空。真空断路器因其灭弧介质和灭弧后触头间隙的绝缘介质都是高真空而得名,其具有体积小、重量轻、适用于频繁操作、灭弧不用检修的优点,在配电网中应用较为普及。其额定电流可达 5 000 A,开断电流达到 50 kA 的较好水平,一般为 10 kV 居多,现已发展到电压达 35 kV 等级,如图 1-20 所示。

图 1-20　ZN28G-12 系列户内高压真空断路器

真空断路器利用高真空中电流流过零点时,等离子体迅速扩散而熄灭电弧,完成切断电流的目的。真空不存在导电介质,使电弧快速熄灭,因此该断路器的动静触头之间的间距很小。真空断路器具有真空间隙的绝缘性能好和灭弧能力强的特点。

真空断路器主要包含三大部分:真空灭弧室、电磁或弹簧操动机构、支架及其他部件。真空断路器的燃弧时间短,绝缘强度高,电气寿命也较高,触头的开距与行程小,操作的能量小,因此,机械寿命也较高,维护工作量较小。

五、隔离开关

高压隔离开关是一种没有灭弧装置的开关设备,主要用来断开无负荷的电路,隔离开关在分闸状态时有明显的断开点,以保证其他电气设备的安全检修,在合闸状态时能可靠的通过正常负荷电流及短路故障电流。因为没有专门的灭弧装置,不能为断负荷电流及短路电流,因此,隔离开关只能在电路已被断路器断开的情况下才能进行操作,严禁带负荷操作,以免发生意外,只有电压互感器、避雷器励磁电流不超过 2 A 的空载线路,才能用隔离开关进行直接操作。

图 1-21　户外 110 kV 隔离开关

高压隔离开关的绝缘介质通常以空气为绝缘介质,也有油绝缘介质。按照绝缘和灭弧介质的不同,高压隔离开关可以分成油隔离开关、隔离开关、户内高压隔离开关、ZW32 隔离开关等,图 1-21 为户外 110 kV 隔离开关。

六、特别提示

断路器与隔离开关从作用上来说,都是属于高压绝缘设备,但是有明显的区别。

(1)隔离开关主刀和接地刀闸互相实现连锁,当主刀 QS 打开后才能合接地刀闸,接地刀打开后才能合主刀 QS。

(2)高压断路器与隔离开关在串联回路中互相连锁:打开电路时应先打开断路器,然后打开隔离开关。闭合电路时应先合上隔离开关 QS,最后合上断路器 QF。

(3)断路器俗称开关;而隔离开关俗称闸刀。

(4)断路器有专门的灭弧装置;而隔离开关没有灭弧装置且严禁带负荷操作。

(5)断路器看不到空气断开点;而隔离开关有明显的空气断开点。

(6)断路器符号表示为 QF;而隔离开关符号表示为 QS。

复习与思考

1. 断路器按灭弧介质可分为哪几种? 各自主要应用在什么场合中? 电压等级有何不同?
2. 请说明断路器 ZW32C-12P/630-20 的含义。
3. SF_6 在绝缘中有什么作用? 有什么特性?
4. 隔离开关和断路器有什么区别? 在使用上是如何配合的?

任务五　避雷器

避雷器是变电站保护设备免遭雷电冲击波袭击的设备。当沿线路传入变电站的雷电冲击波超过避雷器保护水平时,避雷器首先放电,并将雷电流经过导体安全的引入大地,利用接地装置使雷电压幅值限制在被保护设备雷电冲击水平以下,使电气设备受到保护。

　　避雷器是连接在导线和地之间的一种防止雷击的设备,通常与被保护设备并联。避雷器可以有效的保护电力设备,一旦出现不正常电压,避雷器产生作用,起到保护作用。当被保护设备在正常工作电压下运行时,避雷器不会产生作用,对地面来说视为断路。一旦出现高电压,且危及被保护设备绝缘时,避雷器立即动作,将高电压冲击电流导向大地,从而限制电压幅值,保护电气设备绝缘。当过电压消失后,避雷器迅速恢复原状,使系统能够正常供电。避雷器的主要作用是通过并联放电间隙或非线性电阻的作用,对入侵流动波进行削幅,降低被保护设备所受过电压值,从而达到保护电力设备的作用。

　　避雷器的最大作用也是最重要的作用就是限制过电压,达到保护电气设备的目的。避雷器是使雷电流流入大地,而电气设备不产生高压的一种装置,主要类型有管式避雷器、阀式避雷器和氧化锌避雷器等。每种类型避雷器的主要工作原理是不同的,但是他们的工作实质是相同的,都是为了保护设备不受损害。

　　避雷器可分为:保护间隙避雷器(图 1-22)、管形避雷器(图 1-23)、磁吹避雷器、阀式避雷器(图 1-24)、金属氧化物避雷器(图 1-25、图 1-26)。

图 1-22　保护间隙避雷器　　　　图 1-23　管式避雷器

图 1-24　阀式避雷器　　　图 1-25　220 kV 金属氧化锌避雷器　　　图 1-26　110 kV 氧化锌避雷器

　　管式避雷器是保护间隙型避雷器中的一种,大多用在供电线路上作避雷保护。这种避雷器可以在供电线路中发挥很好的功能,在供电线路中有效的保护各种设备。

　　阀式避雷器由火花间隙及阀片电阻组成,阀片电阻的制作材料是特种碳化硅。利用碳化硅制作阀片电阻可以有效的防止雷电和高电压,对设备进行保护。当有雷电高电压时,火花间隙被击穿,阀片电阻的电阻值下降,将雷电流引入大地,这就保护了电气设备免受雷电流的危害。在正常的情况下,火花间隙是不会被击穿的,阀片电阻的电阻值上升;阻止了正常交流电流通过。阀式避雷器是利用特种材料制成的避雷器,可以对电气设备进行保护,把电流直接导入大地。

氧化锌避雷器是一种保护性能优越、质量轻、耐污秽、阀片性能稳定的避雷设备。由于氧化锌阀片非线性极高,即在大电流时呈低电阻特性,限制了避雷器上的电压,在正常工频电压下呈高电阻特性,所以具有理想的伏安特性,具有无间隙、无续流残压低等优点,也能限制内部过电压,被广泛使用。氧化锌避雷器不仅可作雷电过电压保护,也可作内部操作过电压保护。氧化锌避雷器性能稳定,可以有效的防止雷电高电压或操作过电压,这是一种具有良好绝缘效果的避雷器,在危机情况下,能够有效的保护电力设备不受损害。

复合绝缘金属氧化物避雷器是将金属氧化物避雷器和复合绝缘材料的优异性集于一体,成为原瓷套型避雷器的更新换代产品。主要用于电压等级为 0.22～220 kV 的发电、输电、变电、配电系统中,用于限制可能出现的各种过电压,以保证电气设备的安全运行。复合绝缘金属氧化物避雷器由于具有残压低、通流容量大、响应时间快、陡波特性平坦等一系列优异性,不仅能有效地限制雷电过电压和操作过电压(如切高压电机、切空载变压器、投切电容器组等引起的过电压)对电器设备的危害,而且能抑制异常快速过电压对固体器件的损害。复合绝缘氧化物避雷器由氧化锌非线性高性能电阻片叠装成整体,采用特殊工艺将电阻片制成芯体,然后再采用一次成型工艺用复合绝缘材料封装成一体,来取代传统的瓷套型结构。由于散热性能好,外绝缘耐电腐蚀、抗老化、耐污能力强,其特别适宜场所是严重污秽场所、防爆场所、紧凑型开关柜内、预防性检验困难场所。

高压避雷器是配电变压器防雷保护的主要措施之一。在实际安装配电变压器高压避雷器时,避雷器有两种不同的安装方式:一种是避雷器安装于跌落式熔断器前端;另一种是安装于跌落式熔断器后端。

复习与思考

1. 请简述一次设备主要有哪些,各有什么作用。
2. 避雷器的工作原理是什么? 主要安装在什么位置?

任务六　绝缘介质及放电机理

在电力系统中,气体(主要是空气)是一种使用得相当广泛的绝缘材料,如架空线、母线、变压器的外绝缘,隔离开关的断口处。此外在绝缘材料内部或多或少含有一些气泡,故气体放电研究是高电压技术的一项基本任务。除了空气绝缘外,另一种气体 SF₆ 特性在前面已经介绍过了。

一、气体放电的机理

通常情况下,气体中有少量带电离子,是良好的绝缘介质,但当电场较弱时,气体电导极小,可视为绝缘体。在强电场作用下,沿电场方向移动时,在间隙中会有电导电流。当气体间隙上电压提高至一定值后,可在间隙中突然形成一个传导性很高的通道,此时称气体间隙击穿,也就是气体放电,气体由绝缘状态变为导通状态,失去绝缘的性能。使气体击穿的最低电压称为击穿电压。均匀电场中,击穿电压与间隙距离之比叫击穿场强,它反映气体耐受电场作

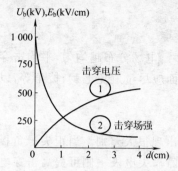

图 1-27　击穿电压与击穿场强关系

用的能力,即气体之电气强度。不均匀电场小,击穿电压与间隙距离之比称为平均击穿场强。图 1-27 为击穿电压与击穿场强关系。

气体放电分非自持放电与自持放电,当电压达到一定程度时,气体需要依靠外界游离因素支持的放电称非自持放电,当外界条件不作用时,放电终止。如果当外界游离因素不存在时,间隙中放电依靠电场作用继续进行下去,这种放电形式为自持放电,自持放电只依靠电场的作用自行维持的放电。外界游离因素是由于带电质点产生,有碰撞游离、光游离、热游离、金属表面游离,而质点的消失有定向运动、扩散、复合。

气体发生击穿时,伴有光、声、热等现象,与电源性质、电极形状、气体压力等有关。气体放电现象存在以下几种主要形式。

1. 辉光放电

外加电压增加到一定值时,通过气体的电流明显增加,气体间隙整个空间突然出现发光现象,这种放电形式称为辉光放电。辉光放电的电流密度较小,放电区域通常占据整个电极同的空间。辉光放电是低气压下的放电形式,验电笔中的氖管、广告用霓虹灯管发光就是辉光放电的例子。

2. 电晕放电

对于尖电极的极不均匀电场气隙,随外加电压的升高,在电极尖端附近会出现暗蓝色的晕光,并伴有咝咝声,称为电晕放电。发生电晕放电时,气体间隙的大部分尚未丧失绝缘性能,放电电流很小。电气设备带电的尖角和输电线路,在运行中时有发生这种电晕放电,会听到哩哩的声音,嗅到臭氧的气味。电晕放电是一种自持放电形式。电晕放电会增加损耗、对线路有干扰和腐蚀,为了限制电晕,可采用分裂导线法或者在电极使用均压罩和均压环。

3. 火花或电弧放电

在气体间隙的两极,电压升高到一定值时,气体中突然产生明亮的树枝状放电火花,当电源功率不大时,这种树枝状火花会瞬时熄灭,接着又突然产生,这种现象称为火花放电;当电源功率足够大时,气体发生火花放电以后,树枝状放电火花立即发展至对面电极,出现非常明亮的连续弧光,形成电弧放电。

二、提高气体绝缘措施

在高压电气设备制造时,就会遇到气体绝缘间隙问题。从绝缘角度上说,间隙当然是越大越好,但是从材料和空间来说,希望减小设备尺寸,间隙的距离尽可能缩短。为此需要采取措施,以提高气体间隙的击穿电压。图 1-28 是长空气间隙不同电场下的交流击穿电压。

提高气体击穿电压可能有两个途径:一是改善电场分布,使其尽量均匀;二是利用其他方法来削弱气体中的游离过程。

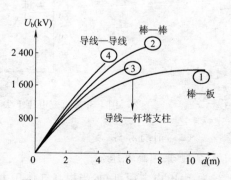

图 1-28　长空气间隙的交流击穿电压

(一)改善电场分布

1. 改进电极形状及表面状态

均匀电场的平均击穿场强比极不均匀电场间隙的要高得多。电场分布越均匀,平均击穿场强也越高。因此,改进电极形状、增大电极曲率半径,电极表面应尽量避免毛刺、棱角等,以消除电场局部增强的现象。

2. 在极不均匀电场中采用屏障

屏障靠近尖电极或板电极时,屏障效应消失,正、负极性下出现很大差别。当正尖－负板时,屏障效果显著,靠尖电极一端效果更好。当负尖－正板:屏障靠尖电极一侧可提高击穿电压,若靠板一侧,反而降低击穿电压。图1-29为正尖－负板间隙中屏障的作用。

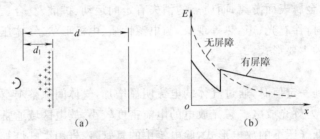

图1-29　正尖－负板间隙中屏障的作用

屏障当靠近尖电极,使比较均匀的电场区扩大。但离尖电极过近时,屏障上空间电荷的分布将变得不均匀而使屏障效应减弱,因此当屏障与棒极之间的距离约等于间隙的距离的15%～20%时,间隙的击穿电压提高得最多,可达到无屏障时的2～3倍,这是屏障的最佳位置。

值得说明的是,对于直流电压和工频电压,屏障的作用和工频电压下屏障的作用类似,正尖－负板时屏障效果显著,如图1-30所示,对于冲击电压下,正尖电极屏障作用显著,负尖电极屏障作用不明显。

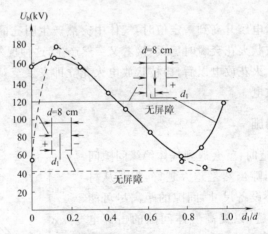

图1-30　直流电压下尖－板空气间隙的击穿电压和屏障位置的关系

(二)削弱游离

1. 采用高气压

由巴申定律可知:当提高气体压力时,可以提高间隙的击穿电压,如图1-31所示。

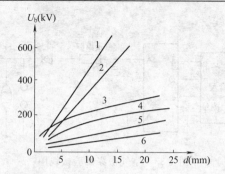

图 1-31　均匀电场中几种绝缘介质的击穿电压与距离的关系

1—2.8 MPa 的空气；2—0.7 MPa 的 SF_6；3—高真空；4—变压器油；5—0.1 MPa 的 SF_6；6—大气

2. 采用高真空

比较典型的应用就是采用真空断路器，真空断路器因其灭弧介质和灭弧后触头间隙的绝缘介质都是高真空而得名。其具有体积小、重量轻、适用于频繁操作、灭弧不用检修的优点，在配电网中应用较为普及。真空断路器主要是 3～10 kV，50 Hz 三相交流系统中的户内配电装置，广泛用于工矿企业、发电厂、变电站中作为电器设备的保护和控制之用，特别适用于要求无油化、少检修及频繁操作的使用场所，断路器可配置在中置柜、双层柜、固定柜中作为控制和保护高压电气设备用。

3. 采用高强度气体

现在最常用的就是 SF_6 气体，其绝缘强度比空气高得多，因此用于电气设备时其气压不必太高，设备的制造得以简化。SF_6 用于断路器时，气压在 0.7 MPa 左右，液化温度不能满足高寒地区要求，在工程应用中有时采用 SF_6 混合气体，最常用是 SF_6-N_2 混合气体，通常其混合比在 50%：50% 左右，其液化温度能满足高寒地区要求，绝缘强度约为纯 SF_6 的 85% 左右。

氟里昂（CCl_2F_2）的绝缘强度与 SF_6 相近，但由于其破坏大气中的臭氧层，国际上已禁用。

4. 改善运行条件

在高压设备运行中，注意防潮、尘污，加强散热冷却，例如变压器排风散热，如图 1-32 所示。

图 1-32　变压器强排风扇

三、气体放电试验

利用高压试验变压器产生高压，加在尖电极或者电板上，调节间隙距离，研究交流电压作用下空气间隙的放电特性，观察沿面放电现象、电晕放电现象，同时增加屏障时对击穿电压的影响。

（1）按照图 1-33 进行接线。

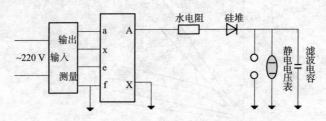

图 1-33　空气击穿试验接线图

（2）在试验前，先用合格的带软铜接地线的放电棒对球隙进行放电，检查各试验设备的连线是否完好，调整好放电球隙的距离，并记录间隙距离。

（3）所有设备及接线检查无误后，将接地棒移开，全部人员需要撤至实验室围栏之外。

（4）在试验台中均匀升高间隙之间的电压，当看到保护球隙有放电火花时，记录下电压表的数值，此数据为间隙的起始放电电压。此时继续升压，当看到间隙有持续的放电电弧出现时，说明间隙已被击穿，迅速记下电压表和电流表的数值，即为击穿电压和击穿电流。

（5）迅速将调压器手柄旋至零，关掉高压，拉下刀闸。

（6）用接地棒对球隙进行放电，然后调整球隙间距，再重复（1）～（5）步骤。

四、安全须知

当需要接触实验设备或更换试品时，要先切断电源，用接地棒放电，并将接地棒地线挂在实验设备的高压端后，才能触及设备。

五、特别提示

（1）必须遵照高电压实验安全工作准则；

（2）实验前要仔细检查接地线有无松脱、断线。

复习与思考

1. 气体放电有哪些形式？各有什么特征？

2. 气体中带电质点是怎么产生和消失？

3. 什么是非自持放电和自持放电？有什么区别？

4. 什么是极性效应？在尖—板气隙中，为什么尖为正极时的击穿电压比尖为负极时更低？

5. 提高气体间隙击穿电压的措施有哪些？这些措施为什么能提高间隙的击穿电压？

任务七　常用绝缘材料

常用绝缘材料分为无机、有机和混合三类。无机绝缘材料，如云母、磁器、大理石、玻璃等，用于电机电器的绕组绝缘、开关底板和绝缘子等。有机绝缘材料，如橡胶、树脂、虫胶、棉纱、纸、麻、人造丝，用于制造绝缘漆、绕组导线的外层绝缘等。混合绝缘材料，由两种绝缘材料进行加工制成的成型绝缘材料,用于电器的底座、外壳等。

　　常用绝缘材料的性能指标有绝缘强度、抗拉强度、密度和膨胀系数等。绝缘强度是指绝缘材料在电场中的最大耐压,通常以厚度为 1 mm 的绝缘材料所能耐受的电压(kV)值表示。变压器的绝缘材料按其耐热等级可分为 Y、A、E、B、F、H、C 七个等级,它们的最高允许温度分别为 90℃、105℃、120℃、130℃、155℃、180℃、>180℃,如表1-6 所示。

表 1-6　常用绝缘材料等级与温度

绝缘等级	工作温度	材料用途
Y 级	极限工作温度为 90℃	如木材、棉花、纸、纤维极易于热分解和融化点低的塑料绝缘物
A 级	极限工作温度为 105℃	如变压器油、漆包线、漆布、沥青、天然丝等
E 级	极限工作温度为 120℃	如高强度漆包线等
B 级	极限工作温度为 130℃	如环氧布板、玻璃纤维、石棉等
F 级	极限工作温度为 155℃	如有机纤维材料、玻璃丝聚酯漆等绝缘物
H 级	极限工作温度为 180℃	如聚酰亚胺薄膜
C 级	极限工作温度超过 180℃	指不采用任何有机粘合剂,如石英玻璃和电瓷材料

　　绝缘老化则是绝缘在长期的高温、电场、环境等各种因素长期作用下发生一系列的化学物理变化,导致绝缘电气性能和机械性能等不断下降。一般电气设备绝缘中常见的老化是电老化和热老化。

　　以油浸式变压器绝缘为例,变压器的材料有金属材料和绝缘材料两大类,虽然金属材料能耐住较高的温度不致损坏,但是高温下,线圈的绝缘在几秒钟内就会烧毁。所以时间和温度是影响变压器寿命的主要因素。油浸变压器是属于 A 级绝缘等级。国家标准 GB 1094－1971 中规定的线圈温升 65℃ 和最高环境温度 40℃,是由 A 级绝缘等级为基础提出的,即 65＋40＝105(℃),这是变压器线圈的极限工作温度。

复习与思考

　　1. H 级绝缘材料的极限工作温度是多少? 如果温度在 200℃,对绝缘有什么影响?

　　2. 油浸变压器的绝缘材料是属于哪一级? 其最高工作温度为多少? 所以油面顶层温度控制在多少?

项目小结

　　本项目是对变电所电力一次设备电力变压器、电压互感器、电流互感器、断路器、隔离开关、避雷器、套管进行实物辨识和结构功能介绍,着重在绝缘结构方面作了介绍,同时针对气体、液体、固体等电介质也作了详细介绍,最后还介绍了高压安全测量和防护措施。

项目资讯单

项目内容	辨识变压器、互感器、断路器、隔离开关、避雷器等一次设备高压绝缘		
学习方式	通过教科书、图书馆、专业期刊、上网查询问题；分组讨论或咨询老师	学时	8
资讯要求	书面作业形式完成，在网络课程中提交		
资讯问题	序号	资讯点	
	1	常用一次设备有哪些？各有什么用途？	
	2	什么是一次设备？什么是二次设备？为何这样分类？	
	3	变压器结构是由哪几部分组成？其绝缘方面是如何考虑的？有什么分类方式？	
	4	变压器油是如何循环的？油温控制在多少度？其耐受电压等级与什么相关？	
	5	变压器的绝缘可分为哪几类？变压器的冷却方式有哪几种？	
	6	突然短路对变压器有何危害？	
	7	变压器运行中补油应注意哪些问题？变压器油位显著升高或下降应如何处理？	
	8	什么叫分级绝缘？分级绝缘的变压器运行中要注意什么？	
	9	互感器对二次侧接线要有什么要求？原因是什么？	
	10	什么叫隔离开关？它的作用是什么？	
	11	操作隔离开关时应注意什么？错误操作隔离开关时应如何处理？	
	12	什么叫断路器？它的作用是什么？与隔离开关有什么区别？	
	13	断路器的灭弧方法有哪几种？	
	14	断路器的拒动的原因有哪些？应如何处理？	
	15	为什么拉开交流电弧比拉开直流电弧容易熄灭？	
	16	避雷器有几种分类？灭弧方式有何不同？	
	17	在电场中增加屏障有什么作用？与屏障位置和电场有什么关系？	
	18	常用绝缘工具有哪些？如何操作？	
	19	绝缘杆、绝缘靴、绝缘手套使用前应作哪些检查？如何正确保管？	
	20	对临时接地线有哪些要求？使用前应做哪些检查？挂临时接地线应由谁做？对挂临时接地线有哪些要求？	
	21	什么是最小安全距离？跨步电压？跨步电压达到多少伏时，将使人有生命危险？	
资讯引导	以上问题可以在本教程的学习信息、精品网站、教学资源网站、互联网、专业资料库等处查询学习		

 项目考核单

一、单项选择题(在每小题的选项中，只有一项符合题目要求，把所选选项的序号填在题中的括号内)

1. 干式变压器是指，变压器的（   ）和铁芯均不浸在绝缘液体中的变压器。

    A. 冷却装置　　　　　　　　　B. 绕组　　　　　　　　　C. 分接开关

2. 干式变压器主要有环氧树脂干式变压器、气体绝缘干式变压器和（　　）。

    A. 低损耗油浸干式变压器　　B. 卷铁芯干式变压器　　　C. H 级绝缘干式变压器

3. H 级绝缘干式变压器所用的绝缘材料可连续耐高温（　　）。

    A. 120℃　　　　　　　　　　B. 200℃　　　　　　　　　C. 220℃

4. 在单相变压器闭合的铁芯上绕有两个（　　）的绕阻。

    A. 互相串联　　　　　　　　B. 互相并联　　　　　　　C. 互相绝缘

5. 变压器铁芯采用的硅钢片主要有（　　）和冷轧两种。

    A. 交叠式　　　　　　　　　B. 同心式　　　　　　　　C. 热轧

6. 如果变压器铁芯采用的硅钢片的单片厚度越薄，则（　　）。

    A. 铁芯中的铜损耗越大　　　B. 铁芯中的涡流损耗越大　C. 铁芯中的涡流损耗越小

7. 变压器空载合闸时（　　）产生较大的冲击电流。

    A. 会　　　　　　　　　　　B. 不会　　　　　　　　　C. 很难

8. 电压互感器工作时，其二次侧不允许（　　）。

    A. 短路　　　　　　　　　　B. 开路　　　　　　　　　C. 接地

9. 220 kV 电气设备不停电的安全距离是（　　）m。

    A. 0.7　　　　　　　　　　　B. 2　　　　　　　　　　　C. 3

10. 设备运行后每（　　）个月检查一次 SF_6 气体含水量，直至稳定后方可每年检测一次含水量。

    A. 三　　　　　　　　　　　B. 四　　　　　　　　　　C. 五

11. SF_6 设备运行稳定后方可（　　）检查一次 SF_6 气体含水量。

    A. 三个月　　　　　　　　　B. 半年　　　　　　　　　C. 一年

12. 工作人员进入 SF_6 配电装置室必须先通风（　　）min 并用检漏仪测量 SF_6 气体含量。

    A. 5　　　　　　　　　　　　B. 10　　　　　　　　　　C. 15

13. 高压试验工作应（　　）。

    A. 填写第一种工作票　　　　B. 填写第二种工作票　　　C. 电话联系

14. 变压器稳定温升的大小与（　　）和散热能力等相关。

    A. 变压器周围环境的温度　　B. 变压器绕组排列方式　　C. 变压器的损耗

15. 变压器的高、低压绝缘套管由（　　）和绝缘部分组成。

    A. 电缆　　　　　　　　　　B. 变压器油　　　　　　　C. 带电部分

16. SF_6 断路器的每日巡视检查中应定时记录（　　）。

    A. 气体压力和含水级　　　　B. 气体温度和含水量　　　C. 气体压力和温度

17. SF_6 气体的灭弧能力是空气的（　　）倍。

    A. 10　　　　　　　　　　　B. 50　　　　　　　　　　C. 100

18. SF_6 气体具有（　　）的优点。

    A. 有腐蚀　　　　　　　　　B. 不可燃　　　　　　　　C. 有毒有味

19. 断路器对电路故障跳闸发生拒动，造成越级跳闸时，应立即（　　）。

    A. 对电路进行试送电　　　　B. 查找断路器拒动原因　　C. 将拒动断路器脱离系统

20. 隔离开关与断路器串联使用时,停电的操作顺序是(　　)。

　　A. 先拉开隔离开关,后断开断路器

　　B. 先断开断路器,再拉开隔离开关

　　C. 同时断(拉)开断路器和隔离开关

　　D. 任意顺序

二、判断题(正确的在题后的括号内打"√",错误的打"×")

1. 变压器的铁芯采用导电性能好的硅钢片叠压而成。(　　)

2. 变压器内部的主要绝缘材料有变压器油、绝缘纸板、电缆纸、皱纹纸等。(　　)

3. 变压器调整电压的分接引线一般从低压绕组引出,是因为低压侧电流小。(　　)

4. 当气体继电器失灵时,油箱内部的气体便冲破防爆膜从绝缘套管喷出,保护变压器不受严重损害。(　　)

5. 一般电压互感器的一、二次绕组都应装设熔断器,二次绕组、铁芯和外壳都必须可靠接地。(　　)

6. 真空断路器具有体积小、重量轻、维护工作量小、适用于超高压系统等优点。(　　)

7. 真空断路器的灭弧室绝缘外壳采用玻璃时,具有容易加工、机械强度高、易与金属封接、透明性好等优点。(　　)

8. SF_6 气体的灭弧能力是空气的 100 倍。(　　)

9. 线路检修时,接地线一经拆除即认为线路已带电,任何人不得再登杆作业。(　　)

10. 停电检修的设备,各侧电源只要拉开断路器即可。(　　)

11. 停电作业的电气设备和线路,除本身应停电外,影响停电作业的其他电气设备和带电线路也应停电。(　　)

12. 验电的目的是验证停电设备和线路是否确无电压,防止带电装设接地线或带电合接地刀闸等恶性事故的发生。(　　)

13. 在某条线路上进行验电,如某一相验电无电时,可认为该线路已停电。(　　)

14. 在某条电缆线路上进行验电,如验电时发现验电器指示灯发亮,即可认为该线路未停电。(　　)

15. 装设、拆除接地线时,应使用绝缘杆和戴绝缘手套。(　　)

16. 10～35 kV 级变压器绝缘为分级绝缘结构。(　　)

三、应用分析题

1. 高压一次设备主要有哪些? 各有什么功能? 请描述典型设备的绝缘构成部分。

2. 在电气设备上工作,保证安全的技术措施是什么?

3. 油浸式变压器,油温需要控制在多少? 为什么? 是变压器油耐热性能不行的原因吗?

4. 电介质的耐热等级主要可以分为哪几级? 请举实例说明。

项目操作单

项目编号		考核时限	30 min	得分	
开始时间		结束时间		用时	
作业项目	油浸变压器、手车式断路器的绝缘结构剖析				
项目要求	(1)剖析说明油浸变压器、手车式断路器的绝缘结构。 (2)现场就地操作演示并说明绝缘结构及材料。 (3)注意安全,操作过程符合安全规程。 (4)编写试验报告。				
材料准备	(1)正确摆放被试品。 (2)正确摆放试验设备。 (3)准备绝缘工具、接地线、电工工具和试验用接线及接线钩叉、鳄鱼夹等。 (4)其他工具,如绝缘胶带、万用表、温度计、湿度仪。				

评分标准	序号	得分点	措施要求		得分
	1	安全措施 (10分)			
	2	仪器准备 (10分)			
	3	铭牌参数抄录 (5分)			
	4	温、湿度计 (5分)			
	5	绝缘检测 (30分)			
	6	试验报告 (20分)			
	7	考评员提问(20分)			
	考评员项目验收签字				

项目二　电力变压器试验

【项目描述】

变压器试验的主要目的是判定变压器在安装和运行中是否受到损伤或发生变化以及验证变压器性能是否符合有关标准和技术条件的规定。本项目以油浸式变压器为例,介绍了变压器交接验收、预防性试验、检修过程中的常规电气试验标准、作业程序、试验结果判断方法和试验注意事项等。

【知识要求】

◆掌握变压器故障原因及类型。

◆掌握变压器预防性试验。

◆掌握变压器特性试验。

【技能要求】

◆能掌握电力变压器的试验项目,做好安全措施。

◆能简单讲述各电气设备的功能。

◆能掌握各设备之间的电气连接关系。

电力变压器是电力系统中重要的电气设备之一,它一旦发生事故,则所需的修复时间较长,造成的影响也比较严重。随着我国电力工业的迅速发展,电网规模不断扩大,电力变压器的单机容量和安装容量随之不断增加,电压等级也在不断地提高。一般而言,容量越大,电压等级越高,变压器故障造成的损失也就越大。

变压器按绝缘材料可以分为干式变压器、油浸式变压器、六氟化硫变压器。其中油浸式变压器应用比较广泛,绝缘油起着绝缘和散热的双重作用,每台油浸式变压器都要用大量的油、纸等绝缘材料。变压器绝缘对变压器的体积,重量,造价有很大的影响,变压器绝缘的质量以及运行中对绝缘的维护,对变压器可靠运行的影响就更为突出。变压器所发生的事故中,相当大的部分是由于绝缘问题造成的,根据 110 kV 及以上的变压器所发生的事故统计,其中由绝缘引起的故事占 80% 以上。因此,认真研究和正确处理变压器的绝缘问题,是保证变压器安全可靠运行的重要环节。

变压器故障的原因主要有如下几种:

1. 选用材料或安装不当

包括绝缘等级选择错误,电压分接头选择不当以及保护继电器、断路器不完善等。

2. 制造工艺质量不好

由于选取的制造材料(导电材料、磁性材料、绝缘材料等)不好,或是设计的结构不合理,装配工艺水平不高,造成变压器发生故障。

3. 运行、维护不当

由于操作不当或其他故障造成变压器过负荷或者检修维护时造成连接松动,甚至使异物进入变压器,都会使变压器发生故障。

4. 异常电压

主要是雷电过电压和内部过电压。过电压的作用时间虽然很短,但是过电压的数值却大大超过了变压器的正常工作电压,因而容易造成变压器绝缘损坏,导致变压器不能正常工作。

5. 绝缘材料老化

这一方面是由于绝缘材料的自然老化而造成的;另一方面,当变压器过负荷运行或内部出现某些异常(如局部放电、局部过热等)时,将会加速变压器绝缘材料的老化,从而引发故障。

变压器故障的种类可以分为内部故障和外部故障。

电力变压器的内部故障主要有过热性、放电性及绝缘受潮等类型,主要发生在油箱、附件和其他外部装置故障等。变压器的内部故障包括绕组故障(绝缘击穿、断线、变形)、铁芯故障(铁芯叠片绝缘损坏、接地、铁芯的穿芯螺栓绝缘击穿等)、装配金具故障(焊接不良、部件脱落等)、电压分接开关故障(接触不良或电弧)、引线接地故障(对地闪烙、断裂)、绝缘油老化等。

变压器外部故障主要是变压器油箱外部绝缘套管及其引出线上发生的各种故障,其主要类型包括绝缘套管闪络或破碎而发生的单相接地(通过外壳)短路,引出线之间发生的相间故障等。

运行的变压器发生不同程度的故障时,会产生异常现象或信息。根据这些现象或信息进行分析,从而判断故障的性质、严重程度和部位,能及时发现局部故障和轻微故障,以便采取措施消除故障,防止变压器损坏而停运,提高电力系统运行可靠性,减少损失。

变压器故障诊断中应综合各种有效的检测手段和方法,对得到的各种检测结果要进行综合分析和评判,变压器常规故障综合诊断如图 2-1 所示。

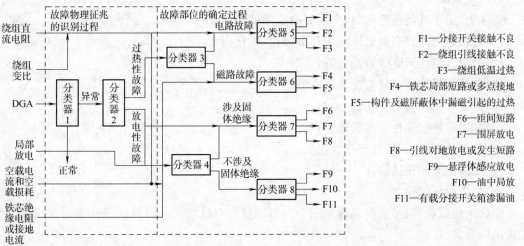

图 2-1　变压器常规故障综合诊断

在电气性能方面,为了使变压器绝缘能在额定工作电压下长期运行,并能耐受可能出现的各种过电压的作用,国家标准中规定了各种变压器的耐压试验项目和相应的试验电压值。变压器绝缘应能承受规定电压下的各种耐压试验的考验,例如交流耐压,冲击耐压等。

【技术标准】

按"电气装置安装工程电气设备交接试验标准"(中华人民共和国国家标准 GB 50150—2006),DL/T 596—1996 电力设备预防性试验规程,中国南方电网有限责任公司企业标准 Q/CSG 10007—2004《电力设备预防性试验规程》。电力变压器的试验项目,应包括下列内容:

(1)绝缘油试验或 SF_6 气体试验;

(2)测量绕组连同套管的直流电阻;

(3)检查所有分接头的电压比;

(4)检查变压器的三相接线组别和单相变压器引出线的极性;

(5)测量与铁芯绝缘的各紧固件(连接片可拆开者)及铁芯(有外引接地线的)绝缘电阻;

(6)非纯瓷套管的试验;

(7)有载调压切换装置的检查和试验;

(8)测量绕组连同套管的绝缘电阻、吸收比或极化指数;

(9)测量绕组连同套管的介质损耗角正切值 $\tan\delta$;

(10)测量绕组连同套管的直流泄漏电流;

(11)变压器绕组变形试验;

(12)绕组连同套管的交流耐压试验;

(13)绕组连同套管的长时感应电压试验带局部放电试验;

(14)额定电压下的冲击合闸试验;

(15)检查相位;

(16)油中溶解气体色谱分析;

(17)测量噪声。

实际上,由于现场条件限制,变压器的绝缘试验项目主要有:

(1)测量绕组连同套管绝缘电阻和吸收比、极化指数;

(2)测量绕组连同套管直流电阻;

(3)测量绕组连同套管直流泄漏电流;

(4)测量介质损耗角正切值 $\tan\delta$;

(5)油中溶解气体色谱分析试验;

(6)绕组的电压比、极性与接线组别;

(7)工频交流耐压试验;

(8)感应耐压试验。

综合上述试验项目,试验流程见图 2-2,具体操作可以参考本项目任务八电力变压器现场交接试验方案。

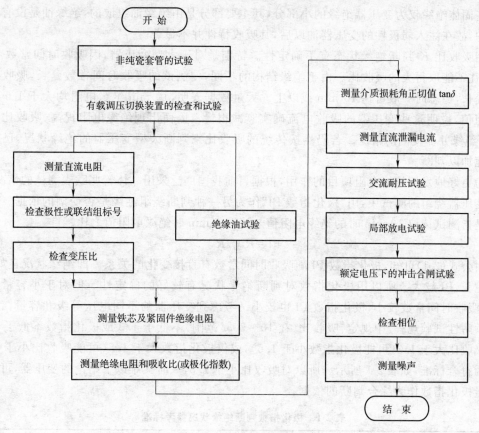

图 2-2　电力变压器试验流程图

任务一　绝缘电阻、吸收比、极化指数测量

一、测量目的

测量电力变压器的绝缘电阻和吸收比或极化指数,对检查变压器整体的绝缘状况具有较高的灵敏度,能有效地检查出变压器绝缘整体受潮,部件表面受潮或脏污以及贯穿性的缺陷。当绝缘贯穿性短路、瓷瓶破损、引接线接外壳、器身铜线搭桥等这样半贯穿性或金属短路性的故障,测量其绝缘电阻时才会有明显的变化。同时干燥前后绝缘电阻的变化倍数,比介质损耗因数值变化倍数大很多。例如 7 500 kV·A 的变压器,干燥前后介损数值变化 2.5 倍,但绝缘电阻变化有 40 多倍,变化相当明显。

测量绝缘电阻时,采用空闲绕组接地的方法,其优点是可以测出被测部分对接地部分和不同电压部分间的绝缘状态,且能避免各绕组中剩余电荷造成的测量误差。

吸收比 K 为绝缘电阻 60 s 值与 15 s 值之比,变压器绕组绝缘电阻值及吸收比对判断变压器绕组绝缘是否受潮起到一定作用。吸收比主要取决于介质的不均匀程度,即当油和纸两层介质均良好或均很差时,其作用均使吸收比下降,给判断绝缘优劣带来复杂性。

当测量温度在 10~30℃时,未受潮变压器的吸收比应在 1.3~2.0 范围内,受潮或绝缘内部有局部缺陷的变压器的吸收比接近于 1.0。考虑到变压器的固体绝缘主要为纤维质绝缘,而这些固体绝缘仅为变压器绝缘的小部分，其主要部分是由绝缘油组成的，绝缘油是没有吸收特性的，故在注入弱极性的变压器油以后，其吸收特性并不显著。

用吸收比 K 判断绝缘状态有不确定性。特别是对于大型变压器，因吸收时间常数 T 较大，往往不能取得大的吸收比。由于绝缘结构的不同，使测试的吸收时间常数延长，吸收过程明显变长，稳态时一般可达 10 min 或以上。大量数据表明，10 min 绝缘电阻均大于 1 min 绝缘电阻值，说明这些变压器的吸收电流确实衰减很慢。因而出现绝缘电阻提高、吸收比小于 1.3 而绝缘并非受潮的情况。若仍然按传统的吸收比来判断大型变压器的绝缘状况，已不能有效地加以判断。

为更好地发挥绝缘电阻项目的作用，根据目前我国广泛采用晶体管兆欧表测试的情况，在电力变压器绕组的测试中，用"极化指数 PI"作为另一种判断绕组绝缘是否受潮的依据。极化指数是指测试读取 10 min 时的绝缘电阻值与读取 1 min 时绝缘电阻值之比。

$$PI = R_{600}/R_{60} \tag{2-1}$$

由公式（2-1）可知，极化指数 PI 随吸收时间常数有直接变化的关系。即绝缘状况良好时，时间越长，PI 越大。所以用极化指数对判断绝缘状况有较好的确定性。但对于小容量变压器，因吸收时间常数较小，极化指数 PI 也较小。考虑到变压器的不同电压等级和容量，《电力设备预防性试验规程》中规定：吸收比（在 10～30℃ 范围）不低于 1.3 或极化指数不低于 1.5，是指吸收比大于 1.3（可能极化指数小于 1.5），或仅极化指数大于 1.5（可能吸收比小于 1.3）都作为符合标准，如表 2-1 所示。所以对吸收比小于 1.3，一时又难以下结论的变压器，可以补充测量极化指数作为综合判断的依据。

表 2-1　极化指数判断绝缘状况参考标准

状态	极化指数 PI
危险	小于 1.0
不良	1.0～1.1
可疑	1.1～1.25
较好	1.25～2.0
良好	大于 2.0

测量绕组的绝缘电阻和吸收比，是检验变压器绝缘状况简单而通用的方法，具有较高的灵敏度，对绝缘整体受潮或贯通性缺陷，如各种短路，接地，瓷件裂等能有效地反映出来。当测量温度与变压器出厂试验时的温度不符合时，需要换算到同一温度时的数值进行比较，如表 2-2 所示。

表 2-2　油浸式电力变压器绝缘电阻的温度换算系数

温度差 K	5	10	15	20	25	30	35	40	45	50	55	60
换算系数 A	1.2	1.5	1.8	2.3	2.8	3.4	4.1	5.1	6.2	7.5	9.2	11.2

二、测量方法

测量时，记录好环境温度和湿度，按顺序依次测量各绕组对地和对其他绕组间的绝缘电阻和吸收比值。变压器绕组绝缘电阻测量顺序及部位如表 2-3 所示。被测绕组所有引线端短接,非被测绕组所有引线端短接并接地。可以测量出被测绕组对地和对非被测绕组间的绝缘状况,同时能避免非被测组中剩余电荷对测量的影响。

表 2-3 变压器绕组绝缘电阻测量顺序及部位

顺序	双绕组变压器		三绕组变压器	
	被测绕组	接地部位	被测绕组	接地部位
1	低压绕组	高压绕组及外壳	低压绕组	高压绕组、中压绕组及外壳
2	高压绕组	低压绕组及外壳	中压绕组	高压绕组、低压绕组及外壳
3			高压绕组	中压绕组、低压绕组及外壳
4	高压绕组及低压绕组	外壳	高压绕组、中压绕组及低压绕组	外壳

测量绕组绝缘电阻时,对额定电压为 1 kV 及以下的绕组时,应使用量程不高于 0.5 kV 的兆欧表,电压为 2.5 kV 及以上的绕组时,可用 1 kV 或 2.5 kV 的兆欧表。对额定电压为 10 kV 及以上的绕组采用 5 kV 绝缘电阻表测量,并记录顶层油温。

对绝缘电阻测量结果的分析,采用比较法,主要依靠本变压器的历次试验结果相互进行比较。一般交接试验值不应低于出厂试验值的 70%。绝缘电阻换算到 20℃时,220 kV 及其以下的变压器不应小于 800 MΩ,500 kV 的变压器不小于 2 000 MΩ,吸收比不低于 1.3。

三、技术标准

规定 35 kV 级及以下的大型电力变压器吸收比不应低于 1.3,电压等于或高于 60 kV 的大型电力变压器吸收比应控制不低于 1.5。电力行业在验收交接试验中相应规定吸收比分别不低于 1.2 和 1.3。

所以对吸收比小于 1.3,一时又难以下结论的变压器,可以补充测量极化指数作为综合判断的依据。

四、结果判断

绝缘电阻在一定程度上能反映绕组的绝缘情况,但是它受绝缘结构、运行方式、环境和设备温度、绝缘油的油质状况及测量误差等因素的影响很大。所以在安装时,绝缘电阻值 R_{60s} 不应低于出厂试验时绝缘电阻测量值的 70%。预防性试验时,绝缘电阻值 R_{60s} 不应低于安装或大修后投入运行前的测量值的 50%。对 500 kV 变压器,在相同温度下,其绝缘电阻不小于出厂值的 70%,20℃时最低阻值不得小于 2 000 MΩ。

变压器绕组吸收比对判断绕组绝缘是否受潮起到一定的作用,但它不是一个单纯的绝对特征数据,而是一个易变动的测量值,换言之,吸收比反映绝缘缺陷有不确定性。所以特别是新生产变压器,可能出现绝缘电阻高、吸收比反而不合格的极不合理现象,也有运行中有的变压器,吸收比低于 1.3,但一直安全运行,未曾发生过问题。例如,据西北地区统计,对于正常运行的 72 台变压器的 905 次测量结果,其中吸收比小于 1.3 的占测量总数的 13.9%。对 110 kV 及以上的 275 台变压器历年统计结果,吸收比小于 1.3 者占 7.8%。鉴于上述原因,若仍然按传统的吸收比来判断超高压、大容量变压器的绝缘状况,已不能有效地加以判断。综上所述,用吸收比 K 判断绝缘状态有不确切性。特别是对于大型变压器,因吸收时间常数 T 较大,往往不能取得比较大的吸收比值。由于绝缘结构的不同,使测试的吸收时间常数延长,吸收过程明显变长,稳态时一般可达 10 min 或以上。大量数据表明,10 min 绝缘电阻均大于 1 min绝缘电阻值,说明这些变压器的吸收电流确实衰减很慢。因而出现绝缘电阻提高、吸收比小于 1.3 而绝缘并非受潮的情况。

但是基本也有规律就是吸收比有随着变压器绕组的绝缘电阻值升高而减小的趋势,绝缘正常的情况下,吸收比有随着温度升高而增大的趋势;绝缘有局部问题时,吸收比会随着温度升高而下降的趋势。

因此,在《电力设备预防性试验规程》中规定采用吸收比和极化指数来判断大型变压器的绝缘状况。极化指数的测量值不低于 1.5。应当指出,吸收比与温度是有关的,对于十分良好的绝缘,温度升高,吸收比增大。对于油或纸绝缘不良时,温度升高,吸收比减小。

五、特别提示

(1)变压器内部铁芯、夹件、穿心螺栓等部分的绝缘介质单一,基本不能承受电压,只是绝缘"隔电"作用,绕组绝缘部可以承受高压,所以铁芯等部件的绝缘电阻能更有效地检查出变压器绝缘整体受潮,部件表面受潮或污秽,以及贯穿性的集中性缺陷,如变压器本体绕组金属接地、瓷件破裂等。

(2)测量时非被测绕组(空闲绕组)所有引线端短接并接地,目的是测量被测部分对接地部分和不同电压部分间的绝缘状态,且能避免各绕组中剩余电荷造成的测量误差。实测表明,测量绝缘电阻时,非被测绕组接地比接屏蔽时其测量值普遍低一些。

(3)《电力设备预防性试验规程》中规定,绝缘电阻需要进行温度换算。吸收比和极化指数不进行温度换算。所以测量前的温度和湿度记录就变得尤为重要了。

(4)对于变压器绝缘电阻、吸收比或极化指数测试结果的分析判断最重要的方法就是与出厂试验比较,比较绝缘电阻时应注意温度的影响。由于干燥工艺的改进变压器绝缘电阻越来越高,一般能达到数万兆欧,这使变压器极化过程越来越长,原来的吸收比标准值越来越显示出其局限性,这时应测量极化指数。而不应以吸收比试验结果判定变压器不合格。变压器绝缘电阻大于 10 000 MΩ 时,可不考核吸收比或极化指数。

 复习与思考

1. 请说明变压器有哪几个重要的预防性试验,并阐述试验的目的。
2. 测量绝缘电阻的目的是什么?
3. 变压器的吸收现象是指什么?变压器的吸收比和极化指数在判断绝缘主要起到什么作用?
4. 变压器的吸收比只有 1.2,能不能判断绝缘不合格?下一步应采用什么措施?

任务二　直流电阻测量

变压器的直流电阻是变压器制造中半成品、成品出厂试验、安装、交接试验及电力部门预防性试验的必测项目,能有效发现变压器线圈的选材、焊接、连接部位松动、缺股、断线等制造缺陷和运行后存在的隐患。所以是变压器出厂及预防性试验性的一个固定试验项目,对变压器的安全运行有着至关重要的作用,是变压器预防性试验中的一个硬性指标。按照 IEC 标准和国标 GB 1094—2007,变压器制造、大修、交接试验、温升测试与诊断中进行的必测项目。根据标准规定:1.6 MV·A 以上的变压器,相电阻不平衡应不大于 2%,无中性点引出的绕组,线电阻不平衡应不大于 1%;1.6 MV·A 以下的变压器,相电阻不平衡应不大于 4%,无中性点引出的绕组,线电阻不平衡应不大于 2%。

值得注意的是,由于变压器的容量比较大,绕组导线截面增加,直流电阻很小,特别是低压绕组直流电阻大约几毫欧,所以测量的细微变动比较难察觉,不能及时发现潜在的问题,导致设备故障进一步发展。所以在比较测量时,要与同温度的出厂值比较,相应变化不应大于 2%,同时注意三相电阻值是否平衡。

一、测量目的

测量变压器绕组的直流电阻是一个很重要的试验项目,在《电力设备预防性试验规程》中,其次序排在变压器试验项目的第二位。测量变压器绕组直流电阻的目的是:

(1)检查绕组焊接质量。

(2)检查分接开关各个位置接触是否良好。

(3)检查绕组或引出线有无折断处。

(4)检查并联支路的正确性,是否存在由几条并联导线绕成的绕组发生一处或几处断线。

(5)检查层、匝间有无短路的现象。

二、操作规范

测量前先记录顶层油温及环境温度和湿度,测试后使用测量设备或仪表上的"放电"或"复位"键对被测绕组充分放电。

根据输变电设备状态检修试验规程 Q/GDW 168—2008 规定,试验结果判断依据要求:相间互差不大于 2%(警示值),同相初值差不超过 ±2%(警示值)。

受各种因素影响(如绕组温度估算的偏差),与上次试验结果比较,测量结果可能普遍偏小或偏大一些。但这种情况通常是要么全偏小,要么全偏大,否则应注意个别偏离这一规律者。此外,同一绕组,在不同分接位置的电阻应符合变化规律。220 kV 及以上绕组电阻测量电流宜为 5A,且铁芯的磁化极性应保持一致。测量电流过大,可能产生较大的剩磁,甚至发热使测量结果出现偏差。

三、安全须知

为了尽可能减少测量误差,应该注意以下几点:

(1)测量仪器的不确定度不应大于 0.5%,绕组电阻值应在仪器满量程的 70% 之上。

(2)在所有绕组电阻测量期间,铁芯磁化的极性应保持不变。

(3)电压引线和电流引线分开,而且越短越好。

(4)测量电流不要超过 15% 的额定值,以免发热影响测量结果必须等读数完全稳定。

(5)测量结束后,应采取措施,避免因电流突然中断产生高电压。

四、实战任务

实践表明,直流电阻测试项目对发现焊接不良或者断股缺陷具有重要意义。某台 2 000 kV·A 变压器,6 kV 侧运行中输出电压三相不平衡超过 5%,曾怀疑电源质量,但经检查无误,于是对该变压器进行多项试验,结果从直流电阻测量数据中发现,该台变压器三相分接开关由于长期不用,接触不良,立即进行了检修再检测结果正常。某变电所一台 10 000 kV·A,60 kV 的有载调压变压器,进行预防性试验时直流电阻不合格,B 相的直流电阻在 7、8、9 三个分接位置时,较其他两相大 7% 左右,分析认为 B 相接触不良。又做色谱分析,变压器本体油色谱合格,而 B 相套管色谱数据表明,该套管存在过热性故障。停电检查发现,确是 B 相穿缆引线鼻子与将军帽接触不紧造成的。

所以长期以来,测量绕组的直流电阻一直被认为是考查变压器纵绝缘的主要手段之一,有时甚至是判断电流回路连接状况的唯一办法。

某供电局变电所的一台 50 MV·A 的电力变压器,在测量 110 kV 侧分接头 2 的直流电阻时,三相电阻不平衡系数为 4.4%,超过《电力设备预防性试验规程》规定的 2%,实测数据如表 2-4 所示。

表 2-4　分接头直流电阻

温度(℃)	$R_{A0}(\Omega)$	$R_{B0}(\Omega)$	$R_{C0}(\Omega)$	不平衡系数(%)
13	0.514	0.537	0.517	4.4

注:不平衡系数$=(R_{max}-R_{min})/R_{A0}+R_{B0}+K_{C0})/3\times100\%$。

经过多次转换分接开关再进行测量,直流电阻不平衡系数仍大于《电力设备预防性试验规程》规定,绕组接线示意图如图 2-3 所示。当进行色谱分析时,却未发现异常。为了查明不平衡系数超标的原因,将变压器油放掉后测量直流电阻,测量结果如表 2-5 所示。

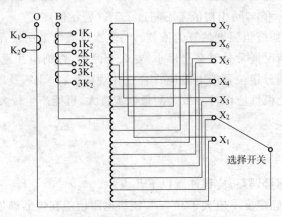

图 2-3　绕组接线示意图

表 2-5　放油后直流电阻测量值

整体测量	$R_{A0}(\Omega)$	$R_{B0}(\Omega)$	$R_{C0}(\Omega)$	不平衡系数(%)	$t(℃)$
分接头 2	0.504	0.529	0.508	5	11

由表 2-5 可见，分接头 2 仍存在问题。由于对分接头 1.3 曾作过测量，均合格，这说明变压器绕组的公用段没有问题。接着又进行分段查找，分别测量选择开关动静触头间以及静触头到 110 kV 出线套管间的直流电阻，测量结果如表 2-6 所示。

表 2-6　动静触头间及静触头至套管间的直流电阻

测量位置	A(Ω)	B(Ω)	C(Ω)	温度(℃)
动静触头间	0.002 66	0.004 6	0.002 65	18
套管至 X_1	0.514	0.515	0.517	18
套管至 X_2	0.502	0.502	0.503	18

由表 2-6 中数据可知，B 相可能有问题，而且发生在动静触头之间。

为进一步查找产生上述现象的原因，将 B 相分接头 2 的静触头紧固螺丝紧了半圈后，再进行测量，测量结果如表 2-7 所示。

表 2-7　调整后的分接头直流电阻

状态	$R_{A0}(Ω)$	$R_{B0}(Ω)$	$R_{C0}(Ω)$	温度(℃)
分接头 2 紧半圈后	0.506	0.506	0.507	18
由 1 调至 2	0.505	0.506	未测	18
由 7 调至 2	0.506	0.526	未测	18
由 1 调至 2	0.506	0.506	未测	18
由 2 调至 7，再由 7 调至 2	0.506	0.506	未测	18
调动数次后	0.507	0.509	未测	18

由表 2-7 中数据可知，其中 B 相数据从原来 0.506 变动到 0.526，变压器绕组不平衡系数超标是由于 B 相动静触头之间接触不良造成的。

五、实战分析

直流电阻不平衡故障处理方法和措施。

(1)绕组焊接不良或者断股。一相或者多相绕组支路引线头断股或者焊接不良，长期运行后会脱焊，阻值增大。需要用气相色谱分析阻值增大的那相，再吊芯检查，同时注意分接开关弹簧部分，检查绕组虚焊处。完成吊芯检查，还需测量绝缘电阻、介损测量、工频耐压试验要满足相关标准。当变压器受到短路电流冲击后，应及时测量其直流电阻，及时发现断股故障，同时结合色谱综合分析，确认故障。

(2)三相匝间短路。可用电桥法进行空载测量，停电放电后手摸三相线包，绕组发热严重说明匝间短路，需要局部维修，重包绝缘或重做绕组。

(3)分接开关指位指针移位。分接开关指位指针移位或者接触不良会导致变压器直流电阻不平衡率超标。用气相色谱分析确认故障后，进行吊芯检查，检查其导电回路电气接触部分，调整开关指示位置。

(4)引线连接不紧。包括引线与套管导管、分接开关等连接不紧，都能导致变压器高压绕组直阻不平衡率大于 2‰。这时要重新检测各连接部分，判断电气连接是否正常，同时可用气相色谱分析内容故障，确定不良的部分，重新进行连接部位紧固螺母或者内部螺牙。

复习与思考

1. 直流电阻试验能检测出变压器什么问题？相电阻不平衡率允许最大值是多少？
2. 绝缘电阻和直流电阻有什么本质的区分？在高压试验中有什么作用。
3. 除了变压器外，直流电阻还可以用在哪些设备上进行测试？具体的试验方法有何不同？

任务三　变压器变比、极性和组别测量

一、变比测量

变比包括变压器变比、电压互感器变比和电流互感器变比，是变压器或电压互感器一次绕组与二次绕组之间的电压比或电流互感器一次绕组与二次绕组之间的电流比。

电压比一般按线电压计算，它是变压器的一个重要的性能指标，测量变压器变比的目的是：

(1)保证绕组各个分接的电压比在技术允许的范围之内。

(2)检查绕组匝数的正确性；检查变比是否与铭牌相符，以保证对电压的正确变换。

(3)判定绕组各分接的引线和分接开关连接是否正确。

(4)在变压器发生故障后，通过测量变比来检查绕组匝间是否存在匝间短路。

(5)判断变压器是否可以并联运行。

变比是变压器设计时计算误差的一个概念。一般的变比大于 3 时，误差需小于 0.5%；变比小于等于 3 时，误差需小于 1%。

根据《电力设备预防性试验规程 DL/T 596—1996》规定，变比的试验周期是在分接开关引线拆装后、更换绕组后或必要时。要求各相应接头的电压比与铭牌值相比，不应有显著差别，且符合规律。电压 35 kV 以下，电压比小于 3 的变压器电压比允许偏差为 ±1%；其他所有变压器额定分接电压比允许偏差 ±0.5%，其他分接的电压比应在变压器阻抗电压值(%)的 1/10 以内，但不得超过 ±1。

检查变压比的方法有电压测量法和专用变比测试仪法。专用变比测试仪法能直接测量变比误差，测量准确度和灵敏度较高，应首先选择专用变比测试仪。检查变压比的专用仪器分为变压比电桥和变比测试仪两类，变压比电桥又分为变压器式变压比电桥和电阻分压式变压比电桥。

常用的 QJ35 型变压比电桥为电阻分压式变压比电桥，变比测量范围为 1.02~111.12。其加压原理同采用单相电源的电压测量法。变比测试仪(如 3628D 型)的测量范围大，接线和操作简单，能同时测量三相变压比，有些仪器还有检查联结组标号的功能。

测量时应有以下注意事项：

(1)在测量的时候，人不要触摸试品。

(2)连线要保持接触良好，仪器应良好接地。

(3)仪器的工作场所应远离强电场，强磁场，高频设备。供电电源干扰越小越好，宜选用照明线，如果电源干扰还是较大，可以由交流净化电源给仪器供电，交流净化电源的容量大于 200 V·A 即可。

（4）仪器工作时，如果出现液晶屏显示紊乱，按所有按键均无响应，或者测量值与实际值相差很远，请按复位键，或者关掉电源，再重新操作。

（5）如果显示器没有字符显示或颜色很淡，请调节亮度电位器至合适位置。

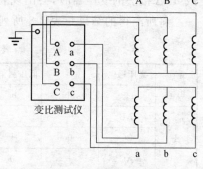

（6）仪器应存放在干燥通风处。

（7）变压器的相序为，面对高压侧从左往右依次是 A、B、C 相，低压侧相序为 n、a、b、c，接线时不能将其接反。

（8）注意在变比测试仪上输入变压器组别，防止出现错误。

测量接线图如图 2-4 所示。

图 2-4　变比测量接线图

二、电力变压器的极性测量

实验目的：判定变压器各线圈的同名端，以便正确连接各线圈，从而得到所需的各种电压。

实验步骤：

（1）定性确定变压器各线圈的电压级别。用万用电表电阻挡测量各线圈电阻值，一般来说电阻值大的为高压线圈，电阻值低的为低压线圈，电阻值相同的为等压线圈。由此大致判定各线圈的电压级别。

（2）测定各线圈电压值，确定各线圈变压比。用额定电压接被判定的高压线圈，然后测量其他各线圈的输出电压值，并记录下来。从而确定变压比和各线圈输出电压值。

（3）确定部分线圈的同名端。除接调压电源的线圈外，取一端输出电压适当的线圈头端作为同名端基准，然后把该线圈依次与其他线圈逐一串联连接，测量其总电压。若总电压为原两线圈的输出电压之和，则该两线圈端为头尾相联，另一端线圈的头为同名端；若总电压为原两线圈的输出电压之差，则该两线圈端为头头相联或尾尾相联，另一线圈的头为同名端。

（4）确定电源线圈的同名端。在接调压电源的电源线圈上串入一个已知线圈极性且输出电压值与电源电压相接近的线圈 A，再重新接入电源。测量另外线圈的输出电压值，与原电压值相比较。若电压值为原来的一半，则说明电源线圈与线圈 A 是头、尾相联；若电压值接近零，则说明电源线圈与线圈 A 是头头或尾尾相联。以此确定电源线圈的同名端。

（5）验证同名端的正确性。把电源线圈接入电源，把任意两线圈的头、尾串联。测量其总电压，应为两线圈原电压之和，否则说明同名端定位错误。

三、电力变压器的组别测量

变压器联结组别是变压器的重要参数之一，是变压器并联运行的重要条件，在交接时需要检查单相变压器绕组极性和三相变压器的联结组别，检查结果必须与变压器铭牌标志相符，这是一项极为重要的试验。

直流法是最为简单适用的测量变压器绕组接线组别的方法，如表 2-8 所示是对一个 Y/Y 接法的三绕组变压器用直流法确定组别的接线，对于其他形式的变压器接线相同。用一低压直流电源如干电池加入变压器高压侧 AB、BC、AC，轮流确定接在低压侧 ab、bc、ac 上的电压表指针的偏转方向，从而可得到 9 个测量结果。这 9 个测量结果的表示方法为：用正号"＋"表示当高压侧电源合上的瞬间，低压侧表针摆动的某一个方向，而用负号"－"表示与其相反的方向。如果用断开电源的瞬间来作为结果,则正好相反。另外还有一种情况,就是当测量 Δ/Y 或 Y/Δ 接法的变压器时,会出现表针为零,用"0"来作为结果。

将所测得的结果与表 2-8 所列对照,即可知道该变压器的接线组别。

表 2-8　变压器组别与极性对照表

接线组别	高压通电 +−	低压测量值			接线组别	高压通电 +−	低压测量值		
		ab	bc	ac			ab	bc	ac
1	AB	+	−	0	7	AB	−	+	0
	BC	0	+	+		BC	0	−	−
	AC	+	0	+		AC	−	0	−
2	AB	+	−	−	8	AB	−	+	+
	BC	+	+	+		BC	+	−	−
	AC	−	+	−		AC	+	−	+
3	AB	0	−	−	9	AB	0	+	+
	BC	−	+	+		BC	+	0	−
	AC	+	−	0		AC	+	+	0
4	AB	−	+	−	10	AB	+	+	+
	BC	+	−	+		BC	+	+	−
	AC	−	−	+		AC	+	−	+
5	AB	−	0	+	11	AB	+	0	+
	BC	−	+	0		BC	+	+	0
	AC	0	−	+		AC	0	+	+
6	AB	−	+	+	12	AB	+	+	+
	BC	+	+	−		BC	+	+	+
	AC	−	−	−		AC	+	+	+

复习与思考

1. 请说明变压器变比、极性和组别试验的原理和接线。

2. 绝缘电阻和直流电阻有什么本质的区分?在高压试验中有什么作用?

任务四　泄漏电流测量

一、测量目的

在直流电压作用下测量泄漏电流,实际上也就是测量绝缘电阻。如果施加的直流电压不高时,由泄漏电流换算为绝缘阻值时,与兆欧表所测值极为接近,泄漏电流并不比用兆欧表测绝缘电阻获得更多的信息,但当用较高的电压来测泄漏电流时,就有可能发现兆欧表所不能发现的绝缘损坏或弱点。如图 2-5 所示,泄漏电流能反映绝缘状况。

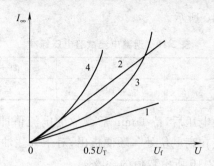

图 2-5　某发电机绝缘的泄漏电流随所加直流电压变化的曲线

1—绝缘良好；2—绝缘受潮；3—绝缘中有集中性缺陷；4—绝缘中有危险的集中性缺陷；U_{T}—直流耐压试验电压

　　测量泄漏电流的原理与测量绝缘电阻的原理是相同的，能检出的缺陷也大致相同，但由于试验电压高，所以使绝缘本身的弱点容易暴露出来。例如某变电所一台 7 500 kV·A 的变压器，在预防性试验中发现 tanδ 由 0.47％增加到 1.2％；泄漏电流由 $13\mu A$ 增加到 $530\mu A$。tanδ 只增加 2.55 倍，但泄漏电流增长 40.76 倍，经查找发现是因套管密封不严而进水所致。正因为如此，尽管制造厂没有这个测试项目，而在绝缘预防性试验中却被列为必须进行的项目之一。

　　测量泄漏电流和绝缘电阻相比有以下特点：

（1）试验电压高。

（2）泄漏电流由微安表随时监视，灵敏度高，测量重复性也较好。

（3）根据泄漏电流值可以换算出绝缘电阻值。

二、测量方法

　　双绕组和三绕组变压器测量泄漏电流的顺序与部位如表 2-9 所示，按图 2-6 所示接线。

表 2-9　变压器绕组测量泄漏电流的顺序与部位

顺序	双绕组变压器		三绕组变压器	
	加压绕组	接地部分	加压绕组	接地部分
1	高压	低压、外壳	高压	中、低压、外壳
2	低压	高压、外壳	中压	高、低压、外壳
3			低压	高、中压、外壳

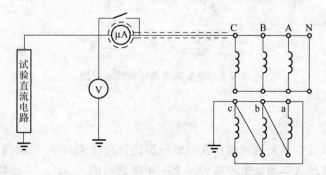

图 2-6　泄漏电流试验原理接线示意图

试验电压的标准如表 2-10 所示。

表 2-10　泄漏电流试验电压标准

绕组额定电压(kV)	3	6～15	20～35	35 以上
直流试验电压(kV)	5	10	20	40

测量时,将电压升至试验电压后,待 1 min 后读取的电流值即为所测得的泄漏电流值,为了使读数准确,应将微安表接在高电位处。顺便指出,对于未注油的变压器,测量泄漏电流时,变压器所施加的电压应为表 2-10 所示数值的 50%。

三、接线方法

直流泄漏电流接线方法有低压接线法和高压接线法。

如图 2-7 所示,低压接线法是将微安表接在试验变压器高压绕组的尾部接线端。由于微安表处于低压侧,读表比较安全方便,但无法消除绝缘表面的泄漏电流和高压引线的电晕电流所产生的测量误差,因此,现场试验多采用高压法进行。

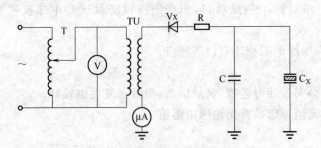

图 2-7　泄漏电流低压接线示意图

如图 2-8 所示,高压接线法是将微安表接在试品前。这种接线法,由于微安表牌高压侧,放在屏蔽架上,并通过屏蔽线与试品 C_X 的屏蔽环(湿度不大时,可以不设,而空置在试品侧)相连,这样就避免了接线的测量误差。但由于微安表处于高压侧,则会给读数带来不便。

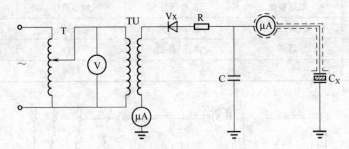

图 2-8　泄漏电流高压接线示意图

四、数据分析

对于试验结果,也主要是通过与历次试验数据进行比较来判断,要求与历次数据比较不应有显著变化,一般情况当年测量值不应大于上一年测量值的 150%。当其数据逐年增大时,应引起逐年注意,这往往是绝缘逐渐劣化所致;如数值与历年比较突然增大时,则可能有严重的缺陷,应查明原因。当无资料可查时,可以参考表 2-11 所示泄漏电流值。交接时可参考表中所列的数据,应注意不要依赖它,要根据本单位经验从多方面进行具体分析。另外,比较时还应注意温度的一致性。

表 2-11　油浸电力变压器绕组直流泄漏电流参考值

额定电压 (kV)	试验电压峰值 (kV)	在下列温度时的绕组泄漏电流值(A)							
		10℃	20℃	30℃	40℃	50℃	60℃	70℃	80℃
2~3	5	11	17	25	39	55	83	125	178
6~15	10	22	33	50	77	112	166	250	356
20~35	20	33	50	74	111	167	250	400	570
63~330	40	33	50	74	111	167	250	400	570
500	60	20	30	45	67	100	150	235	330

影响泄漏电流的主要因素主要有温度、高压连接导线、表面泄漏电流、电导率,也可以根据泄漏电流判断故障原因。

1. 泄漏电流随时间的增长

现象:泄漏电流随时间的增长而升高。

分析结果:高阻性缺陷和绝缘分层、松弛或者潮气浸入绝缘内部。

2. 泄漏电流剧烈摆动

现象:电压升高到某一个状态,泄漏电流出现剧烈摆动。

分析结果:绝缘有断裂性缺陷。大部分出现在槽口或者端部离地近处,或出现套管有裂纹。

3. 各相泄漏电流相差过大

现象:各相泄漏电流超过 30%,充电现象正常。

分析结果:缺陷部位远离铁芯端部,或者套管脏污。

4. 泄漏电流不成比例上升

现象:同一相相邻试验电压下,泄漏电流随电压不成比例上升超过 20%。

分析判断:绝缘受潮或者脏污。

5. 充电现象不明显

现象:无充电现象或充电现象不明显,泄漏电流增大。

分析判断:这种现象大多是受潮,严重的脏污,或有明显贯穿性缺陷。

6. 试验结果分析

各相泄漏电流差别不应大于最小值的 100%;或者三相泄漏电流在 20 μA 以下;与历次试验结果不应有明显变化。

所以当泄漏电流过大时,应先对试品、试验接线、屏蔽、加压高低等检查后,并且排除外界影响因素后,才能对试品下结论。当泄漏电流过小。可能是接线有问题,加压不够,微安电流表分流等引起的。对无法在试品低压端进行测量的试品,当泄漏电流偏大时,可采用差值法。

五、特别提示

(1)绕组的直流泄漏电流测量从原理上讲与绝缘电阻测量是完全一样的,能发现的缺陷也基本一致,只是由于直流泄漏电流测量所加电压高因而能发现在较高电压作用下才暴露的缺陷,故由泄漏电流换算成的绝缘电阻值应与兆欧表所测值相近。

(2)如果泄漏电流异常,可采用干燥或加屏蔽等方法加以消除。高压引线应使用屏蔽线以避免引线泄漏电流对结果的影响,高压引线不应产生电晕,微安表应在高压端测量。负极性直流电压下对绝缘的考核更严格,应采用负极性。500 kV 变压器的泄漏电流一般不大于 $30\mu A$。

(3)分级绝缘变压器试验电压应按被试绕组电压等级的标准,但不能超过中性点绝缘的耐压水平。

(4)试验中如果发现泄漏电流急剧增长,或者有绝缘烧焦的气味,或者冒烟,声响等异常现象应立即降低电压,断开电源,停止试验,将绕组接地放电后再进行检查。

复习与思考

1. 如何用直流法测量变压器绕组接线组别?请说明测量过程。
2. 泄漏电流测量时微安表有几种接法?对测量数据有何影响?

任务五　介质损失正切 $\tan\delta$ 试验

一、测量目的

测量介质损耗因数是一项灵敏度很高的项目,它可以发现电气设备绝缘整体受潮,劣化变质以及小体积被试设备贯通和未贯通的缺陷。

二、测量原理

$\tan\delta$ 是反映绝缘介质损耗大小的特性参数,与绝缘的体积大小无关。但如果绝缘内的缺陷不是分布性而是集中性的,则 $\tan\delta$ 有时反映就不够灵敏。被试绝缘的体积越大,或集中性缺陷所占的体积越小,集中性缺陷处的介质损耗占被试绝缘全部介质损耗的比重就越小,总体的 $\tan\delta$ 就增加的也越少,如此以来 $\tan\delta$ 测试就不够灵敏。因此,测量各类电力设备 $\tan\delta$ 时,能够分解试验的就尽量分解试验,以便能够及时、灵敏的发现被试品的集中性缺陷。

绝大多数电力设备的绝缘为组合绝缘,是由不同的电介质组合而成,且具有不均匀结构,例如油浸纸绝缘,含空气和水分的电介质等。在对这类绝缘进行分析时,可把设备绝缘看成多个电介质串、并联等值电路所组成的电路,而所测的 $\tan\delta$ 值,实际上是由多个电介质串并联后组成电路的总 $\tan\delta$ 值。由此可见,多个电介质绝缘的总 $\tan\delta$ 值总是小于等值电路中的 $\tan\delta_{max}$,而大于 $\tan\delta_{min}$。这一结论表明,在测量复合绝缘、多层电介质组合绝缘时,当其中一种或一层介质的 $\tan\delta$ 偏大时,并不能有效的在总 $\tan\delta$ 值中反映出来,或者说 $\tan\delta$ 值具有"趋中"性,对局部缺陷的反映不够灵敏。因此对于通过 $\tan\delta$ 值来判断设备绝缘状态时,必须着重与该设备历年测试值相比较,并和处于相同运行条件下的同类设备相比较,注意 $\tan\delta$ 值的横向与纵向变化。

三、测试原理

高压西林电桥工作原理如图 2-9 所示,电桥平衡时,流过检流计的电流为零。

C_X、R_X：试品的电容和电阻（串联等值电路）

R_3：可调电阻 G：检流计

R_4：固定电阻 C_0：标准电容$[(50\pm1)\text{pF}]$

C_4：可调电容 R：保护电阻

P：屏蔽

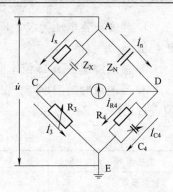

各桥臂复数阻抗应满足 $Z_3 Z_N = Z_4 Z_X$。

将各阻抗量代入公式可得 $\left(\dfrac{1}{\dfrac{1}{R_X}+j\omega C_X}\right)\left(\dfrac{1}{\dfrac{1}{R_4}+j\omega C_4}\right)=\dfrac{R_3}{j\omega C_N}$

图 2-9 高压西林电桥工作原理

整理后可得 $\left(\dfrac{1}{R_X R_4}-\omega^2 C_X C_4\right)+j\left(\dfrac{\omega C_4}{R_X}+\dfrac{\omega C_X}{R_4}\right)=j\dfrac{\omega C_N}{R_3}$

$$\tan\delta=\frac{1}{\omega R_X C_X}=\omega C_4 R_4$$

$$C_X=\frac{C_N R_4}{R_3}\times\frac{1}{1+\tan\delta}=\frac{C_N R_4}{R_3}$$

四、测量接线

介质损耗值 $\tan\delta$ 的测试方法有正接线和反接线两种。

1. 正接法接线

接线特征：试验品 PX 两端对地绝缘（在现场有时不容易做到），试验品处于高压，电桥一端接地，如图 2-10 所示。正接法测量时，标准电容器高压电极、试品高压端和升压变压器高压电极都带危险电压，所以一定要使电桥测量部分可靠接地，试验人员远离。

2. 反接法接线

接线特征：试验品 PX 有一端接地，电桥处于高压电位，如图 2-11 所示。

标准电容器外壳带高压电，因此检查电桥工作接地良好，试验过程中也不要将手伸到电桥背后。要注意使其外壳对地绝缘，并且与接地线保持一定的距离，操作和读数时要小心。

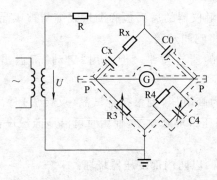

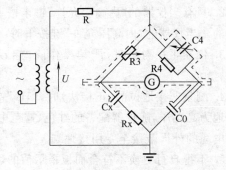

图 2-10 高压西林电桥正接法接线   图 2-11 高压西林电桥反接法接线

五、技术标准

《电力设备预防性试验规程》中关于测量介质损耗角 $\tan\delta$ 的相关规定，要求测量绕组连同套管的介质损耗角正切值 $\tan\delta$，应符合下列规定：

1. 当变压器电压等级 5 kV 及以上且容量在 8 000 kV·A 及以上时,应测量介质损耗角正切值 $\tan\delta$。

2. 被测绕组的 $\tan\delta$ 值不应大于产品出厂试验值 130%。

3. 当测量时的温度与产品出厂试验温度不符合时,可按表 2-12 换算到同一温度时的数值进行比较。

表 2-12　介质损耗角正切值 $\tan\delta(\%)$ 温度换算系数

温度差 K	5	10	15	20	25	30	35	40	45	50
换算系数 A	1.15	1.3	1.5	1.7	1.9	2.2	2.5	2.9	3.3	3.7

表中 K 为实测温度减去 20℃ 的绝对值,测量温度以上层油温为准,进行较大的温度换算且试验结果超过第二款规定时,应进行综合分析判断。

当测量时的温度差不是表 2-12 中所列数值时,其换算系数 A 可用线性插入法确定。

$$A = 1.3K/10$$

当测量温度在 20℃ 时:

$$\tan\delta_{20} = \tan\delta_t / A$$

当测量温度在 20℃ 以下时:

$$\tan\delta_{20} = A\tan\delta_t$$

式中　$\tan\delta_{20}$——校正到 20℃ 时的介质损耗角正切值;

　　　$\tan\delta_t$——在测量到温度 t 下的介质损耗角正切值。

六、安全须知

1. 使用前必须将仪器的电桥测量部分、接地端子可靠接地。正接法测量时,标准电容器高压电极、试品高压端和升压变压器高压电极都带危险电压。各端之间连线都要架空,试验人员远离。在接近测量系统、接线、拆线和对测量单元电源充电前,应确保所有测量电源已被切断。还需注意低压电源的安全。

2. 只有当仪器的"内高压允许"键未按下时,接触仪器的后面板和测量线缆与被试品才是安全的。当仪器的"内高压允许"键按下时,蜂鸣器将鸣叫示警。

3. 仪器正在测量时,严禁操作除"启动"键外的所有按键。但可用"启动"键退出测量状态。

4. 测量非接地试品(正接法)时,"Hv"端对地为高电压,测量接地试品(反接法)时,"Cx"端对地为高电压,随仪器配备的红色、蓝色电缆为高压带屏蔽电缆,使用时可沿地面敷设,但必须将电缆的外屏蔽接至专用接地端。

5. 不得自行更换不符合面板指示值的熔断器管,以防内部变压器烧坏。

6. 应保持仪器后面板的清洁,不要用手触摸。如后面板有污痕,请用干布擦拭干净以保证良好的绝缘。

复习与思考

1. 介质损耗值 $\tan\delta$ 有几种接线?分别适用于什么场合?各有什么优缺点?

2. 实际应用上,哪些高压设备需要测量介质损耗值 tanδ? 哪些设备不需要测量 tanδ,为什么?

任务六　交流耐压试验

一、测量目的

交流耐压试验是鉴定电力设备绝缘强度最有效和最直接的方法,电力设备在运行中,绝缘长期受电场、温度和机械振动的作用会逐渐发生劣化,其中包括整体劣化和部分劣化,形成缺陷。

各种预防性试验方法,各有所长,均能分别发现一些缺陷,反映出绝缘的状况,但其他试验方法的试验电压往往都低于电力设备的工作电压,但交流耐压试验一般比运行电压高,因此通过试验已成为保证变压器安全运行的一个重要手段。

工频交流耐压试验的原理接线图如图 2-12 所示,实物接线图如图 2-13 所示。

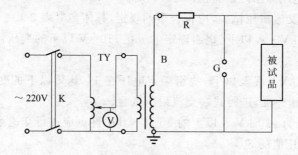

图 2-12　工频交流耐压试验的原理接线图

TY 为低压调压装置,B 为试验变压器,R 为限流保护电阻,G 为保护球隙试验变压器 B 的特点:单相,输出电压高、容量相对较小,绝缘裕度小,间歇性工作方式。

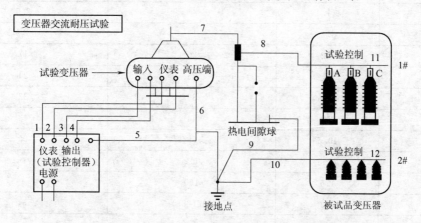

图 2-13　变压器交流耐压试验的接线图

二、安全须知

1. 填写第一种工作票,编写作业控制卡、质量控制卡,班组工作许可手续。

2. 向工作班组人员交底,告知危险点,交代工作内容、人员分工、带电部位,并履行确认手续后开工。

3. 准备试验用仪器、仪表、工具,所用仪器仪表良好,所用仪器、仪表、工具在合格周期内。

4. 检查变压器外壳,应可靠接地。

5. 利用绝缘操作杆带地线上去将变压器带电部位放电。

6. 放电后,拆除变压器高压、中压低压引线,其他作业人员撤离现场。

7. 检查变压器外观,清洁表面污垢。

8. 接取电源,先测量电源电压是否符合实验要求,电源线必须牢固,防止突然断开,检查漏电保护装置是否灵敏动作。

9. 试验现场周围装设试验围栏,并派专人看守。

三、技术标准

根据《输变电设备状态检修试验规程 Q/GDW 168—2008》,耐压试验要求:仅对中性点和低压绕组进行,耐受电压为出厂试验值的 80%,时间 60s。

绕组连同套管的交流耐压试验,应符合下列规定,具体参考表 2-13。

1. 容量为 8 000 kV·A 以下、绕组额定电压在 110 kV 以下的变压器,线端试验应按表 2-13 进行交流耐压试验。

2. 容量为 8 000 kV·A 及以上、绕组额定电压在 110 kV 以下的变压器,在有试验设备时,可按表 2-13 验电压标准,进行线端交流耐压试验。

3. 绕组额定电压为 110 kV 及以上的变压器,其中性点应进行交流耐压试验,试验耐受电压标准为出厂试验电压值的 80%。

表 2-13 电力变压器和电抗器交流耐压试验电压标准(kV)

系统标称电压	设备最高电压	交流耐压	
		油浸式电力变压器和电抗器	干式电力变压器和电抗器
<1	≤1.1	—	2.5
3	3.6	14	8.5
6	7.2	20	17
10	12	28	24
15	17.5	36	32
20	24	44	43
35	40.5	68	60
66	72.5	112	
110	126	160	—
220	252	316(288)	
330	363	408(368)	
500	550	544(504)	

表 2-13 中,变压器试验电压是根据现行国家标准《电力变压器第 3 部分:绝缘水平和绝缘试验和外绝缘空气间隙》GB 1094.4—2005 规定的出厂试验电压乘以 0.8 制定的。

干式变压器出厂试验电压是根据现行国家标准《干式电力变压器》GB 6450—1986 规定的出厂试验电压乘以 0.8 制定的，如表 2-14 所示。

表 2-14　额定电压 110 kV 及以上的电力变压器中性点交流耐压试验电压标准（kV）

系统标称电压	设备最高电压	中性点接地方式	出厂交流耐受电压	交流耐受电压
110	126	不直接接地	95	76
220	252	直接接地	85	68
		不直接接地	200	160
330	363	直接接地	85	68
		不直接接地	230	184
500	550	直接接地	85	68
		经小阻抗接地	140	112

四、实战任务

变压器交流耐压试验器材如表 2-15 所示。

表 2-15　变压器交流耐压试验器材

序号	设备名称	数量
1	高压试验控制箱	1
2	充气式试验变压器	1
3	保护球隙	1
4	阻容分压器	1
5	保护水阻	1
6	高压引线	3
7	接地线	若干
8	放电棒	1
9	温湿度计	1
10	围栏	1
11	警示牌	3

五、特别提示

1. 测量接线时先将被试品绕组 A、B、C 三相用裸铜线短路连接；其余绕组也用裸铜线短路连接，并与外壳一起接地；将变压器、保护球隙、分压器、接地棒可靠接地，接地线采用25 mm 及以上的多股裸铜线或外覆透明绝缘层的铜质软绞线；将高压控制箱的接地线接到变压器高压尾上；连接控制箱与试验变压器的高压侧接线；导线连接变压器高压端、保护球隙高压端和分压器高压端。

2. 先不接被试品，先调节保护球隙间隙以确认保护电压，与试验电压的 1.1~1.2 倍相应，连续 3 次不击穿。每次从零开始升压，每次耐压调整球隙时要放电。

3. 开始从零升压，升压时应相互呼唱，监视电压表、电流表的变化，升压时，要均匀升压，升至规定试验电压时,开始计时,1 min 时间到后,缓慢均匀降压,降至零点,再依次关闭电源。

4. 试验中若发现表针摆动或被试品有异常声响、冒烟、冒火等,应立即降下电压,拉开电源,在高压侧挂上接地线后,再查明原因。

任务七　变压器油色谱分析

一、测量目的

根据 DL/T 596—1996 电力设备预防性试验规程规定的试验项目及试验顺序,通过变压器油中气体的色谱分析的化学检测方法,在不停电的情况下,对发现变压器内部的某些潜伏性故障及其发展程度的早期诊断非常灵敏而有效。经验证明,油中气体的各种成分含量的多少和故障的性质及程度直接有关,它们之间存在直接对应关系。

变压器油色谱分析是属于化学检测方法,主要是通过变压器油中特征气体的含量、产气速率和三比值法进行分析判断,它对变压器的潜伏性故障及故障发展程度的早期发现非常有效。实际应用过程中,为了更准确的诊断变压器的内部故障,色谱分析应根据设备历史运行状况、特征气体的含量等采用不同的分析模型,确定设备运行是否属于正常或存在潜伏性故障以及故障类别。

密封的变压器里面产生气体,主要是由于绝缘材料故障时产生的,在 300~800℃时,变压器油会分解气体,绝缘材料在 120~150℃长期加热时,会产生 CO_2、CO,在 200~800℃长期加热时,会产生 CO_2、CO、CH_4、C_2H_4。

二、变压器故障类型

电力变压器的内部故障主要有过热性、放电性及绝缘受潮等类型,如表 2-16 所示为不同故障特征气体成分表。

表 2-16　不同故障类型产生的气体成分表

序号	故障类型	主要气体成分	次要气体成分
1	油过热	CH_4、C_2H_4	H_2、C_2H_6
2	油和纸过热	CH_4、C_2H_4、CO、CO_2	H_2、C_2H_6
3	油纸绝缘中局部过热	H_2、CH_4、C_2H_2、CO	C_2H_4、CO_2
4	油中火花放电	C_2H_2、H_2	
5	油中电弧	H_2、C_2H_2	CH_4、C_2H_4、C_2H_6
6	油和纸中电弧	H_2、C_2H_2、CO、CO_2	CH_4、C_2H_4、C_2H_6
7	进水受潮或油中气泡	H_2	

过热性故障是由于设备的绝缘性能恶化、油等绝缘材料裂化分解。又分为金属过热和固体绝缘过热两类。金属过热与固体绝缘过热的区别是以 CO 和 CO_2 的含量为准,前者含量较低,后者含量较高。

放电性故障是设备内部产生电效应(即放电)导致设备的绝缘性能恶化。又可按产生电效应的强弱分为高能量放电(电弧放电)、低能量放电(火花放电)和局部放电三种。

发生电弧放电时,产生气体主要为乙炔和氢气,其次是甲烷和乙烯气体。这种故障在设备中存在时间较短,预兆又不明显,因此一般色谱法较难预测。

火花放电,是一种间歇性的放电故障。常见于套管引线对电位未固定的套管导电管,均压圈等的放电;引线局部接触不良或铁芯接地片接触不良而引起的放电;分接开关拨叉或金属螺丝电位悬浮而引起的放电等。产生气体主要为乙炔和氢气,其次是甲烷和乙烯气体,但由于故障能量较低,一般总烃含量不高。

局部放电主要发生在互感器和套管上。由于设备受潮,制造工艺差或维护不当,都会造成局部放电。产生气体主要是氢气,其次是甲烷。当放电能量较高时,也会产生少量的乙炔气体。

变压器绝缘受潮时,其特征气体 H_2 含量较高,而其他气体成分增加不明显。

1. 中文说明: H_2——氢气; CO——一氧化碳; CO_2——二氧化碳; CH_4——甲烷; C_2H_2——乙炔; C_2H_4——乙烯; C_2H_6——乙烷。

2. 总烃是指变压器油色谱分析中甲烷、乙烷、乙烯、乙炔这四种气体的总量。

测量变压器总烃量,借助油中含有的氢气、氧气、一氧化碳和二氧化碳进行组合鉴别,确定变压器运行状态,从而确定和检测变压器内部是否存在故障进行分析的有效手段。

三、色谱分析流程

从变压器取油阀中取油,如图 2-14 所示,然后再按图 2-15 所示的色谱分析流程进行。首先看特征气体的含量。若 H_2、C_2H_2、总烃有一项大于规程规定的注意值的 20%,应先根据特征气体含量作大致判断,主要的对应关系是:①若有乙炔,应怀疑电弧或火花放电;②氢气很大,应怀疑有进水受潮的可能;③总烃中烷烃和烯烃过量而炔烃很小或无,则是过热的特征。

图 2-14 取油检测方法

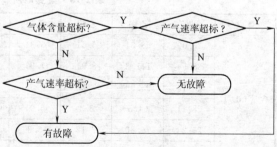

图 2-15 色谱分析流程图

再计算产生速率,评估故障发展的快慢。通过分析的气体组分含量,进行三比值计算,确定故障类别。核对设备的运行历史,并且通过其他试验进行综合判断。

当油中主要气体含量达到注意值时,在判断设备内有无故障时,首先将气体分析结果中的几项主要指标,(H_2,$\sum CH$,C_2H_2)与色谱分析导则规定的注意值(表 2-17)进行比较。

表 2-17　正常变压器油中气,烃类气体含量的注意值

气体组分	H_2	CH_4	C_2H_6	C_2H_4	C_2H_2	总烃
含量(10^{-6})	150	60	40	70	5	150

当任一项含量超过注意值时都应引起注意。但是这些注意值不是划分设备有无故障的唯一标准,因此,不能拿"标准"死套。如有的设备因某种原因使气体含量较高,超过注意值,也不能断言判定有故障,因为可能不是本体故障所致,而是外来干扰引起的基数较高,这时应与历史数据比较,如果没有历史数据,则需要确定一个适当的检测周期进行追踪分析。又如有些气体含量虽低于注意值,但含量增长迅速时,也应追踪分析。就是说:不要以为气体含量一超过注意值就判断为故障,甚至采取内部检查修理或限制负荷等措施,是不经济的,而最终判断有无故障,是把分析结果绝对值超过规定的注意值,且产气速率又超过 10% 的注意值时,才判断为存在故障,同时注意排除非故障性原因产生故障气体的影响,以免误判。

注意值不是变压器停运的限制,要根据具体情况进行判断,如果不是电路(包括绝缘)问题,可以暂缓停运检查。若油中含有氢和烃类气体,但不超过注意值,且气体成分含量一直比较稳定,没有发展趋势,则认为变压器运行正常。

注意油中 CO、CO_2 含量及比值。变压器在运行中固体绝缘老化会产生 CO 和 CO_2。同时,油中 CO 和 CO_2 的含量既同变压器运行年限有关,也与设备结构、运行负荷和温度等因素有关,因此目前导则还不能规定统一的注意值。只是粗略的认为,开放式的变压器中,CO 的含量小于 300 $\mu L/L$,CO_2/CO 比值在 7 左右时,属于正常范围;而密封变压器中的 CO_2/CO 比值一般低于 7 时也属于正常值。

四、实战案例

案例 1:某 220 kV 变电站 2 号主变,1980 年投运至今。从 2004 年开始的油色谱报告分析中就存在多种气体含量超标现象,具体数据见表 2-18。

表 2-18　某变电所 2 号主变油色谱分析

气体成分	甲烷	乙烯	乙烷	乙炔	氢	CO	CO_2	总烃	日期
含量 mL/L	23.09	68.81	5.61	5.31	23.9	504.98	4 000	103	2004.5.4
	38.94	111.8	8.94	7.21	28.77	907.7	5 910	166.9	2005.6.8
	28.14	90.08	7.22	5.56	23.29	705.5	5 043	131	2006.8.18
	28.11	64.5	6.4	5.01	25.7	680.7	4 980	129	2007.3.20
	25.23	75.80	7.12	6.3	19.5	702.9	5 432	114	2007.11.5
	18.76	81.08	6.24	5.63	14.76	716.7	5 680	111.7	2008.3.10

对上述数据跟踪分析,有不同程度乙炔、乙烯、总烃超过注意值,关键是乙炔没增长趋势,考虑变压器运行年限、内部绝缘老化,结合外部电气检测数据,认为该变压器可继续运行,加强跟踪,缩短试验周期。目前此变压器仍在线运行。

案例 2:2003 年 4 月某变电站 1 号主变压器 SL7-5000 kV·A/35 发现氢气含量明显增长。变压器是 2001 年 8 月投运,具体色谱数据如表 2-19 所示。

表 2-19　某变电所 1 号主变油色谱分析

气体成分	甲烷	乙烯	乙烷	乙炔	氢	CO	CO_2	总烃	日期
含量 mL/L	1.89	0.75	6.52	1.93	9.28	56	265	9.8	2002.5.5
	2.26	1.65	7.33	3.98	123.56	69	256	15.22	2003.4.15

分析结果:色谱分析显示氢气含量虽未超过注意值,但增长较快,为原数值的 12 倍,其他特征气体无明显变化,说明变压器油中有水分,在电场作用下电解释放出氢气,同时对油进行电气耐压试验,击穿电压为 28 kV,微水测定为 80 mL/L 浓度(即 80 ppm),进一步验证油中有水分存在。经仔细检查发现防暴筒密封玻璃有裂纹,内有大量水锈,外部水分通过此裂纹进入变压器内部。经处理后变压器油中氢气含量恢复正常。

五、IEC 三比值分析法

所谓的 IEC 三比值法实际上是罗杰斯比值法的一种改进方法。通过计算,C_2H_2/C_2H_4、CH_4/H_2、C_2H_4/C_2H_6 的值,将选用的 5 种特征气体构成三对比值,对应不同的编码,分别对应经统计得出的不同故障类型。

广谱型气相色谱分析原理如图 2-16 所示,变压器油经由直接安装在变压器上的油气分离器,在内置电磁激振器的作用下,通过平板脱气膜的集气作用将分离出的油中特性气体导入故障气体定量室。定量室中的混合故障气体在载气的推动下经过色谱柱,色谱柱对不同气体具备不同的亲和作用,故障特性气体被依此分离。高灵敏度传感器按出峰顺序对故障特性气体(H_2、CO、CH_4、C_2H_6、C_2H_4、C_2H_2)逐一进行检测,并将故障气体的浓度特性转换成电信号。数据采集器对电信号进行转换处理、存储。控制计算机经系统通信网络(RS485)获取日常监测原始数据。系统分析软件对数据进行分析处理,分别计算出故障气体各组份及总烃含量;故障诊断专家系统对变压器油色谱数据进行综合分析诊断,实现变压器故障的在线监测分析。

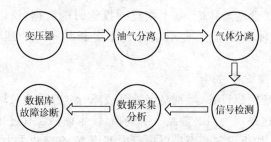

图 2-16　广谱型气相色谱分析原理

六、查障经验

在进行变压器油中溶解气体色谱分析中,常会遇到由于某些外部原因引起变压器油中气体含量增长,干扰色谱分析,造成误判断。

下面是变压器常见故障及处理方法。

1. 变压器油箱补焊

变压器油箱带油补焊时,油在高温下分解产生大量的氢、烃类气体。

2. 水分侵入油中

少部分的水分可能由于强电场的作用下电离产生氢气,这些游离氢可能溶解在变压器油中。如色谱分析出现 H_2 含量单项超标时,可取油样进行耐压试验和微水分析。

3. 补油的含气量高

补油时除做耐压试验外,还应做色谱分析。

4. 真空滤油器故障

导致油中含气量增长,建议滤油后应做色谱分析。

5. 切换开关室的油渗透

有载切换开关室中的油受开关切换时的电弧作用,分解产生大量的 C_2H_2(可达总烃 60% 以上)通过向变压器本体渗透,引起变压器本体油气体含量增高。可向切换开关室注入一特定气体,如氮气,每隔一定时间对本体油进行分析,看本体油中的是否出现这种特定气体且随时间增大。

6. 绕组及绝缘中残留吸收的气体

变压器发生故障后,其油虽经过脱气处理,但绕组及绝缘中仍残留有吸收的气体,这些气体缓慢释放于油中,使油中的气体含量增加。将变压器油进行真空脱气处理后,色谱分析结果明显好转,所以对残留气体主要采用脱气法进行消除,脱气后再用色谱分析法进行校验。

7. 变压器油深度精制

深度精制变压器油在电场和热的作用下容易产生 H_2 和烷类气体。这是因为深度精制的结果,去除了原油中大部分重芳烃、中芳烃及一部分轻芳烃,因此该油中的芳烃含量过低(约 2%~4%),这对油品的抗氧化性能是极为不利的,但芳香烃含量的降低会引起油品抗析气性能恶化及高温介质损失不稳定。该油用于不密封或密封条件不严格的充油电力设备时就容易产生 H_2 和烷类气体偏高的现象。例如,某电厂 2 号主变压器采用深度精制的油,投入运行半年后,总烃增长 65.84 倍,甲烷增长 38.8 倍,乙烷增长 102.5 倍,氢增长 28.9 倍。对油质进行化验,其介质损耗因数 $\tan\delta$ 为 0.111%,微水含量为 10.4 ml/L,可排除内部受潮的可能性。又跟踪一个月后,各种气量逐渐降低,基本恢复到投运时的数据,所以认为是变压器油深度精制所致。若不掌握这种油的特点,也容易给色谱分析结果的判断带来干扰,甚至造成误判断。

8. 强制冷却系统附属设备故障

变压器强制冷却系统附属设备,特别是潜油泵故障、磨损、窥视玻璃破裂、滤网堵塞等引起的油中气体含量增高。这是因为当潜油泵本身烧损,使本体油含有过热性特征气体,用三比值法判断均为过热性故障,如果误判断而吊罩进行内部检查,会造成人力、物力的浪费;当窥视玻璃破裂时,由于轴尖处油流迅速而造成负压,可以带入大量空气。即使玻璃未破裂,也由于滤网堵塞形成负压空间而使油脱色,其结果会造成气体继电器动作,并因空气泡进入时,造成气泡放电,导致氢气增加。对上述情况,可将本体和附件的油分别进行色谱分析,查明原因,排除附件中油的干扰,作出正确判断。

9. 变压器内部使用活性金属材料

目前有的大型电力变压器使用了相当数量的不锈钢,它起触媒作用,能促进变压器油发生脱氧反应,使油中出现 H_2 单项值增高,会造成故障征兆的现象。因此,当油中 H_2 增高时,除考虑受潮或局部放电外,还应考虑是否存在这种结构材料的影响。一般来说,中小型开放式变压器受潮的可能性大,而密封式的大型变压器由于结构紧凑工作电压高,局部放电的可能性较大(当然也有套管将军帽进水受潮的案例)。大型变压器有的使用了相当数量的不锈钢,在运行的初期可能使氢急增。另一方面,气泡通过高电场强度区域时会发生电离,也可能附加产生氢。色谱分析时应当排除上述故障征兆假象带来的干扰。

10. 油流静电放电

大型强迫油循环冷却方式的电力变压器内部,由于变压器油的流动而产生的静电带电现象称为油流带电。油流带电会产生静电放电,放电产生的气体主要是 H_2 和 C_2H_2。如某台主变压器在运行期间由于磁屏蔽接地不良产生了油流放电,导致油中 C_2H_2 和总烃含量不断增加。再如,某水电厂 1~3 号主变压器由于油流静电放电导致总烃含量增高分别为 30 mL/L 和 164 mL/L。根据对油流速度和静电电压的测定结果进行综合分析,确认是由于油流放电引起的。影响变压器油流带电的主要因素是油流速度,变压器油的种类、油温、固体绝缘体的表面状态和运行状态。其中油流速度大小是影响油流带电的关键因素。在上例中,将潜流泵由 4 台减少为 3 台,经过半年的监测结果表明,C_2H_2 含量显著降低并趋于稳定。这样就消除了油流带电发生放电对色谱分析结果判断的干扰。

11. 标准气样不合格

标准气样不纯也是导致变压器油中气体含量增高的原因之一。

12. 压紧装置故障

压紧装置发生故障使压钉压紧力不足,导致压钉与压钉碗之间发生悬浮电位放电,长时间的放电是变压器油色谱分析结果中 C_2H_2 含量逐渐增长的主要原因。

13. 变压器铁芯漏磁

某铁路局有两台主变压器,在运行中均发生了轻瓦斯动作,且 C_2H_2 异常,高于其他的变压器,对其中的一台在现场进行电气试验吊芯等均未发现异常。脱气后继续投运且跟踪几个月发现油中仍有 C_2H_2。而且总烃逐步升高。超过注意值,三比值法判断为大于 700℃ 的高温过热,但吊芯检查又无异常,后来被迫退出运行。另一台返厂,在厂里进行一系列试验、检查,并增做冲击试验和吊芯,均无异常,最后分析可能是铁芯和外壳的漏磁、环流引起部分漏磁回路中的局部过热。为进一步判断该主变压器是电气回路故障还是励磁回路问题,对该主变压器又增加了工频和倍频空载试验。工频试验时,为能在较短的时间内充分暴露故障情况,取 $U_s = 1.14U_e$,持续运行并采取色谱分析跟踪,空载运行 32 h 就出现了色谱分析值异常情况,C_2H_2、C_2H_4 含量较高,超过注意值。倍频试验时仍取 $U_s = 1.14U_e$,色谱分析结果无异常,这样可排除主电气回路绕组匝、层间短路、接头发热、接触不良等故障,进而说明变压器故障来源于励磁系统,认为它是主变压器铁芯上、下夹件由变压器漏磁引起环流而造成局部过热。为证实这个观点,把 8 个夹紧螺栓换为不导磁的不锈钢螺栓,使主变压器的夹件在漏磁情况能形成回路,结果找到了气体增高的根源。

14. 超负荷引起

例如,某主变色谱分析总烃含量为 538 mL/L,超标 5 倍多,进行电气试验等,均无异常现象,经负荷试验证明这种现象是由于超负荷引起的,当超负荷 130% 时,总烃剧烈增加。再如,某台主变压器在 1991 年 10 月 14 日的色谱分析中,突然发现 C_2H_2 的含量由 9 月 7 日的 0 增加到 5.9 mL/L,由于是单一故障气体含量突增,曾怀疑是由于潜油泵的轴承损坏所致,为此对每台潜油泵的出口取样进行色谱分析,无异常。最后分析与负荷有关。测试发现,当该主变压器 220 kV 侧分接开关在负荷电流 140 A 以上时，有明显电弧，而在 120 A 以下时，则完全消失，所以 C_2H_2 的增长是由于开关接触不良在大电流下产生电弧引起的。

15. 假油位

某主变压器，在施工单位安装时，由于油标出现假油位，致使变压器少注油约 30 t。因而运行时出现温升过高，色谱分析结果会超标，容易误判为高能量放电，干扰对温升过高原因的分析。

16. 套管端部接线松动过热

某主变压器 10 kV 套管端部螺母松动而过热，传导到油箱本体内，使油受热分解产气超标，影响到色谱分析。

17. 冷却系统异常

现场常见的冷却系统异常包括风扇停转反转或散热器堵塞，它使主变压器的油温升高。可能误判为绝缘正常老化，其实是一种假象，干扰了对主变压器温度升高真实原因的分析。对于这种情况，可采用对比的方式分析。

18. 混油引起

某台 SFSZ7-40000/110 三绕组变压器，投运后负荷率一直在 50% 左右，做油样气相色谱分析发现，总烃达 561.4 mL/L，大大超过《电力设备预防性试验规程》规定的 150 mL/L 注意值。可燃性气体总和达 1 040.9 mL/L，大于日本标准中的注意值。发现问题后，立即跟踪分析，通过近一个月的分析，发现总烃含量虽有增加的趋势，最高达 717.5 mL/L，但产气速率却为 0.012 mL/h，低于《电力设备预防性试验规程》要求值。经反复测试和分析，最后发现变压器油到货时，有 10 号油与 25 号油搞混的情况。即变压器中注入的是两种牌号的油。换油后，多次色谱分析均正常，其总烃在 15～20 mL/L 之间，乙炔含量基本为 0。

综上述可见：

(1)电力变压器油中气体增长的原因是多种多样的，为正确判断故障，应采取多种测试方法进行测试，由测试结果并结合历史数据进行综合分析判断避免盲目的吊罩检查。

(2)若 H_2 单项增高，其主要原因可能是变压器油进水受潮，可以根据局部放电、耐压试验及微水分析结果等进行综合分析判断。

(3)若 C_2H_2 含量单项增高，其主要原因可能是切换开关室渗漏、油流放电、压紧装置故障等。通过分析与论证来确定 C_2H_2 增高的原因，并采取相应的对策处理。

(4)对三比值法，只有在确定变压器内部发生故障后才能使用，否则可能导致误判，造成人力、物力的浪费和不必要的经济损失。

(5)综合分析判断是一门科学，只有采用综合分析判断才能确定变压器是否有故障，故障是内因还是外因造成的，故障的性质，故障的严重程度和发展速度，故障的部位等。

任务八　变压器现场巡视与异常处理

变压器在输配电系统中占有极其重要的地位，是变电所的"心脏"，与其他电气设备相比其故障较低，但是一旦发现故障将会给系统及生产带来极大的危害，因此，能针对变压器在运行中的各种异常及故障现象，迅速判断处理，尽快消除设备隐患及缺陷，从而保证变压器的安全运行，是每一个运行人员应具备的基本技能。

作为一名运行值班员，每天都需要对变压器进行巡视，通过变压器运行中的各种异常及故障现象的分析，掌握对变压器的不正常运行和处理方法，在正常巡视变压器时及时发现隐患、缺陷，使设备在安全水平下运行。

一、变压器运行中的异常声音及处理

变压器正常运行时是"嗡嗡"声。由于交流电通过变压器绕组，在铁芯里产生周期性的交变磁通，引起硅钢片的磁质伸缩，铁芯的接缝与叠层之间的磁力作用以及绕组的导线之间的电磁力作用引起振动，发出的"嗡嗡"响声是连续的、均匀的，这都属于正常现象。

如果变压器出现故障或运行不正常，声音就会异常，其主要原因如下。

1. 沉重的"嗡嗡"声

变压器过载运行时，音调高、音量大，会发出沉重的"嗡嗡"声。

2. "哇哇"声

大动力负荷启动时，如带有电弧、可控硅整流器等负荷时，负荷变化大，又因谐波作用，变压器内瞬间发出"哇哇"声或"咯咯"间歇声，监视测量仪表时指针发生摆动。

3. "嘶嘶"声

在容量较小时（100 kV·A 以下）的电力变压器，受个别电器设备的起动电流冲击，例如，超过 30 kW 直流弧焊机起弧或空气锤驱动等，经导线传递至电力变压器内而发出的微弱嘶叫声。如果护、监视装置，以及其他电器元件无异常预兆，这应属正常现象。

变压器高压套管脏污，表面釉质脱落或有裂纹存在时，可听到"嘶嘶"声，若在夜间或阴雨天气时看到变压器高压套管附近有蓝色的电晕或火花，则说明瓷件污秽严重或设备线卡接触不良。

4. "劈啪吱吱"声

变压器内部放电或接触不良或绝缘击穿，会发出"吱吱"或"劈啪"声，且此声音随故障部位远近而变化。

5. "呜呜"声

变压器有水沸腾声的同时，温度急剧变化，油位升高，则应判断为变压器绕组发生短路故障或分接开关因接触不良引起严重过热，这时应立即停用变压器进行检查。

6. "噼啪"声

"噼啪"的清脆击铁声故障，这是高压瓷套管引线，通过空气对电力变压器外壳的放电声，是电力变压器油箱上部缺油所致，需要补充干净的同标号变压器油到油枕里。

对未用干燥剂的电力变压器，应检查注油器内的排气孔是否畅通无阻，以确保安全运行。

沉闷的"噼啪"声。这是高压引线通过电力变压器油而对外壳放电，属对地距离不够（<30 mm）或绝缘油中含有水分。需要对油进行驱潮。

变压器铁芯接地断线时，会产生劈裂声，变压器绕组短路或它们对外壳放电时有劈啪的爆裂声，严重时会有巨大的轰鸣声，随后可能起火。

7. "叮叮"声

个别零件松动时，声音比正常增大且有明显杂音，但电流、电压无明显异常，则可能是内部夹件或压紧铁芯的螺钉松动，使硅钢片振动增大所造成。电网发生过电压时，例如中性点不接地电网有单相接地或电磁共振时，变压器声音比平常尖锐，出现这种情况时，可结合电压表计的指示进行综合判断。变压器的某些部件因铁芯振动而造成机械接触时,会产生连续的有规律的撞击或摩擦声。这时需要安排停电检修,重点检查分接开关、螺钉或铁垫等相关部件。

8. "唧哇唧哇"声

这种声音好像似蛙鸣的,当刮风、时通时断、接触时发生弧光和火花,但声响不均,时强时弱,系经导线传递至电力变压器内发出之声,要立即安排停电检修。当线路在导线连接处或 T 接处发生断线,刮风时容易造成时接时断的接触而产生弧光或火花,一般发生在高压架空线路上,如导线与隔离开关的连接、耐张段内的接头、跌落式熔断器的接触点以及丁字形接头出现断线、松动,导致氧化、过热,这时需要电力变压器吊芯检修时加以排除,待故障排除后,才允许投入运行。

9. "嗡嗡"声响减弱

电力变压器停运后送电或新安装竣工后投产验收送电,往往发现电压不正常,这是高压瓷套管引线较细,运行发热断线,又由于经过长途运输、搬运不当或跌落式熔断器的熔丝熔断及接触不良。从电压表看出,如一相高、两相低和指示为零(指照明电压),造成两相供电,当电力变压器受电后,电流通过铁芯产生的交变磁通大为减弱,故从电力变压器内发出音响较小的"嗡嗡"均匀电磁声。可用高压线圈的直流电阻值测试分接开关,测量直流电阻值及三相不平衡率。

10. "虎啸"声

当低压线路短路时,会导致短路电流突然激增而造成这种"虎啸"声。着重电力变压器本体的检查与测试,用兆欧表检查高低压线圈绝缘电阻值,测量绕组高对低、高对地、低对地之间绝缘电阻应合格,其值应不低于出厂原始数据的 70%。

同时检查配电室的电器元件是否烧黑烧焦、冒烟起火、异常断线、绝缘包层损坏以及相间和相线对地短路而酿成放电痕迹和爆炸损坏的设备等。

11. "咕嘟咕嘟"声

这声音像烧开水的沸腾,可能由于电力变压器线圈发生层间或匝间短路,短路电流骤增或铁芯产生强热,导致起火燃烧,致使绝缘物被烧环,产生喷油,冒烟起火。需要断开低压负荷开关,使电力变压器处于空载状态下,然后切断高压电源,断开跌落式熔断器。解除运行系统,安排吊芯大修。

可见,电力变压器运行中,发生的故障和异常现象是很多的,通过声音等异常现象,能提前检查出一些问题,可以有针对性处理。

二、变压器油异常

1. 油温油色异常

变压器内部故障及各部件过热将引起一系列的气味、颜色变化。

变压器的很多故障都伴有急剧的温升及油色剧变,若发现在同样正常的条件下(负荷、环温、冷却),温度比平常高出 10℃以上或负载不变温度不断上升(表计无异常),则认为变压器内部出现异常现象,其原因有:由于涡流或夹紧铁芯的螺栓绝缘损坏会使变压器油温升高;绕组局部层间或匝间短路,内部接点有故障,二次线路上有大电阻短路等,均会使变压器温度不正常;过负荷时,环境温度过高,冷却风扇和输油泵故障,风扇电机损坏,散热器管道积垢或冷却效果不良,散热器阀门未打开,渗漏油引起油量不足等原因都会造成变压器温度不正常。

当防爆管防爆膜破裂,会引起水和潮气进入变压器内,导致绝缘油乳化及变压器的绝缘强度降低,其可能为内部故障或呼吸器不畅。呼吸器硅胶变色,可能是吸潮过度,垫圈损坏,进入油室的水分太多等原因引起。瓷套管接线紧固部分松动,表面接触过热氧化,会引起变色和异常气味。油的颜色变暗、失去光泽、表面镀层遭破坏。瓷套管污损产生电晕、闪络,会发出奇臭味,冷却风扇、油泵烧毁会发生烧焦气味。变压器漏磁的断磁能力不好及磁场分布不均,会引起涡流,使油箱局部过热,并引起油漆变化或掉漆。

油色显著变化时,应对其进行跟踪化验,发现油内含有碳粒和水分,油的酸价增高,闪电降低,随之油绝缘强度降低,易引起绕组与外壳的击穿,此时应及时停用处理。

2. 油位异常

在夏季重负荷运行时,油位就会升高,若超过最高温度标线刻度,就应适当放油;当变压器渗漏严重,就会使油位下降,若降到最低标线以下,应加油补充。油位异常主要有假油位和油面过低。假油位主要包括:油标管堵塞、油枕呼吸器堵塞、防暴管气孔堵塞。油面过低主要包括:变压器严重渗漏油;检修人员因工作需要,多次放油后未补充;气温过低,且油量不足;油枕容量不足,不能满足运行要求。

3. 渗油

变压器运行中渗漏油的现象比较普遍,主要由于油箱与零部件连接处的密封不良,焊件或铸件存在缺陷,运行中额外荷重或受到震动等。内部故障也会使油温升高,引起油的体积膨胀,发生漏油或喷油。内部的高温和高热会使变压器突然喷油,喷油后使油面降低,有可能引起瓦斯保护动作。

三、变压器异常处理

1. 变压器停运

当发生危及变压器安全的故障,而变压器的有关保护装置拒动,值班人员应立即将变压器停运,并报告上级和做好记录。当变压器附近的设备着火、爆炸或发生其他情况,对变压器构成严重威胁时,值班人员应立即将变压器停运。变压器有下列情况之一者应立即停运,若有运用中的备用变压器,应尽可能先将其投入运行:

(1)变压器声响明显增大,很不正常,内部有爆裂声;

(2)严重漏油或喷油,使油面下降到低于油位计的指示限度;

(3)套管有严重的破损和放电现象;

(4)变压器冒烟着火。

变压器油温升高超过规定值时,值班人员应按以下步骤检查处理:

(1)检查变压器的负载和冷却介质的温度,并与在同一负载和冷却介质温度下正常的温度核对;

(2)核对温度装置;

(3)检查变压器冷却装置或变压器室的通风情况。

若温度升高的原因由于冷却系统的故障,且在运行中无法检修者,应将变压器停运检修;若不能立即停运检修,则值班人员应按现场规程的规定调整变压器的负载至允许运行温度下的相应容量。在正常负载和冷却条件下,变压器温度不正常并不断上升,且经检查证明温度指示正确,则认为变压器已发生内部故障,应立即将变压器停运。变压器在各种超额定电流方式下运行,若顶层油温超过 105℃时,应立即降低负载。

变压器中的油因低温凝滞时,应不投冷却器空载运行,同时监视顶层油温,逐步增加负载,直至投入相应数量冷却器,转入正常运行。当发现变压器的油面较当时油温所应有的油位显著降低时,应查明原因。补油时应遵守规程规定,禁止从变压器下部补油。变压器油位因温度上升有可能高出油位指示极限,经查明不是假油位所致时,则应放油,使油位降至与当时油温相对应的高度,以免变压器渗油。

2. 变压器跳闸和灭火

变压器跳闸后,应立即停油泵,立即查明原因。如综合判断证明变压器跳闸不是由于内部故障所引起,可重新投入运行。若变压器有内部故障的征象时,应作进一步检查。

变压器着火时,应立即断开电源,停运冷却器,并迅速采取灭火措施,防止火势蔓延。

3. 套管引线放电

高低压套管发生严重损伤时,会有放电现象,主要是由于绝缘的原因引起的,需要停电检查。

其主要原因是:

(1)套管密封不严,因进水使绝缘受潮而损坏。

(2)套管的电容芯子制造不良,内部游离放电。

(3)套管积垢严重,表面釉质脱落或套管上有大的碎片和裂纹,均会造成套管闪络和爆炸事故。

引线部分故障常有引线烧断、接线柱打火等现象发生。主要原因有:引线与接线柱连接松动,导致接触不良、发热;软铜片焊接不良,引线之间焊接不牢,造成过热或开焊,如不及时处理,将造成变压器不能运行或三相电压不平衡而烧坏用电设备。

总之,运行中的变压器由于受到电磁振动机械磨损、化学作用、大气腐蚀、电腐蚀及维护、运行管理不当,均会出现各种异常运行现象及较严重的故障现象,因此,只有加强对变压器各方面的运行管理,才能使变压器达到健康运行水平。

四、变压器维护与保养

1. 预防渗漏油

油浸式变压器在油箱内充满变压器油,装配中依靠紧固件对耐油橡胶元件加压而密封。密封不严是变压器渗漏油的主要原因,故在维护与保养中应特别注意。小螺栓是否经过震动而松动,如有松动应加紧固,加紧程度应适当,并应各处一致。橡胶是否断裂或变形严重。这时可更新的橡胶件,更换时应注意其型号规格是否一致,并保持密封面的清洁。

2. 预防变压器受潮

变压器是高电压设备,要求保持其绝缘性能良好。油浸式变压器极易受潮,预防受潮是维护保养变压器采取的主要措施之一。变压器进场后,应立即做交接试验。监视吸湿器中的硅胶,受潮后应立即更换。

容量在 100 kV·A 及以下的小型变压器,无吸湿器装置。油枕内的油容易受潮,而油枕积水。不送电存放起超过六个月,或投入运行期超过一年者,变压器油枕内的油已严重受潮。如要进行起吊运输,维修加油,油阀放油,吊芯等工作时,均应先通过油枕下面的放油塞把油枕内污油放掉,并用干布擦净、封好,以免使油枕内污油进入油箱内。

变压器运行中,要经常注意油位、油温、电压、电流的变化,如有异常情况应及时分析处理。变压器安装时严禁用铝绞线、铝排等与变压器的铜导杆连接,以免腐蚀导杆。

3. 变压器的换油与干燥处理

变压器闲置过久,运行时间过长或其他自然人为因素的影响,造成变压器绝缘下降、内部进水或油质劣化等现象,此时必须对变压器进行换油和干燥处理。变压器换油时,先吊出器身,放净污油并洗净油箱,如器身上有油污也应冲净。待器身烘干后注入新油,更换全部耐油橡胶密封件。试验合格后方可挂网运行。

变压器干燥处理方法较多。用户自行烘时可用零相序干燥法、涡流干燥法、短路干燥法、烘箱干燥法等。对较大容量和电压为 35 kV 的变压器,最好能够送交厂家进行真空干燥。这样既可保证变压器绝缘干燥彻底,又不使绝缘老化。

4. 日常运行管理

日常维护保养时,及时清扫和擦除配变油污和高低压套管上的尘埃,以防气候潮湿或阴雨时污闪放电,造成套管相间短路,高压熔断器熔断,变压器不能正常运行。

及时观察配变的油位和油色,定期检测油温,特别是负荷变化大、温差大、气候恶劣的天气应增加巡视次数,对油浸式的配电变压器运行中的顶层油温不得高于 95℃,温升不得超过 55℃,为防止绕组和油的劣化过速,顶层油的温升不宜经常超过 45℃。

测量变压器的绝缘电阻,检查各引线是否牢固,特别要注意的是低压出线连接处接触是否良好、温度是否异常。

加强用电负荷的测量,在用电高峰期,加强对每台配变的负荷测量,必要时增加测量次数,对三相电流不平衡的配电变压器及时进行调整,防止中性线电流过大烧断引线,造成用户设备损坏,配变受损。连接组别为 Yy,n0 的配变,三相负荷应尽量平衡,不得仅用一相或两相供电,中性线电流不应超过低压侧额定电流的 25%,力求使配变不超载、不偏载运行。

综上所述,要使变压器保持长期安全可靠运行,除加强提高保护配置技术水平之外,在日常的运行管理方面同样也十分重要。作为变压器运行管理人员,一定要做到勤检查、勤维护、勤测量,及时发现问题及时处理,采取各种措施来加强变压器的保护,防止出现故障或事故,以保证配电网安全、稳定、可靠运行。

五、变压器现场交接试验

由于从生产现场经过长途运输和现场安装,变压器的电气绝缘性能指标需要满足现场工程安全可靠运行需要。表 2-20 是依据 GB 50150—2006 编制的变压器现场交接试验的试验方案。

表 2-20　电力变压器现场交接试验方案

试验序号	试验项目	标准要求
1	测量绕组连同套管的直流电阻	(1)所有分接开关。 (2)三相项电阻不平衡率 2%,三相线电阻不平衡率<1%,同温下与出厂比较不超 2%
2	检查所有分接头的变压比	检查所有分接头的变压比,与制造厂铭牌数据相比应无明显差别,且应符合变压比的规律;电压等级在 220 kV 及以上的电力变压器,其变压比的允许误差在额定分接头位置时为 ±0.5%

试验序号	试验项目	标准要求
3	检查变压器的三相接线组别和单相变压器引出线的极性	检查变压器的三相接线组别和单相变压器引出线的极性,必须与设计要求及铭牌上的标记和外壳上的符号相符
4	测量绕组连同套管的绝缘电阻、吸收比或极化指数	(1)绝缘电阻值不应低于产品出厂试验值的70%。 (2)当测量温度与产品出厂试验时的温度不符合时,可换算到同一温度时的数值进行比较。 (3)变压器电压等级为35 kV及以上,且容量在4 000 kV·A及以上时,应测量吸收比。吸收比与产品出厂值相比应无明显差别,在常温下不应小于1.3。 (4)变压器电压等级为220 kV及以上且容量为120 MV·A及以上时,宜测量极化指数。测得值与产品出厂值相比,应无明显差别
5	测量与铁芯绝缘的各紧固件及铁芯接地线引出套管对外壳的绝缘电阻	(1)进行器身检查的变压器,应测量可接触到的穿芯螺栓、轭铁夹件及绑扎钢带对铁轭、铁芯、油箱及绕组压环的绝缘电阻。 (2)采用2 500 V兆欧表测量,持续时间为1 min,应无闪络及击穿现象。 (3)当轭铁梁与穿芯螺栓一端与铁芯连接时,应将连接片断开后进行试验。 (4)铁芯必须为一点接地;对变压器上有专用的铁芯接地线引出套管时,应在注油前测量其对外壳的绝缘电阻
6	测量绕组连同套管的介质损耗角正切值 tanδ	(1)当变压器电压等级为35 kV及以上,且容量在8 000 kV·A及以上时,应测量介质损耗角正切值 tanδ。 (2)被测绕组的 tanδ 值不应大于产品出厂试验值的130%。 (3)当测量时的温度与产品出厂试验温度不符合时,可换算到同一温度时的数值进行比较
7	非纯瓷套管的试验	(1)测量绝缘电阻 ①测量套管主绝缘的绝缘电阻。 ②63 kV及以上的电容型套管,应测量"抽压小套管"对法兰或"测量小套管"对法兰的绝缘电阻。采用2 500 V兆欧表测量,绝缘电阻值不应低于1 000 MΩ。 (2)测量20 kV及以上非纯瓷套管的介质损耗角正切值 tanδ 参见以下标准:

下表嵌于第7项标准要求中:

套管型式		额定电压(kV)		
		63 kV及以下	110 kV及以上	20~500 kV
电容式	油浸纸			0.7
	胶粘纸	1.5	1.0	
	浇铸绝缘			1.0
	气体			1.0
非电容式	浇铸绝缘			2.0

　　复合式及其他型式的套管的 tanδ(%)值可按产品技术条件的规定。对35 kV及以上电容式充胶或胶纸套管的老产品,其 tanδ(%)值可为2或2.5。电容型套管的实测电容量值与产品铭牌数值或出厂试验值相比,其差值应在±10%范围内。

整体组装于35 kV油断路器上的套管,可不单独进行 tanδ 的试验。

(3)交流耐压试验

①试验电压应符合 GB 50150—2006 的规定;

②纯瓷穿墙套管、多油断路器套管、变压器套管、电抗器及消弧线圈套管,均可随母线或设备一起进行交流耐压试验。

(4)绝缘油的试验

套管中的绝缘油可不进行试验。但当有下列情况之一者,应取油样进行试验:

①套管的介质损耗角正切值超过规定值;

②套管密封损坏,抽压或测量小套管的绝缘电阻不符合要求;

③套管由于渗漏等原因需要重新补油时。

电压等级在35 kV及以上的变压器,在交接时,应提交变压器及非纯瓷套管的出厂试验记录

续上表

试验序号	试验项目	标准要求
8	测量绕组连同套管的直流泄漏电流	(1)当变压器电压等级为 35 kV 及以上,且容量在 10 000 kV·A 及以上时,应测量直流泄漏电流。 (2)试验电压标准应符合规定。当施加试验电压达 1 min 时,在高压端读取泄漏电流。油浸式电力变压器直流泄漏电流值不宜超过 GB 50150—2006 的规定,试验电压具体见下表: 表见下方 注:①绕组额定电压为 13.8 kV 及 15.75 kV 时,按 10 kV 级标准;18 kV 时,按 20 kV 级标准。 ②分级绝缘变压器仍按被试绕组电压等级的标准。 油浸电力变压器绕组直流泄漏电流可参考下表:
9	绕组连同套管的交流耐压试验	(1)容量为 8 000 kV·A 以下、绕组额定电压在 110 kV 以下的变压器,应按 GB 50150—2006 试验电压标准进行交流耐压试验。 (2)容量为 8 000 kV·A 及以上、绕组额定电压在 110 kV 以下的变压器,在有试验设备时,可按 GB 50150—2006 试验电压标准进行交流耐压试验
10	绕组连同套管的局部放电试验	(1)电压等级为 500 kV 的变压器宜进行局部放电试验,实测放电量应符合下列规定: ①预加电压为 $\sqrt{3}U_m/\sqrt{3}=U_m$。 ②测量电压在 $1.3U_m/\sqrt{3}$ 下,时间为 30 min,视在放电量不宜大于 300pC。 ③测量电压在 $1.5U_m/\sqrt{3}$ 下,时间为 30 min,视在放电量不宜大于 500pC。 ④上述测量电压的选择,按国标规定。 U_m 均为设备的最高电压有效值。 (2)电压等级为 220 kV 及 330 kV 的变压器,当有试验设备时宜进行局部放电试验。 (3)局部放电试验方法及在放电量超出上述规定时的判断方法,均按现行国家标准《电力变压器》(GB 1094.4—2005)中的有关规定进行
11	绝缘油试验	(1)绝缘油试验类别、试验项目及标准应符合 GB 50150—2006 的规定。 (2)油中溶解气体的色谱分析,应符合下述规定: 　　电压等级在 63 kV 及以上的变压器,应在升压或冲击合闸前及额定电压下运行 24 h 后,各进行一次变压器器身内绝缘油的油中溶解气体的色谱分析。两次测得的氢、乙炔、总烃含量,应无明显差别。试验应按现行国家标准《变压器油中溶解气体分析和判断导则》进行。 (3)油中微量水的测量,应符合下述规定: 　　变压器油中的微量水含量,对电压等级为 110 kV 的,不应大于 20 mL/L;220～330 kV 的,不应大于 15 mL/L;500 kV 的,不应大于 10 mL/L。 　　油中含气量的测量,应符合下述规定:电压等级为 500 kV 的变压器,应在绝缘试验或第一次升压前取样测量油中的含气量,其值不应大于 1%

序号 8 中的直流试验电压表:

绕组额定电压(kV)	6～10	20～35	63～330	500
直流试验电压(kV)	10	20	40	60

序号 8 中的油浸电力变压器绕组直流泄漏电流参考表:

额定电压(kV)	试验电压峰值(kV)	在下列温度时的绕组泄漏电流值(μA)							
		10℃	20℃	30℃	40℃	50℃	60℃	70℃	80℃
2～3	5	11	17	25	39	55	83	125	178
6～15	10	22	33	50	77	112	166	250	356
20～35	20	33	50	74	111	167	250	400	570
63～330	40	33	50	74	111	167	250	400	570
500	60	20	30	45	67	100	150	235	330

续上表

试验序号	试验项目	标准要求
12	有载调压切换装置的检查和试验	(1)在切换开关取出检查时,测量限流电阻的电阻值,测得值与产品出厂数值相比,应无明显差别。 (2)在切换开关取出检查时,检查切换开关切换触头的全部动作顺序,应符合产品技术条件的规定。 (3)检查切换装置在全部切换过程中,应无开路现象;电气和机械限位动作正确且符合产品要求;在操作电源电压为额定电压的85%及以上时,其全过程的切换中应可靠动作。 (4)在变压器无电压下操作10个循环。在空载下按产品技术条件的规定检查切换装置的调压情况,其三相切换同步性及电压变化范围和规律,与产品出厂数据相比,应无明显差别。 (5)绝缘油注入切换开关油箱前,其电气强度应符合 GB 50150—2006 中第 19.0.1 的规定
13	额定电压下的冲击合闸试验	在额定电压下对变压器的冲击合闸试验,应进行 5 次,每次间隔时间宜为 5 min,无异常现象;冲击合闸宜在变压器高压侧进行;对中性点接地的电力系统,试验时变压器中性点必须接地。 发电机变压器组中间连接无操作断开点的变压器,可不进行冲击合闸试验
14	测量噪声	电压等级为 500 kV 的变压器的噪声,应在额定电压及额定频率下测量,噪声值不应大于 80dB(A),其测量方法和要求应按现行国家标准《变压器和电抗器的声级测定》GB/T 7328—1987 的规定进行
15	检查相位	检查变压器的相位必须与电网相位一致

在变压器测试过程中,会碰到一些故障,常见故障及处理方法可参考表 2-21。

表 2-21　常见故障及处理

序号	故障描述	可能原因	处理方法
1	直流电阻不符合要求	测量引线连接错误或接触不良	重新接线,并使接触良好
		读数不正确	待仪器稳定后再读数[注]
		仪器判断电路已达到稳定,而实际电路并未稳定	延长测量时间,直至电路达到稳定
		分接开关的位置指示错误	调整分接开关的位置指示
2	采用单相电源的电压测量法或使用 QJ35 型变压比电桥检查变压比时,试验结果异常或熔丝熔断	三角形联结绕组的短接方法不正确	按单相电源法进行短接
		变压比计算不正确	按单相电源给出的方法计算变压比
3	绕组的绝缘电阻和吸收比(或极化指数)不符合要求	瓷套表面脏污或受潮	擦净瓷套表面,或用热风机吹干
		绕组温度高	待冷却后再测量,或对测量结果进行温度换算
4	绕组的绝缘电阻较高,而吸收比不符合要求	变压器制造工艺提高,油纸绝缘材质改善	测量极化指数代替吸收比
5	绕组的 tanδ 值不符合要求或读数不稳定	瓷套表面脏污或受潮	擦净瓷套表面,或用热风机吹干
		绕组温度高	待冷却后再测量
		试验现场存在电磁干扰(带电高压电气设备、正在工作的电焊机等引起)	仪器采用抗干扰模式测量,或消除干扰源
6	绕组的 tanδ 值为负值	变压器的外壳和铁芯、试验仪器的外壳接地不良	将变压器的外壳和铁芯、试验仪器的外壳可靠接地,且同点接地

续上表

序号	故障描述	可能原因	处理方法
7	绕组的泄漏电流不符合要求	瓷套表面脏污或受潮	擦净瓷套表面,或用热风机吹干
		绕组温度高	待冷却后再测量

注:测量绕组的直流电阻时,仪器达到稳定的时间取决于测量回路的时间常数 $T=L/R$。一般来说,容量越大的变压器,测量时间越长。采用高压助磁法测量主变压器低压绕组的直流电阻时,对于 360MV·A 的变压器,每相测量时间大约为 15 min;对于 720MV·A 的变压器,每相测量时间大约为 30 min

复习与思考

1. 变压器正常运行时声音是什么样的? 当变压器故障时,会对应什么样的异常声音?
2. 变压器巡视时要注意什么问题? 在什么情况时需要停电检查?

项目小结

　　本任务结合电力试验工的岗位要求,介绍了变电所关键设备电力变压器进行预防性试验和特性试验的过程和方法,着重阐述了变压器的绝缘电阻、直流电阻、变比、极性和组别测量、吸收比和极化指数、泄漏电流测量、介质损失正切 tanδ 试验、交流耐压试验、油色谱分析等试验,针对变压器巡视与异常处理措施、高压安全测量及防护也作了详细描述,具体试验项目能检测出来的故障参见表 2-22。

表 2-22　变压器预防试验项目检测故障一览表

序号	测试项目	绝缘故障					部件			
		主绝缘	纵绝缘	整体受潮	放电	过热	套管	铁芯	分接开关	绕组
1	绝缘电阻和吸收比	●		●			●		●	
2	泄漏电流	●		●			●			●
3	介质损耗	●		●			●			
4	变比试验			●					●	●
5	绝缘油									
6	气相色谱	●	●		●	●		●		
7	绕组直流电阻								●	●
8	空载试验		●						●	
9	局部放电		●		●					
10	内部温度					●				
11	微水试验			●						
12	耐压试验	●	●				●	●		

项目资讯单

项目内容	电力试验变压器绝缘试验		
学习方式	通过教科书、图书馆、专业期刊、上网查询问题;分组讨论或咨询老师	学时	12
资讯要求	书面作业形式完成,在网络课程中提交		
	序号	资讯点	
	1	变压器故障的原因主要有哪些?有哪些试验项目?	
	2	电力变压器试验流程是如何的?请结合具体试验项目说明。	
	3	对变压器绝缘电阻值有哪些规定?测量时应注意什么?试述对一台运行中的变压器进行绝缘电阻测量的全过程。	
	4	变压器吸收比小于1.3时,是不是变压器的绝缘已经受到破坏了?如何判断?	
	5	新安装或大修后的变压器投入运行前应做哪些试验?	
	6	变压器的直流电阻有什么作用?应如何进行?	
	7	绝缘电阻和直流电阻有什么本质的区分?在高压试验中有什么作用?	
	8	变压器的空载试验和短路试验的目的?	
	9	变压器变比、极性和组别测量各有什么作用?在什么状况下进行?测量原理是什么?	
	10	泄漏电流与绝缘电阻的测量原理、测量方法在本质上有何异同?	
资讯问题	11	泄漏电流测量时微安表有几种接法?对测量数据有何影响?	
	12	介质损耗为何能反映绝缘状况?与哪些因素有关?	
	13	交流耐压试验本质上属于什么试验?在此试验前应做哪些试验?其如何接线?	
	14	什么是变压器油色谱分析?其原理是什么?如何反映变压器内部故障类型?	
	15	什么是三比值法?主要是采用哪几种气体进行测试?分析应注意什么?	
	16	变压器现场巡视主要有哪些内容?故障时有哪些典型的异常声音?	
	17	变压器日常运行管理内容主要有哪几方面?	
	18	新装或大修后的主变压器投入前,为什么要求做全电压冲击试验?冲击几次?	
	19	变压器温升过高原因有哪些?应如何处理?	
	20	运行中的巡视检查内容和周期如何?什么情况下采取特殊巡视?	
	21	电力变压器为何要装分接开关?何时需要切换?切换分接开关的操作方法?	
	22	变压器正常情况下的检查项目有哪些?	
	23	新安装或者大修后的变压器投入运行后的检查项目有哪些?	
	24	油浸式和干式变压器检查项目各有哪些异同?	
	25	变压器现场交接试验主要有哪些方面是必须要做的?	
资讯引导	以上问题可以在本教程的学习信息、精品网站、教学资源网站、互联网、专业资料库等处查询学习		

项目考核单

一、单项选择题(在每小题的选项中,只有一项符合题目要求,把所选选项的序号填在题中的括号内)

1. 下列各参数中(　　)是表示变压器油电气性能好坏的主要参数之一。

　　A. 酸值(酸价)　　　　　　B. 绝缘强度　　　　　　　C. 可溶性酸碱

2. 绕组的端部绝缘不够,试验时(　　)影响。

　　A. 没有　　　　　　　　　B. 有击穿　　　　　　　　C. 有烧坏

3. 线圈浸漆主要考虑(　　)。

　　A. 增加电气强度　　　　　　　　　　　　B. 增加机械强度

　　C. 增加电气强度、机械强度　　　　　　　D. 美观

4. 变压器温度升高时,绝缘电阻测量值(　　)。

　　A. 增长　　　　　　　　　B. 降低　　　　　　　　C. 不变　　　　　　　　D. 成比例增长

5. 变压器温度升高时,绕组直流电阻测量值(　　)。

　　A. 增大　　　　　　　　　B. 降低　　　　　　　　C. 不变　　　　　　　　D. 成比例增长

6. 考验变压器绝缘水平的一个决定性试验项目是(　　)。

　　A. 绝缘电阻试验　　　　　B. 工频耐压试验　　　　C. 变压比试验

7. 变压器油中水分增加可使油的介质损耗因数(　　)。

　　A. 降低　　　　　　　　　B. 增加　　　　　　　　C. 不变

8. 可以通过变压器的(　　)数据求变压器的阻抗电压。

　　A. 空载试验　　　　　　　B. 短路试验　　　　　　C. 电压比试验

9. 油浸式变压器绕组温升限度为(　　)。

　　A. 75℃　　　　　　　　　B. 80℃　　　　　　　　C. 65℃　　　　　　　　D. 55℃

10. 常用的冷却介质是变压器油和(　　)。

　　A. 水　　　　　　　　　　B. 空气　　　　　　　　C. 风　　　　　　　　　D. SF_6

11. 引线和分接开关的绝缘属(　　)。

　　A. 内绝缘　　　　　　　　B. 外绝缘　　　　　　　C. 半绝缘

12. 高压绕组采用(　　)的匝绝缘,当两根线以上并绕时,并联导线之间的绝缘也和匝绝缘厚度相同,这里可采用(　　)绝缘导线。

　　A. 较好　　　　　　　　　B. 较厚　　　　　　　　C. 复合

13. 用工频耐压试验可考核变压器的(　　)。

　　A. 层间绝缘　　　　　　　B. 主绝缘　　　　　　　C. 纵绝缘

14. 变压器的纵绝缘是以冲击电压作用下绕组(　　)发生的过电压为设计依据的。

　　A. 对铁芯及地间　　　　　B. 之间　　　　　　　　C. 匝间、层间以及线段之间

二、判断题(正确的在题后的括号内打"√",错误的打"×")

1. 变压器的铁芯采用导电性能好的硅钢片叠压而成。　　　　　　　　　　　　　　(　　)

2. 变压器内部的主要绝缘材料有变压器油、绝缘纸板、电缆纸、皱纹纸等。　　　　(　　)

3. 变压器调整电压的分接引线一般从低压绕组引出,是因为低压侧电流小。　　　　(　　)

4. 气体继电器能反映变压器的一切故障而作出相应的动作。　　　　　　　　　　　(　　)

5. 油老化是一般变压器中最主要的老化形式。　　　　　　　　　　　　　　　　　(　　)

6. 铁芯不能多点接地是为了减少涡流损耗。　　　　　　　　　　　　　　　　　　(　　)

7. 变压器绕组至分接开关或套管等的引线绝缘,属变压器的纵绝缘范畴。　　　　　(　　)

8. 变压器绕组大修进行重绕后,如果匝数不对,进行变比试验时即可发现。　　　　(　　)

9. 变压器绕组间的绝缘采用油-屏障绝缘结构,可以显著提高油隙的绝缘强度。 　（　　）

10. 绕组导线绝缘不仅与每匝电压有关,而且还取决于绕组结构形式。 　（　　）

11. 绕组匝间绝缘厚度、饼式绕组段间油道宽度、圆筒式绕组层间绝缘厚度及层间油道宽度的选择,主要是在全波或截波试验电压下,绕组各点间梯度电压为依据。 　（　　）

三、简 答 题

对一台运行中的变压器进行绝缘测量,请简述试验项目及标准。

四、应用分析题

1. 变压器油的运行管理主要包括的内容是什么? 在什么情况下变压器应立即停运?

2. 变压器运行中的异常一般有几种情况? 请从声音、油温、油位等说明。

 项目操作单

分组实操项目。全班分 7 组,每小组 5～7 人,通过抽签确认表 2-23 变压器试验项目内容,自行安排负责人、操作员、记录员、接地及放电人员分工。考评员参考评分标准进行考核,时间 50 min,其中实操时间 30 min,理论问答 20 min。

表 2-23　变压器试验项目

序号	变压器绝缘项目内容				
项目 1	绕组连同套管、铁芯及固件绝缘电阻、吸收比和极化指数测试				
项目 2	变压器变比、极性和组别测量				
项目 3	变压器绕组连同套管直流电阻测量				
项目 4	绕组连同套管泄漏电流测量				
项目 5	介质损失正切 tanδ 试验				
项目 6	交流耐压试验				
项目 7	变压器油色谱分析				
项目编号		考核时限	50 min	得分	
开始时间		结束时间		用时	
作业项目	变压器试验项目 1～7				
项目要求	1. 说明油浸变压器绝缘试验原理。 2. 现场就地操作演示并说明需要试验的绝缘结构及材料。 3. 注意安全,操作过程符合安全规程。 4. 编写试验报告。 5. 实操时间不能超过 30 min,试验报告时间 20 min,实操试验提前完成的,其节省的时间可加到试验报告的编写时间里。				
材料准备	1. 正确摆放被试品。 2. 正确摆放试验设备。 3. 准备绝缘工具、接地线、电工工具和试验用接线及接线钩叉、鳄鱼夹等。 4. 其他工具,如绝缘胶带、万用表、温度计、湿度仪。				

续上表

	序号	项目名称	质量要求	满分100分
评分 标准	1	安全措施 (14分)	(1)试验人员穿绝缘鞋、戴安全帽,工作服穿齐整	3
			(2)检查被试品是否带电(可口述)	.2
			(3)接好接地线对变压器进行充分放电(使用放电棒)	3
			(4)设置合适的围栏并悬挂标示牌	3
			(5)试验前,对变压器外观进行检查(包括瓷瓶、油位、接地线、分接开 关、本体清洁度等),并向考评员汇报	3
	2	变压器及仪器仪 表铭牌参数抄录 (7分)	(1)对与试验有关的变压器铭牌参数进行抄录	2
			(2)选择合适的仪器仪表,并抄录仪器仪表参数、编号、厂家等	2
			(3)检查仪器仪表合格证是否在有效期内并向考评员汇报	2
			(4)向考评员索取历年试验数据	1
	3	变压器外绝缘清擦 (2分)	至少要有清擦意识或向考评员口述示意	2
	4	温、湿度计的放置 (4分)	(1)试品附近放置温湿度表,口述放置要求	2
			(2)在变压器本体测温孔放置棒式温度计	2
	5	试验接线情况 (9分)	(1)仪器摆放整齐规范	3
			(2)接线布局合理	3
			(3)仪器、变压器地线连接牢固良好	3
	6	电源检查(2分)	用万用表检查试验电源	2
	7	试品带电试验 (23分)	(1)试验前撤掉地线,并向考评员示意是否可以进行试验。简单预说 一下操作步骤	2
			(2)接好试品,操作仪器,如果需要则缓慢升压	6
			(3)升压时进行呼唱	1
			(4)升压过程中注意表计指示	5
			(5)电压升到试验要求值,正确记录表计指数	3
			(6)读取数据后,仪器复位,断掉仪器开关,拉开电源刀闸,拔出仪器 电源插头	3
			(7)用放电棒对被试品放电、挂接地线	3
	8	记录试验数据(3分)	准确记录试验时间、试验地点、温度、湿度、油温及试验数据	3
	9	整理试验现场 (6分)	(1)将试验设备及部件整理恢复原状	4
			(2)恢复完毕,向考评员报告试验工作结束	2
	10	试验报告 (20分)	(1)试验日期、试验人员、地点、环境温度、湿度、油温	3
			(2)试品铭牌数据:与试验有关的变压器铭牌参数	3
			(3)使用仪器型号、编号	3
			(4)根据试验数据作出相应的判断	9
			(5)给出试验结论	2
	11	考评员提问(10分)	提问与试验相关的问题,考评员酌情给分	10
	考评员项目验收签字			

项目三　互感器试验

【项目描述】

本项目介绍了电压互感器(PT)和电流互感器(CT)的分类、原理、应用及测试流程,讲述了互感器交接试验时的试验项目和试验方法、试验结果应满足的要求,阐述了电压互感器、电流互感器的安全测量和防护措施,并对常见的异常现象及处理方法也作了详细分析。通过本项目,对于干式、油浸式互感器的预防性试验和特性试验等都能有比较全面的掌握和了解。

【知识要求】

◆掌握互感器的原理、分类、应用及型号辨认。

◆掌握互感器绝缘电阻测量原理、方法及接线。

◆掌握互感器交流耐压试验原理、方法及接线。

◆掌握电压互感器介损测量原理、方法及接线。

◆掌握互感器特性试验,如极性、变比和励磁特性等原理、方法及接线。

◆掌握不同类型互感器的测试指标参数及故障判断标准。

◆掌握绝缘预防性试验项目和特性试验项目的异同点。

【技能要求】

◆能区别电压互感器和电流互感器的本质特性和接线应用。

◆能对电压互感器进行绝缘电阻、耐压试验及特性试验。

◆能对电流互感器进行绝缘电阻、耐压试验及特性试验。

◆能掌握电压互感器、电流互感器在变电所中接线及测量方法。

◆能掌握针对试验结果进行分析判断,并会处理初步简单的故障。

一、互感器应用及特性

1. 电压互感器

电压互感器在投入运行前要按照规程规定的项目进行试验检查。例如,测量极性、连接组别、测量绝缘电阻、核相序等。

电压互感器的接线应保证其正确性,一次绕组和被测电路并联,二次绕组应和所接的测量仪表、继电保护装置或自动装置的电压线圈并联,同时要注意极性的正确性。接在电压互感器二次侧负荷的容量应合适,接在电压互感器二次侧的负荷不应超过其额定容量,否则,会使互感器的误差增大,难以达到测量的正确性。

电压互感器二次侧不允许短路。由于电压互感器内阻抗很小,若二次回路短路时,会出现很大的电流,将损坏二次设备甚至危及人身安全。电压互感器可以在二次侧装设熔断器以保护其自身不因二次侧短路而损坏。在可能的情况下,一次侧也应装设熔断器以保护高压电网不因互感器高压绕组或引线故障危及一次系统的安全。

为了确保人在接触测量仪表和继电器时的安全,电压互感器二次绕组必须有一点接地。因为接地后,当一次和二次绕组间的绝缘损坏时,可以防止仪表和继电器出现高电压危及人身安全。施工、安装要时要注意副边绕组连同铁芯必须可靠接地,副边不容许短路。

2. 电流互感器

电流互感器的作用就是用于测量比较大的电流。电流互感器二次线圈所接仪表和继电器的电流线圈阻抗都很小,所以正常情况下,电流互感器在近于短路状态下运行。电流互感器一、二次额定电流之比,称为电流互感器的额定互感比:$k_n = I_{1n}/I_{2n}$,一般多与电流表配合使用,其主要目的是起到用小的电流表测量大的电流。一次侧接被测量的线路,二次侧接电流表,接线时要注意量程,也就是电流表最大的测量范围,还要有接地。

电流互感器运行时,副边不允许开路。因为在这种情况下,原边电流均成为励磁电流,将导致磁通和副边电压大大超过正常值而危及人身及设备安全。因此,电流互感器副边回路中不允许接熔断器,也不允许在运行时未经旁路就拆卸电流表及继电器等设备。

电流互感器一次线圈串联在电路中,并且匝数很少,因此,一次线圈中的电流完全取决于被测电路的负荷电流,而与二次电流无关。

二、互感器的型号及接线方式

1. 互感器型号

互感器的分类主要是按绝缘材料的不同进行分类,如图 3-1、图 3-2 所示。

电压互感器全型号的表示和含义如下:

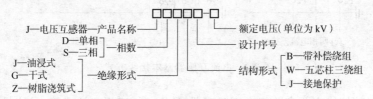

图 3-1 电压互感器型号及含义

电流互感器全型号的表示和含义如下:

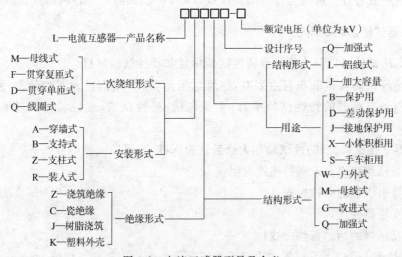

图 3-2 电流互感器型号及含义

2. 互感器接线方式

电流互感器有 4 种基本接线方式:一相接线、两相不完全星形接线、两相电流差接线、三相完全星形接线,如图 3-3 所示。

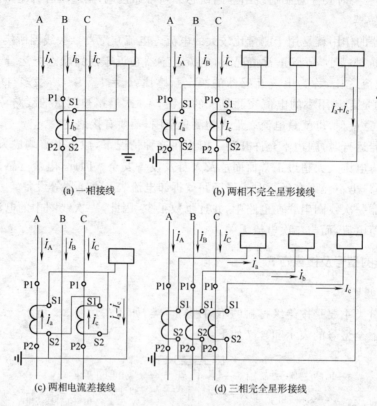

(a) 一相接线　　　　　　　　　(b) 两相不完全星形接线

(c) 两相电流差接线　　　　　　(d) 三相完全星形接线

图 3-3　电流互感器基本接线方式

电压互感器的接线主要有单相电压互感器、V/V 型、三相五柱式等,具体是一个单相电压互感器、两个单相电压互感器接成 V/V 形、三个单相电压互感器接成 Y0/Y0 形、三个单相三绕组或一个三相五芯柱三绕组电压互感器接成 Y0/Y0/△(开口三角)形,如图 3-4 所示。

三、互感器试验项目及流程

互感器高压试验可以分为绝缘预防性试验项目和特性试验项目。

互感器绝缘预防性试验项目主要有:绝缘电阻测量;介质损耗角正切值测量;工频交流耐压试验。电流互感器的特性试验项目,主要包括:极性试验;励磁特性试验和比差、角差测量。

按互感器交接试验、预防性试验和大修后试验标准,互感器试验项目如下:

1. 测量互感器绕组及末屏的绝缘电阻;

2. 互感器引出线的极性检查;

3. 测量互感器变比;

4. 测量互感器的励磁特性曲线;

5. 测量 35 kV 及以上互感器一次绕组连同套管的介质损耗角正切值 $\tan\delta$;

6. 绝缘油试验；

7. 绕组连同套管对外壳的交流耐压试验；

8. 局部放电试验；

9. 测量铁芯夹紧螺栓的绝缘电阻；

10. 测量二次绕组的直流电阻。

具体试验项目根据互感器类型、电压等级不同而有差别，一般的试验流程如图 3-5 所示。

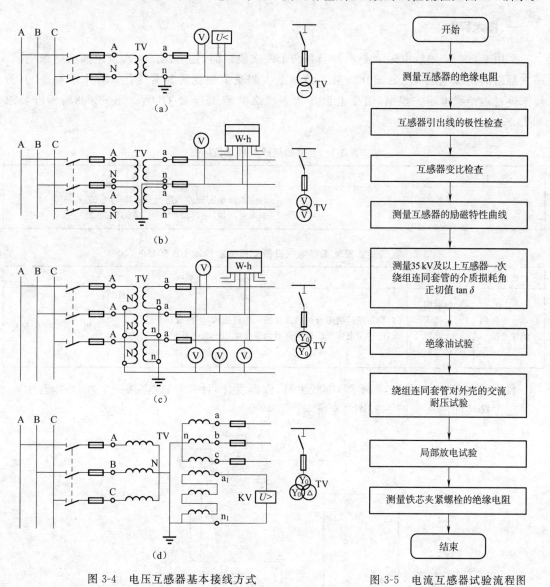

图 3-4　电压互感器基本接线方式　　　　　图 3-5　电流互感器试验流程图

任务一　绝缘电阻测量

互感器绝缘电阻测量应在交接和大修后，以及每年的绝缘预防性试验中进行。测量互感器的绝缘电阻,一次线圈应用 2 500 V 或以上兆欧表,二次线圈用 1 000 V 或 2 500 V 兆欧表。测量时,须使互感器的所有非被试端子短路接地。并应考虑空气温度,湿度,套管表面脏污对绝缘电阻的影响,必要时,应采取措施表面漏电电流的影响。

　　互感器绝缘电阻的标准,规程除对 220 kV(交接为 110 kV)及以上者要求不小于 1 000 MΩ,其余另作规定。可将测得的绝缘电阻值与历次测量结果比较,与同类型互感器比较,再根据其他试验项目所得结果进行分析判断。

一、技术标准

　　采用 2 500 V 绝缘电阻表测量。当有两个一次绕组时,还应测量一次绕组间的绝缘电阻。一次绕组的绝缘电阻应大于 3 000 MΩ,或与上次测量值相比无显著变化。有末屏端子的,测量末屏对地绝缘电阻。根据《输变电设备状态检修试验规程 Q/GDW 168—2008》,标准要求如表 3-1、表 3-2 所示。

表 3-1　互感器绝缘电阻测量标准

例行试验项目	基准周期	要求
绝缘电阻	3 年	(1)一次绕组初值差不超过−50%(注意值); (2)末屏对地(电容型)>1 000 MΩ(注意值)

表 3-2　电气装置安装工程电气设备交接试验标准 GB 50150—2006

项目	周期	要求	说明
绕组及末屏的绝缘电阻	(1)投运前 (2)1~3 年 (3)大修后 (4)必要时	(1)绕组绝缘电阻与初始值及历次数据比较,不应有显著变化 (2)电容型电流互感器末屏对地绝缘电阻一般不低于 1 000 MΩ	采用 2 500 V 兆欧表

　　数字兆欧表一套,围栏,标示牌,拆线工具,温湿度计,计算器,放电棒一个,铜导线若干。工作接线如图 3-6、图 3-7、图 3-8 所示。

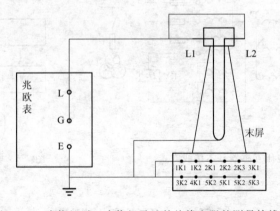

图 3-6　一次绕组对二次绕组及地的绝缘电阻的测量接线图

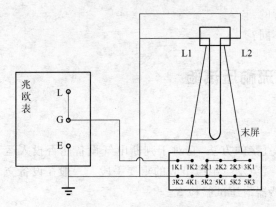

图 3-7 二次绕组之间及地的绝缘电阻的测量接线图

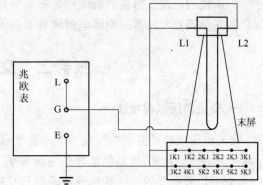

图 3-8 末屏对二次绕组及地的绝缘电阻

二、安全须知

1. 试验前对每个人员进行危险点告知,交待安全措施和技术措施,并确定每个人员都已知晓。
2. 在试验前、试验后均应放电。
3. 测量线和接地线不能缠绕,高压线应对地保持足够的距离。
4. 测试时大声呼唱,随时警戒异常现象发生。

三、特别提示

测量一次绕组对二次绕组及外壳、各二次绕组间及其对外壳的绝缘电阻,不宜低于 1 000 MΩ,测量一次绕组段间的绝缘电阻,不宜低于 1 000 MΩ,但由于结构原因而无法测量时可不进行。测量电容型的电流互感器末屏绝缘电阻,能灵敏地发现绝缘是否受潮,不宜小于 1 000 MΩ。

影响绝缘电阻测量的因素包括湿度、温度、表面脏污和残余电荷。

湿度增大时,绝缘将吸收较多的水分,使电导率增加,降低了绝缘电阻的数值,尤其对表面泄漏电流的影响更大。电流互感器的制作过程中,最容易吸湿的阶段是出罐后的装配过程。因此,装配时,应选择晴好的天气而且器身暴露在空气中的时间不宜过长。

电流互感器的绝缘电阻随着温度的升高而减小。一般温度变化 10℃,绝缘电阻的变化达一倍,必要时应对绝缘电阻数值进行温度换算。试品表面脏污会使表面电阻率大大降低,使绝缘电阻下降,在这种情况下必须消除表面泄漏电流的影响,以获得正确的测量结果。

对有残余电荷被试设备进行试验时,会出现虚假的现象,当残余电荷的极性与兆欧表的极性相同时,会使测量结果虚假的增大。当残余电荷的极性与兆欧表的极性相反时,会使测量结果虚假的减小。因此,对大容量的设备进行绝缘电阻测量前,应对设备进行充分的放电。同时将所测的绝缘电阻考虑温、湿度因素,与出厂交接试验值、历次的试验值比较。

 复习与思考

1. 请说明电流和电压互感器在结构和应用上有何不同。互感器试验项目有哪些?
2. 请说明型号为 LZZBJ9-12 互感器的含义是什么。

3. 请说明电流互感器试验流程是如何进行的。

4. 互感器和变压器的绝缘电阻测量有何不同？

任务二　交流耐压试验

一、交流耐压试验概述

交流耐压试验是鉴定电气设备绝缘强度最直接的方法，它对于判断电气设备能否投入运行具有决定性的意义，也是保证设备绝缘水平、避免发生绝缘事故的重要手段。一般在设备交接、大修后以及每年的绝缘预防性试验进行互感器耐压试验检查。

交流耐压试验是破坏性试验，所以在试验之前必须对被试品先进行绝缘电阻、吸收比、泄漏电流、介质损失角及绝缘油等项目的试验，只有当试验结果正常后方能进行交流耐压试验，若发现设备的绝缘情况不良（如受潮和局部缺陷等），通常应先进行处理后再做耐压试验，避免造成不必要的绝缘击穿，如图 3-9 所示。

图 3-9　互感器交流耐压试验

对于不接地电压互感器（全绝缘），外施工频耐压试验及感应耐压试验的试验电压见表 3-3，对于接地电压互感器（半绝缘），外施工频耐压试验电压为 2 kV（可以用 2 500 V 兆欧表测量 N 端绝缘电阻代替），感应耐压试验的试验电压见表 3-3。

表 3-3　互感器交流耐压试验值

额定电压	3	6	10	15	20	35	66	110	220
最高工作电压	3.6	7.2	12	18	24	40.5	72.5	126	252
出厂耐压值	25	30(20)	42(28)	55	65	95	155	200	395
交接、大修后耐压值	23	27(18)	38(25)	50	59	85	140	180	356

注 1：括号内为低电阻接地系统；
注 2：110 kV 及以上电压等级的电压互感器如果现场不具备条件可不进行耐压试验

二、交流耐压试验接线

互感器需要进行耐压试验的过程如下。

工频高电压通常采用高压试验变压器来产生,试验回路由试验变压器、调压设备、测量回路、控制和保护回路等组成。最简单的交流耐压试验接线如图 3-10 所示。

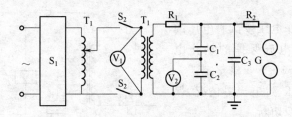

图 3-10　互感器交流耐压试验接线原理图

C_1—高压臂电容;C_2—低压臂电容;V_2—高内阻电压表;T_1—试验变压器;R_1、R_2—保护电阻;G—试电流互感器

接线方式分两种。

1. 外施工频耐压试验接线

二次绕组、外壳、支架等应短接并接地,A-N 短接并接高压,高压时间 60 s。

2. 感应耐压试验接线

选择一个二次绕组施加足够的励磁电压,使一次绕组感应出规定的试验电压值,励磁电压频率一般为 150 Hz,不应大于 400 Hz,耐压时间＝$60 \times 100/f$,且不应小于 20 s。

当试验电压不高、气候条件较好时,也可以用高压静电压电压表测量试验电压。这种方法比较直观,可以直接在表上读出试验电压的数值;静电压表阻抗很高,对试验回路几乎没有功率要求。其缺点是仪表盘刻度较粗,精度差,而且 30 kV 以上的高压静电电压表的电极暴露在外面,容易受风和外界电磁场等因素的影响使电压表指标不稳定,所以常用于室内试验。

试验变压器高、低压侧的电流及试品中的电流可以用电流表直接串入被测支路测量,也可以将电流互感器和电流表串入被测支路进行测量。为了安全和读数方便,电流表、电流继电器或电流互感器常串在试验变压器高压绕组低电位套管与地之间和试品接地线中。当使用电流互感器时,电流表上也可串联一个电流继电器,对试品和试验变压器进行过电流保护。

在交流耐压试验中,常常会发生某些异常情况,应采取一定的保护措施保证试验人员和其他有关人员的安全,防止试品或试验设备本身受到损害。在交流耐压试验中,试品有时会发生闪络或被击穿,造成试验变压器突然短路。在试验变压器输出端加保护电阻 R_1,既可限制短路电流,又可阻尼试品放电时的高频振荡,限制过电压的幅值,当试品回路发生串联谐振时还可以降低回路的 Q 值,从而降低过电压的幅值。R 一般按 $0.1 \sim 1$ Ω/V 选取,外绝缘按有效值 $150 \sim 200$ kV/m 考虑。

为了防止谐振过电压,在试品两端还接入保护球隙 G,其放电电压整定为 U_t 的 $110\% \sim 150\%$。为了防止球隙放电时灼伤球面,同时防止放电回路高频振荡产生的过电压危及试品,球隙上串联有阻尼电阻 R_2。

由于调压器不在零位时突然合闸,会使试验变压器产生过电压,甚至超过试验电压的工频高电压,因而必须加以防止,具体措施是在调压器上加零位开关。当调压器处于零位时,其常闭触点(串接在合闸线圈回路)接通,故可合闸接通电源;合闸接触器带电后,其常开触点闭合并将零位开关触点短接,因而可正常升压。当调压器不在零位时,合闸线圈回路中串联的零位开关触点开路,因而无法合闸接通电源,这就避免了非零位合闸。另外,合闸线圈回路中串有安全门保护常闭触点因而只有安全门关闭时才能合闸,安全门一旦被打开,常闭触点即断开,电源开关跳闸切断电源。合闸回路中同时串有过电压保护和过电流保护的继电器常闭触点。

过电压保护的动作电压按试验电压的1.1～1.2倍整定,过电流保护的动作电流,按试品中电流的1.3～1.5倍整定。一旦试验回路发生过电压、过电流等情况,保护元件就会将试验电源切断。

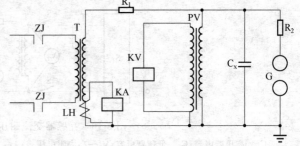

图 3-11　互感器交流耐压试验接线原理图

进行交流耐压试验时,二次回路和主回路接线如图 3-10、图 3-11 所示。

三、交流耐压试验技术要求

1. 对试验电压波形的要求

试验电压一般应是频率为 45～65 Hz 的交流电压,通常称为工频试验电压。试验电压的波形为两个半波相同的近似正弦波,且峰值和方均根(有效)值之比应在 $\sqrt{2} \pm 0.07$ 以内,如满足这些要求,则认为高压试验结果不受波形畸变的影响。

2. 电压测量的容许偏差

如果有关设备标准无其他规定,在整个试验过程中试验电压的测量值应保持在规定电压值的 $\pm 1\%$ 以内;当试验持续时间超过 60 s 时,在整个试验过程中试验电压测量值可保持在规定电压值的 $\pm 3\%$ 以内。

四、试验设备的选择

根据被试设备的参数、试验电压的大小和现有试验设备的条件,选择合适的试验设备,例如,工频试验变压器的输出电压、电流、容量,各测量仪器的量程,都应满足试验的要求。

选择试验变压器时,主要考虑以下几点。

(1)电压

依据试品的要求,首先选用具有合适电压的试验变压器,使试验变压器的高压侧额定电压 U_n 高于被试品的试验电压 U_s,即 $U_n > U_s$。其次应检查试验变压器所需的低压侧电压,是否能和现场电源电压,调压器相匹配。

(2)电流

试验变压器的额定输出电流 I_n 应大于被试品所需的电流 I_s,即 $I_n > I_s$。被试品所需的电流可按其电容估算,$I_s = U_s \omega C_x$,其中 C_x 包括试品电容和附加电容。

(3)容量

根据试验变压器输出的额定电流及额定电压,便可确定试验变压器的容量,即 $P = U_n I_n$。

根据试验现场的情况,对选择好的试验设备进行合适的现场布置,而后按试验接线图进行接线。现场布置和接线时,应注意高压对地保持足够的距离,高压与试验人员应保持足够的安全距离,高压引线应连接牢靠,并尽可能短,非被试相及设备外壳应可靠接地。接线完毕,应由第二人进行认真全面地检查,例如,试验设备的容量、量程、位置等是否合适,调压器指示应在零位,所有接线应正确无误等。

五、耐压试验检查及过程

1. 试验变压器检查

经存放或运输的试验变压器使用前要擦去污垢,检查变压器内的油是否缺少,否则应补充合格的变压器油,注油后应排除油箱和高压套管内的空气。

用 2 500 V 兆欧表检查各绕组对外壳及地的绝缘电阻,应检查高压线圈回路是否连通,方法是用×1k 挡的万用表测量高压头、尾之间电阻值,指针应有明显的向阻值小的方向滑动的现象。

2. 保护球隙调整

拆去接在被试品上的高压引线,将接于试验变压器接地端的电流表短路,设法调整保护球隙距离,再合上试验电源刀闸,调节调压器缓慢均匀地升高电压。使其放电电压为试验电压的(1.1~1.2)倍,然后降低电压到试验电压值,持续 1 min,观察各种表计有无异常,再将电压降到零,断开试验电源刀闸。

3. 耐压试验

上述步骤进行之后,将高压引线牢靠地接到被试品上,然后合上电源刀闸,开始升压。试验电压的上升速度,在试验电压的 75% 以前可以是任意的;其后应以每秒钟 2% 试验电压的速度连续升到试验电压值。在试验电压下持续规定的时间进行耐压,耐压时间为 1 min。耐压结束,应在迅速地将电压降到零,但不得突然切断电源,再拉开电源刀闸,将被试品接地。在升压、耐压过程中,应密切观察各种仪表的指示有无异常,被试绝缘有无跳火、冒烟、燃烧、焦味、放电声响等现象,若发生这些现象,应迅速而均匀地降低电压到零,断开电源刀闸,将被试品接地,以备分析判断。

耐压以后,进行耐压后检查,对被试品进行绝缘电阻的测试,以了解耐压后的绝缘状况。对有机绝缘,经耐压并断电、接地放电后,试验人员还可立即用手进行触摸,检查有无发热现象。

六、CT 交流耐压试验接线和注意事项

电流互感器交流耐压试验通常采用外施工频电压的方法,一次绕组短路接高压,所有的二次绕组短路与铁芯、外壳一起接地,如图 3-12 所示。对于电容型电流互感器,末屏也应接地。

电源经开关 S_1、S_2 和调压器 T_1 加至试验变压器 T_2 低压侧,升压后加至被试电流互感器 C_x 的高压端子(按分压器 C_1、C_2 和高内阻电压表 V_2 测出的电压升至试验电压)。在试验电压的 75% 以前,升压速度不加限制,在试验电压值达到 75% 以后,以每秒 2% 的额定试验电压的速度升压,一直升到试验电压。若升压速度太快,准确地读数比较困难;若升压速度太慢,则升至接近试验电压的那段时间过长,造成耐压时间增加,有时会因此造成试品绝缘击穿。

在升压过程中和试验电压持续期间,应注意观察试验仪表和试验回路的各部分。一般高压回路中的试验电压和电流应按比例增长。若出现电压稍有增长而电流急剧增长或电流增长

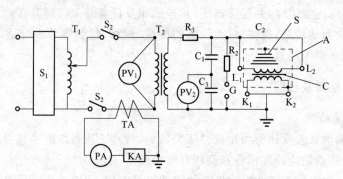

图 3-12　电流互感器的交流耐压试验的接线

S_1、S_2—电源开关；T_1—调压器；T_2—试验变压器；TA—测量和保护电流互感器；PA—电流表；PV_1、PV_2—电压表；

R_1—保护电阻；C_1、C_2—分压器；R_2—阻尼电阻；G—保护球隙；L_2—被试互感器高压端子；

K_1、K_2—被试互感器低压端子；C—被试互感器铁芯；S—被试互感器末屏

而电压下降，则说明试验回路可能发生谐振，此时应立即将试验电压降到零，断开电源，将试验变压器高压绕组的高压出线套管接地，更换阻抗电压变压器和调压器或改变试验变压器负载的参数，然后重新进行试验。

在交流耐压试验中，若试品、试验设备等有问题，试验仪表的表计常常会发生摆动，试品可能会冒烟、发光、有焦糊味，并伴有放电声或其他不正常的声音，保护球隙将放电，过电压和过电流保护将动作等。发生以上任何一种现象时，都应立即将试验电压降到零，断开电源，挂上接地线，在查明原因和排除故障后，才可重新进行交流耐压试验。

交流耐压试验以后，为了检验试品在交流耐压试验中是否被击穿或造成绝缘等部件损坏，应及时对油浸式被试品取油样进行色谱分析。有时要进行第二次局部放电测量，作为对交流耐压的探伤手段。若被试品发生击穿等异常情况，其色谱分析和局部放电试验也可能发现异常情况。

交流耐压试验前后均应测量电流互感器的绝缘电阻。交流耐压后测得的绝缘电阻与交流耐压前相比不应有明显变化。对有机固体绝缘的互感器尤其应注意比较交流耐压前后绝缘电阻的变化。

电流互感器的工频耐压试验的时间一般为 1 min，对于主绝缘为有机固体材料的电流互感器，为了检验发热对绝缘性能的影响，其交流耐压试验的时间由 1 min 延长为 5 min。在出厂试验中，对主绝缘为有机固体材料的互感器，如果每台都进行局部放电测量，则允许交流耐压试验的时间仍为 1 min。

七、试验结果的判断

被试品在交流耐压试验中，一般以不发生击穿为合格，反之为不合格。被试品是否发生击穿可按下列情况进行分析。

1. 表计的指示。如果接入试验线路的电流表指示突然大幅度上升，一般情况下则表明被试品击穿。另外，在高压侧被试品两端测量试验电压时，其电压表指示突然明显下降，一般情况下也表明被试品击穿。

2. 电磁开关的动作情况。若接在试验线路上的过流继电器整定值适当，则被试品击穿时电流过大，过流继电器要动作，电磁开关跟着跳开。所以，电磁开关跳开时，表示被试品有可能

击穿。当然,若过流继电器整定值过小,可能在升压过程中并非被试品击穿,而是被试品电容电流过大,造成电磁开关跳开;若整定值过大,即使被试品放电或小电流击穿,电磁开关也不一定跳开。所以对电磁开关发生动作还应进行具体分析。

3. 升压和耐压过程中的其他异常情况。被试品若在升压和耐压过程中发现跳火、冒烟、燃烧、焦味、放电声响等现象,则表明绝缘存在问题或击穿。

4. 对有机绝缘,耐压试验以后经试验人员触摸,若出现普遍的或局部的发热,都应认为绝缘不良(例如受潮)需进行处理(例如干燥)。

5. 对复合绝缘的设备或者有机绝缘,其耐压后的绝缘电阻与耐压前的比较不应明显下降,否则必须进一步查明原因。

6. 在耐压过程中,若由于空气的湿度、温度或被试绝缘表面脏污等的影响,引起沿面闪络或空气放电,则不应轻易地认为不合格,应该经过清洁、干燥处理后,再进行耐压;当排除外界的影响因素之后,在耐压中仍然发生沿面闪络或局部有火红现象,则说明绝缘存在问题,例如老化、表面损耗过大等。

八、特别提示

1. 交流耐压试验是破坏性试验。在试验之前必须对被试品先进行绝缘电阻、吸收比、泄漏电流、介质损失角及绝缘油等项目的试验,若试验结果正常方能进行交流耐压试验,若发现设备的绝缘情况不良(如受潮和局部缺陷等),通常应先进行处理后再做耐压试验,避免造成不应有的绝缘击穿。

2. 容许偏差为规定值和实测值的差。它与测量误差不同,测量误差是指测量值与真值之差。

3. 试验时应记录环境湿度,相对湿度超过80%时不应进行本试验。

4. 外施工频耐压试验应在高压侧测量试验电压;感应耐压试验也应尽量在高压侧测量试验电压,如果在施加电压的二次侧测量电压,则应考虑容升效应,一般在150 Hz下,对于220 kV的电磁式电压互感器,容升按8%考虑,110 kV的电磁式电压互感器,容升按5%考虑,35 kV的电磁式电压互感器,容升按3%考虑。

5. 耐压试验后宜重复进行介质损耗及电容量、空载电流测量,注意耐压前后应无明显变化。交流耐压试验前后均应测量绝缘电阻。交流耐压后测得的绝缘电阻与交流耐压前相比不应有明显变化。对有机固体绝缘的互感器尤其应注意比较交流耐压前后绝缘电阻的变化。

6. 在试验电压的75%以前,升压速度不加限制,在试验电压值达到75%以后,以每秒2%的额定试验电压的速度升压,一直升到试验电压。若升压速度太快,准确地读数比较困难;若升压速度太慢,则升至接近试验电压的那段时间过长,造成耐压时间增加,有时会因此造成试品绝缘击穿。

7. 电流互感器的工频耐压试验的时间一般为1 min,对于主绝缘为有机固体材料的电流互感器,为了检验发热对绝缘性能的影响,其交流耐压试验的时间由1 min延长为5 min。

 复习与思考

1. 互感器交流耐压试验的目的是什么?在试验过程如何防止过压和过流对设备和人身伤害?
2. 如果试验过程中冒烟或有焦味,应如何处理?

任务三　电压互感器介损测量

测量电压互感器绝缘（线圈间、线圈对地）的介质损耗值 $\tan\delta$，对判断其是否进水受潮和支架绝缘是否存在缺陷是一个比较有效的手段。其主要测量方法有常规试验法、自激磁法、末端屏蔽法和末端加压法，必要时还可以用末端屏蔽法测量支架绝缘的介质损耗因数 $\tan\delta$。介质损耗角正切值测量应在交接、大修后以及每年的绝缘预防性试验中进行，对单装油浸式互感器绝缘的监视较为灵敏。

对于电流互感器，所测得的正切值在 20℃ 时应不大于表 3-4 中的数值；并且与历年数据比较，不应有明显变化。

表 3-4　电流互感器 20℃ 时的正切值（％）标准

电压(kV)		20～35	63～220
充油电流互感器	交接及大修后	3	2
	运行中	6	3
充胶电流互感器	交接及大修后	2	2
	运行中	4	3
胶纸电容式电流互感器	交接及大修后	2.5	2
	运行中	6	3
油纸电容式电流互感器	交接及大修后		1
	运行中		1.5

关于介质损耗值 $\tan\delta$ 的测量原理，可以参考项目二任务五中有详细介绍。

一、技术标准

对于 220V 级的电流互感器，测量正切值的同时应测量主绝缘的电容值，其值一般不应超过交接试验值的 ±10％。

对于电压互感器，所测得的正切值应不大于表 3-5 中的数值，接线图如表 3-6 所示。

表 3-5　电压互感器的正切值（％）标准

温度(℃)		5	10	20	30	40
25～35 kV	交接及大修后	2.0	2.5	3.5	5.5	8.0
	运行中	2.5	3.5	5.0	7.5	10.5
35 kV 以上	交接及大修后	1.5	2.0	2.5	4.0	6.0
	运行中	2.0	2.5	3.5	5.0	8.0
测量内容	$\tan\delta$ 范围	电容量范围(C_x)		试品类型	基本误差	
介质损耗因数 $\tan\delta$	0～0.5	50～60 000 pF		非接地	±(1％读数＋0.0005)	
				接地	±(1％读数＋0.0010)	
		10～50 pF 或 60 000 pF 以上		非接地	±(1％读数＋0.0010)	
				接地	±(2％读数＋0.0020)	
		3～10 pF				
电容量		50 pF 以上		非接地与接地	±(1％读数＋1pF)	
		50 pF 以下			±(1％读数＋2pF)	

表 3-6　电压互感器 $\tan\delta$ 的测量接线

序号	接线方式					监测绝缘部位			备注
	QS1 电桥接线方式	试验电压加压端	QS1 电桥 C_x 线连接端	QS1 电桥屏蔽层"E"的连接端	接地端	线圈间	绝缘支架	二次端子板	
1	正接线	一次线圈 AX 短接处	二次线圈 a、x、P_1、P_2	地	QS1 电桥"E"点	√	√	√	底座垫绝缘
2	正接线	一次线圈 AX 短接处	A、x、P_1、P_2	地	底座	√		√	
3	正接线	一次线圈 AX 短接处	A、x	P_1、P_2、地	底座	√			
4	正接线	一次线圈 AX 短接处	P_1、P_2	A、x、地	底座	√			
5	正接线	一次线圈 AX 短接处	底座	A、x、P_1、P_2、地	QS1 电桥"E"点		√		底座垫绝缘
6	反接线	QS1 电桥"E"点	A、X 短接处	A、x、P_1、P_2	底座		√	√	
7	反接线	QS1 电桥"E"点	A、X 短接处		ax、$a_D X_D$ 底座	√		√	

常规法测量无论哪一种接线方式都受二次端子板的影响。也就是说,二次端子板的部分或全部绝缘介质损被测入。二次端子上固定有一次线圈的弱绝缘端"X",二次线圈和三次线圈端子 a、x、P_1、P_2 以及将端子板固定在底座上的四只接外壳(地)的螺栓。

常规法测量一次对二、三次及地的介质损的试验结果的分析。

$\tan\delta$ 值大于规定值。这既可能是互感器内部缺陷如进水受潮等引起的,也可能是由于外瓷套或二次端子板的影响引起的。需注意二次端子板的影响,若试验时相对湿度较大,瓷套表面脏污,就应注意外瓷套表面状况对测量结果的影响。如确认没有上述影响,则可认为互感器内部存在绝缘缺陷。

$\tan\delta$ 小于规定值。对此,一般认为线圈间和线圈对地绝缘良好。但必须指出,此时测得的 $\tan\delta$ 还包括与其并联的绝缘支架的介质损。由于支架电容量仅占测量时总电容的 $1/100\sim1/20$。因此实测 $\tan\delta$ 将不能反映支架的绝缘状况。这就是说,即使总体 $\tan\delta$(一次对二、三次及地)合格也不能表明支架绝缘良好。而运行中支架受潮和分层开裂所造成的运行中爆炸相对较多,必须监测支架在运行中的绝缘状况。这一问题也是常规法所不能解决的。为此就有必要选取其他的试验方法。

二、实战案例

互感器需要进行介损值测量的过程如下:

在现场西林电桥正接线测量电压互感器分压电容 C_2 的介质损耗,其三相介质损耗的测量值分别为:

A 相:$\tan\delta_{c_2} = 0.52\%$;

B 相:$\tan\delta_{c_2} = 0.49\%$;

C 相:$\tan\delta_{c_2} = 0.47\%$。

其介质损耗值均超过电力部 DL/T 596—2005《电力设备预防性试验规程》的规定值

$\tan\delta_{c_2} \leqslant 0.2\%$（膜纸绝缘耦合电容器的介质损耗应不大于 0.2%）。现场对上述三台 CVT 进行了更换。更换后，在试验室进行试验以寻找不合格的具体原因。在对试品检查时发现，三台 CVT 的接线螺栓均有锈迹，立即进行清除，再次试验，其结果分别为：

A 相：$\tan\delta_{c_2} = 0.086\%$；

B 相：$\tan\delta_{c_2} = 0.066\%$；

C 相：$\tan\delta_{c_2} = 0.092\%$。

由此可以确定，由于接线螺栓的锈迹未清除，导致测量时接触不良，使三台合格的 CVT，测量结果却不合格，造成了不必要的更换。

测量大电容小介损试品时，必须注意测量引线接触不良造成的偏大测量误差，尤其当实测介质损耗不合格时必须排除引线接触电阻的影响。

 复习与思考

1. 介质损耗值 $\tan\delta$ 有几种接线？分别适用于什么场合？各有什么优缺点？
2. 电压互感器 $\tan\delta$ 测量时，需要分别测试哪几个部位？

任务四　极性、变比和励磁特性试验

一、互感器的特性试验

电流互感器的特性试验的项目，主要包括：极性试验、励磁特性试验和比差、角差测量。电压互感器的特性试验包括：测量一次线圈的直流电阻、测量三相电压互感器的连接组别和单相电压互感器的极性、测量各分接头的变比、测量比差和角差等。这些特性试验与变压器的相应试验完全相同。

1. 极性试验

电流互感器的极性试验通常在交接和大修后进行，当进行中电流互感器二次回路的设备出现故障时，也常需对电流互感器进行此项试验。

值得注意的是，电流互感器的极性是非常重要的，如果不正确，将会使接入该回路的具有方向性的仪表如功率表、电能表等指示错误，以及使方向性继电器保护失去作用甚至误动作。

电流互感器与极性试验的方法，与变压器的极性试验相同，具体参考项目三变压器极性测试。

2. 励磁特性试验

电流互感器励磁特性试验在交接、大修以及必要时进行，试验目的是检查互感器的铁芯质量，用于检查电流互感器二次线圈是否存在纵绝缘缺陷，有无匝间短路等缺陷，为判断和消除系统中发生铁磁谐振现象提供依据，并计算 10% 误差曲线。试验的方法是一次线圈开路，将额定频率的正弦交流电压在互感器的二次线圈上，由小到大逐点增大电压，并记录对应的电流值，然后根据电流 I、电压 U 值绘成关系曲线，实际就是铁芯的磁化曲线，所以励磁特性通常也叫伏安特性，如图 3-13 所示。

励磁特性试验可以分为型式试验和例行试验。型式试验是为了产品能否满足技术规范

(JB/T 5357—2002《电压互感器试验导则 11 部分励磁特性测量》)的全部要求所进行的实验。例行试验是在国家标准或行业标准(GB 1207—2006《电磁式电压互感器》)的规定下，进行的出厂试验、现场进行的交接试验以及运行中定期进行的试验。例行试验也成为预防性试验。

型式试验是按照图 3-14 试验原理接线图进行，试验时，电压施加在二次端子上，电压波形为实际正弦波。测量点至少包括额定电压的 20％、50％、80％、100％、120％ 及相应于额定电压因数下的电压值，测量出对应的励磁电流。做出励磁特性曲线。

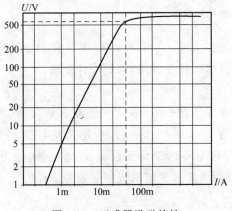

图 3-13　互感器励磁特性

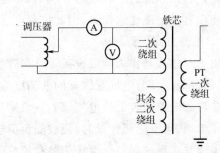

图 3-14　互感器励磁特性试验图

例行试验是按照图 3-14 试验原理接线图进行，试验时，电压施加在二次端子上，电压波形为实际正弦波。测量点包括额定电压及相应于额定电压因数下的电压值，测量出对应的励磁电流，其结果应与型式试验对应结果做比较，差异不应大于 30％。同一批生产的同型号互感器，其励磁特性的差异也不应大于 30％。不需要做出励磁特性曲线。

为了减少试验误差，电压表应靠近被试电流互感器侧，并使用内阻较高的电压表，且每次试验都用同类型的表计。在升压过程中，电压由零上升中途不要下降，读数可以电流为准读取电压，这样可以避免由于磁滞回线影响而使曲线螺旋上升。一般电压最高升至 100～200V 即可，注意试验电压不要过高以免损坏二次线圈匝间绝缘但要做到饱和点以上。如果电流已超过额定电流，操作必须迅速，使需求不致过热。测量点数应能保证绘出平滑的曲线，在曲线弯曲部分可多取几点。

3. 实战案例

案例 1：对某互感器进行励磁实验。互感器试品型号：JCC 5—66W2。其标准参数：额定一次电压为 66 kV，额定二次电压为 100 V；绕组等级有 0.2、0.5、1.3P、3P(剩余绕组)，对应额定负荷为 150、250、400、300、(V·A)；极限输出功率为 2 000 V·A。

试验励磁特性数据如表 3-7、图 3-15 所示。

表 3-7　电压互感器试验励磁特性数据

电流 I(A)	0.5	0.6	3.5	11.1
电压 U(V)	46.2	57.7	86.6	109.6
极限输出电流(A)	43.3	34.7	23.1	18.2

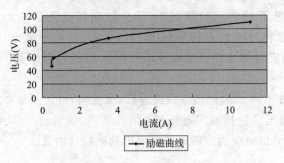

图 3-15　PT 励磁特性曲线

结论:可以看出在 1.9U(109.6 V)下励磁电流约为 11 A<18.2 A,在对应的励磁特性曲线上还没有达到磁化饱和点,因此该台电压互感器励磁特性合格,满足设计要求。

4. 比差、角差测量

由于互感器是作为测量设备,所以其测试准确度比较重要,表征互感器本身误差(比差和角差)的等级。目前电流互感器的准确度等级分为 0.001~1 多种级别,用于发电厂、变电站、用电单位配电控制盘上的电气仪表一般采用 0.5 级或 0.2 级;用于设备、线路的继电保护一般不低于 1 级;用于电能计量时,视被测负荷容量或用电量多少依据规程要求来选择。

电流互感器的误差分为比值差和相位差。

互感器的比差即为比值误差,一般用符号 f 表示,即指互感器的实际二次电流(电压)乘上额定变比与一次实际电流(电压)的差,对一次实际电流(电压)的百分数,以百分数表示。

互感器的角差即为相角误差,即指互感器的二次电流(电压)相量逆时针转 180°后与一次电流(电压)相量之间的相位差。并规定二次电流相量超前一次电流相量时,误差为正,反之为负电流误差(比值差),通常以分或厘弧度表示。

互感器的误差影响因素主要有三种。

(1)电流互感器的角差主要由电流互感器铁芯的材料和结构来决定,若铁芯损耗小,导磁率高,则角差的绝对值就小;采用带形硅钢片卷成圆环铁芯互感器的角差小。因此高精度的电流互感器多采用优质硅钢片卷成的圆环形铁芯。

(2)二次回路阻抗 Z(即负载)增大会使误差增大,这是因为在二次电流不变的情况下,Z 增大,将是感应电势 E2 增大,从而使磁通 ϕ 增加,铁芯损耗则会增加,致使误差增大。负载功率因数的降低,则会使比差增大角差减小。

(3)一次电流的影响当系统发生短路故障时,一次电流急剧增加,致使电流互感器工作在磁化曲线的非线性部分(即饱和部分),这样比差和角差都将增加。

电流互感器在正常运行时,其一次侧电流不像变压器那样随着二次侧负荷变化而变化,而是取决于一次回路的电压和阻抗。二次侧负载都是内阻很小的仪表,其工作状态相当短路。

二、互感器常见的异常及处理

(1)三相电压指示不平衡:一相降低(可为零),另两相正常,线电压不正常或伴有声、光信号,可能是互感器高压或低压熔断器熔断。

（2）中性点非有效接地系统，三相电压指示不平衡：一相降低（可为零），另两相升高（可达线电压）或指针摆动，可能是单相接地故障或基频谐振，如三相电压同时升高，并超过线电压（指针可摆到头），则可能是分频或高频谐振。

（3）高压熔断器多次熔断，可能是内部绝缘严重损坏，如绕组层间或匝间短路故障。

（4）中性点有效接地系统，母线倒闸操作时，出现相电压升高并以低频摆动，一般为串联谐振现象；若无任何操作，突然出现相电压异常升高或降低，则可能是互感器内部绝缘损坏，如绝缘支架绕、绕组层间或匝间短路故障。

（5）中性点有效接地系统，电压互感器投运时出现电压表指示不稳定，可能是高压绕组端接地接触不良。

（6）电压互感器二次回路经常发生的故障包括：熔断器熔断，隔离开关辅助接点接触不良，二次接线松动等。故障的结果是使继电保护装置的电压降低或消失，对于反映电压降低的保护继电器和反映电压、电流相位关系的保护装置，譬如方向保护、阻抗继电器等可能会造成误动和拒动。

复习与思考

1. 互感器的特性试验的项目有哪几种？请列举几例说明。
2. 励磁特性试验的目的主要有什么作用？请讲述其试验原理。

任务五　局部放电

局部放电是指高压电器中的绝缘介质在高电场强度作用下，发生在电极之间的未贯穿的放电。局部放电是发生在电极之间但并未贯穿电极的放电，这种放电能量很小所以它的短时存在并不影响到电气设备的绝缘强度。但若电气设备在运行电压下不断出现局部放电，这些微弱的放电将产生累计效应会使绝缘的介电性能逐渐劣化，并使局部缺陷扩大，最后导致绝缘击穿，因此测试电气设备的局部放电是预防电气设备故障的一种好方法。

测量局部放电的目的是检查绝缘局部缺陷的存在、发展情况以及局部放电的程度，以便及早发现绝缘隐患并消除，防止局部放电对绝缘造成破坏。图 3-16 所示为局部放电引起的绝缘损害。

测量局部放电的仪器使用局部放电测量仪，如图 3-17 所示。局放仪能发现的绝缘缺陷有：绝缘内部局部电场强度过高；金属部件有尖角；绝缘混入杂质或局部带有缺陷产品内部金属接地部件之间、导电体之间电气连接不良等。

对于 35 kV 及以上固体绝缘电流互感器应进行局部放电试验。110 kV 及以上油浸式电流互感器，在对绝缘性能有怀疑时，在有试验设备时进行局部放电试验。局部放电试验应在对试品所有高压绝缘试验之后进行，必要时可在耐压前后各进行一次。局部放电试验的试验方法、加压顺序以及判断标准应符合 GB 5583—1985《互感器局部放电测量》中的规定。试验结果要求中的试验电压和实测放电量应符合 GB 50150—1991 第 8.0.12 条的规定。

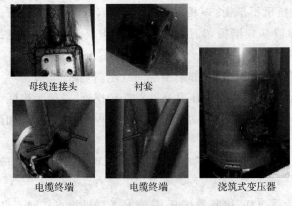

母线连接头　　衬套

电缆终端　　电缆终端　　浇筑式变压器

图 3-16　局部放电引起的绝缘损伤

图 3-17　局部放电测量仪

　　局部放电检测的原理是在一定的电压下测定试品绝缘结构中局部放电所产生的高频电流脉冲。在实际试验时，应区分并剔除由外界干扰引起的高频脉冲信号，否则，这种假信号将导致检测灵敏度下降和最小可测水平的增加，甚至造成误判断的严重后果。

一、局放作业流程图（图 3-18）

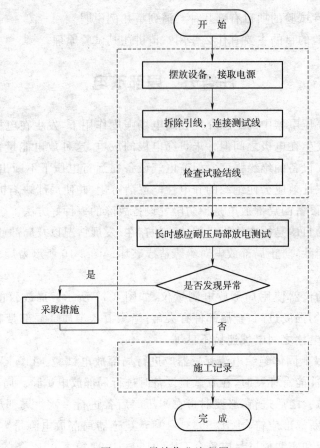

图 3-18　局放作业流程图

二、局部放电测量

某互感器需要进行局放试验的过程如下：

在互感器现场常规试验项目，如绝缘电阻、吸收比（极化指数）、介质损耗因数（tanδ）、耐压试验等已完成，试验结果也符合标准后按图 3-18 所示。

按规定试验方法布置试验结线，变压器高压套管戴上均压帽，中性点接地，如图 3-19 所示。

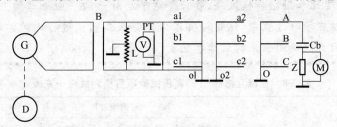

图 3-19　局部放电试验接线图

D—电动机；G—中频发电机；B—中间变压器；PT—电压互感器；

L—补偿电抗器；Cb—套管电容；Z—检测阻抗；M—局放检测仪

在测量时，先接上阻抗及标准方波，测量到信号并进行方波校正，在局放仪中观察在高压侧的响应，得出指示系统与放电量的定量关系，即求得换算系数，记录所有测量电路上的背景噪声水平，其值应低于规定的视在放电量的 50%。检查加压回路接线，确保正确无误，按标准规定的加压程序开始逐渐加压，如图 3-20 所示，注意观察主变压器的状况，并随时观察测量结果，每隔 5 min 记录一次数据。根据主变压器的状况和测量结果进行分析研究，确定是否需要继续加压；如测到局部放电量超标，应测出其起始电压以及熄灭电压。所谓起始电压是指试验电压从不产生局部放电的较低电压逐渐增加时，在试验中局部放电量超过某一规定值时的最低电压值；而熄灭电压是指试验电压从超过局部放电起始电压的较高值下降时，在试验中局部放电量小于某一规定值时的最高电压值。

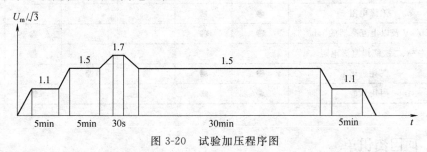

图 3-20　试验加压程序图

如没有发现异常现象，则继续加压，直至该相试验结束。降压至零，跳开主回路的开关，在中间变压器的高压侧挂上接地线；依次对余下几相进行试验，并对试验结果进行判断；全部试验完成后，关闭中频机组的电源，拆除试验接线，试验结束。

复习与思考

1. 局部放电能检测什么绝缘问题？其原理是什么？

2. 变压器高压套管戴上均压帽，其目的是什么？

项目小结

互感器可以分为电压互感器、电流互感器,主要用于仪表测量和继电保护,本项目按预防性试验和特性试验进行介绍,从常规的绝缘电阻及吸收比测量、交流耐压试验、介损测量,再到极性、变比和励磁特性试验,最后介绍了局放试验。由于结构上互感器就是特殊的变压器,所以在学习过程中,注意与项目二的变压器测试进行比对学习,加深项目的理解,具体试验项目能检测出来的故障参见表3-8、表3-9。

表 3-8　电流互感器(CT)高压试验项目检测故障一览表

序号	试验项目	绝缘故障				绕组
		主绝缘	整体受潮	放电	过热	
1	绝缘电阻	●	●			
2	介质损耗与电容量	●	●			●
3	绝缘油	●	●			
4	气相色谱	●	●	●	●	
5	绕组直流电阻					●
6	局部放电			●		
7	极性试验					●
8	耐压试验	●	●			●

表 3-9　电压互感器(PT)高压试验项目检测故障一览表

序号	试验项目	绝缘故障				绕组	铁芯
		主绝缘	整体受潮	放电	过热		
1	绝缘电阻	●	●				
2	20 kV 及以上互感器的 $\tan\delta$	●	●			●	
3	一、二次绕组直流电阻					●	
4	气相色谱	●	●	●	●		●
5	耐压试验	●	●			●	●

项目资讯单

项目内容	互感器绝缘试验			
学习方式	通过教科书、图书馆、专业期刊、上网查询问题;分组讨论或咨询老师		学时	10
资讯要求	书面作业形式完成,在网络课程中提交			
资讯问题	序号	资讯点		
	1	PT 和 CT 分别是代表什么设备?其原理是什么?		
	2	互感器预防性试验和特性试验的项目分别是什么?如何区分?		

续上表

	序号	资讯点
资讯问题	3	互感器试验流程是如何的？请结合具体试验项目说明。
	4	互感器故障的原因主要有哪些？有哪些试验项目？
	5	对互感器绝缘电阻值有哪些规定？测量时应注意什么？
	6	互感器的直流电阻要不要测量？变压器的直流电阻呢？
	7	新安装或大修后的互感器投入运行前应做哪些试验？
	8	电压互感器二次侧为何不允许短路？电流互感器二次侧为何不允许开路？后果如何？如何处理？
	9	交流耐压试验本质是属于什么试验？在此试验前应做哪些试验？其如何接线？
	10	互感器耐压试验所加的电压是如何确定的？
	11	电流互感器的工频耐压试验的时间是多长？这个时间是不是固定不变的？
	12	互感器极性、变比和励磁属于什么试验？测量各有什么作用？在什么状况下进行？测量原理是什么？
	13	互感器介质损耗为何能反映绝缘状况？与哪些因素有关？
	14	介质损耗值 $\tan\delta$ 有几种接线？分别适用于什么场合？各有什么优缺点？
	15	试验过程中冒烟或有焦味，应如何处理？
	16	什么是互感器比差、角差？这个数据用于表征什么数值？
	17	局部放电试验在什么情况下进行？能发现什么绝缘状况？
	18	局部放电检测的原理是什么？有几种检测方法？
	19	互感器巡视检查的周期及内容是什么？什么情况下要加强特殊巡视？
	20	带有绝缘监视装置的电压互感器，一次线路发生一相接地故障时有何现象，如何查找？
	21	电压互感器高压熔丝常用型号有哪些、有何特点？熔断后有哪些现象？熔断的原因有哪些？
	22	电流互感器有哪些用途？型号解释，画出两只电流互感器接三只电流表测量三相线电流的接线原理图。
	23	电压互感器回路断线应如何处理？
	24	充油式互感器渗油应如何处理？
	25	发现电流互感器二次回路开路应如何处理？
	26	电压互感器出现哪些故障时应立即停用？
	27	在互感器耐压试验中，为何采用倍频或者三倍频电源？这时如何处理"容升"现象？
	28	运行中的互感器突然冒烟，应如何处理？
资讯引导		以上问题可以在本教程的学习信息、精品网站、教学资源网站、互联网、专业资料库等处查询学习

 项目考核单

一、单项选择题（在每小题的选项中，只有一项符合题目要求，把所选选项的序号填在题中的括号内）

1. 用 500V 兆欧表测量电流互感器一次绕组对二次绕组及对地间的绝缘电阻值应大于（　）。

    A. 1 MΩ   B. 5 MΩ   C. 10 MΩ   D. 20 MΩ

2. 用 2.5 kV 兆欧表测量全绝缘电压互感器的绝缘电阻时,要求其绝缘电阻值不小于( )。

    A. 1 MΩ/kV   B. 10 MΩ/kV   C. 100 MΩ/kV   D. 500 MΩ/kV

3. 下列第( )项不是电流互感器例行试验项目。

    A. 温升试验   B. 局部放电试验   C. 匝间过电压试验

4. 高压电气设备停电检修时,为防止检修人员走错位,误入带电间隔及过分接近带电部分,一般采用( )进行防护。

    A. 绝缘台   B. 绝缘垫   C. 标示牌   D. 遮栏

二、判断题(正确的在题后的括号内打"√",错误的打"×")

1. 运行中的电流互感器二次绕组严禁开路。   ( )
2. 电流互感器二次绕组可以接熔断器。   ( )
3. 电流互感器相当于短路状态下的变压器。   ( )
4. 运行中的电压互感器二次绕组严禁短路。   ( )
5. 电压互感器的一次及二次绕组均应安装熔断器。   ( )
6. 电压互感器相当于空载状态下的变压器。   ( )
7. 电压互感器的万能接线必须采用三相三柱式电压互感器。   ( )
8. 电压互感器二次接地时为了防止一、二次绝缘损坏击穿,高电压窜到二次侧,对人身和设备造成危险。   ( )
9. 发现电流互感器有异常音响,二次回路有放电声,且电流表指示较低或到零,可判断为二次回路断线。   ( )
10. 互感器出现冒烟,着火时,应立即切断有关电源开关,用干粉灭火器灭火。   ( )
11. 准确度级次为 0.5 级的电压互感器,它的变比误差限值为±0.5%。   ( )
12. 互感器的精度用相对误差表示。   ( )

三、填 空 题

1. 选择电流互感器时,应根据下列几个参数确定:_____、_____、_____、_____。
2. 电力系统中的互感器起着_____和_____的作用。
3. 电压互感器实质上就是_____。
4. 互感器高压试验项目可以分为_____项目和_____项目。
5. 电流互感器有 4 种基本接线方式是_____、_____、_____、_____。

四、简 答 题

1. 现场试验互感器时应注意哪些问题?
2. 电流互感器二次开路有哪些现象和后果? 要如何处理?
3. 运行中的电压互感器二次侧为什么不允许短路? 要如何处理?
4. 什么是电压互感器的准确度级? 我国电压互感器的准确度级有哪些? 各适用于什么场合?

5. 互感器巡视的检查周期及内容如何？什么情况下要增加特殊巡视？

6. 带有绝缘监视装置的电压互感器一次线路发生一相接地故障时有何现象？如何查找？

 项目操作单

分组实操项目。全班分 5 组，每小组 7～9 人，通过抽签确认表 3-9 变压器试验项目内容，自行安排负责人、操作员、记录员、接地及放电人员分工。考评员参考评分标准进行考核，时间 50 min，其中实操时间 30 min，理论问答 20 min。

表 3-9　互感器试验项目

序号	互感器绝缘项目内容			
项目 1	互感器绝缘电阻及吸收比测量			
项目 2	互感器交流耐压试验			
项目 3	电压互感器介损测量			
项目 4	极性、变比和励磁特性试验			
项目 5	互感器局部放电试验			
项目编号		考核时限	50 min	得分	
开始时间		结束时间		用时	
作业项目	互感器试验项目 1～5				
项目要求	1. 说明互感器绝缘项目试验原理； 2. 现场就地操作演示并说明需要试验的绝缘结构及材料； 3. 注意安全，操作过程符合安全规程； 4. 编写试验报告； 5. 实操时间不能超过 30 min，试验报告时间 20 min，实操试验提前完成的，其节省的时间可加到试验报告的编写时间里				
材料准备	1. 正确摆放被试品； 2. 正确摆放试验设备； 3. 准备绝缘工具、接地线、电工工具和试验用接线及接线钩叉、鳄鱼夹等； 4. 其他工具，如绝缘胶带、万用表、温度计、湿度仪				
评分标准	序号	项目名称	质量要求		满分 100 分
	1	安全措施 （14 分）	（1）试验人员穿绝缘鞋、戴安全帽，工作服穿戴齐整		3
			（2）检查被试品是否带电（可口述）		2
			（3）接好接地线对互感器进行充分放电（使用放电棒）		3
			（4）设置合适的围栏并悬挂标示牌		3
			（5）试验前，对互感器外观进行检查（包括本体绝缘、接地线、本体清洁度等），并向考评员汇报		3
	2	互感器及仪器仪表铭牌参数抄录 （7 分）	（1）对与试验有关的互感器铭牌参数进行抄录		2
			（2）选择合适的仪器仪表，并抄录仪器仪表参数、编号、厂家等		2
			（3）检查仪器仪表合格证是否在有效期内并向考评员汇报		2
			（4）向考评员索取历年试验数据		1

	序号	项目名称	质量要求	满分100分
评分标准	3	互感器外绝缘清擦（2分）	至少要有清擦意识或向考评员口述示意	2
	4	温、湿度计的放置（4分）	(1)试品附近放置温湿度表，口述放置要求	2
			(2)在互感器本体测温孔放置棒式温度计	2
	5	试验接线情况（9分）	(1)仪器摆放整齐规范	3
			(2)接线布局合理	3
			(3)仪器、互感器地线连接牢固良好	3
	6	电源检查(2分)	用万用表检查试验电源	2
	7	试品带电试验（23分）	(1)试验前撤掉地线，并向考评员示意是否可以进行试验。简单预说一下操作步骤	2
			(2)接好试品，操作仪器，如果需要则缓慢升压	6
			(3)升压时进行呼唱	1
			(4)升压过程中注意表计指示	5
			(5)电压升到试验要求值，正确记录表计指数	3
			(6)读取数据后，仪器复位，断掉仪器开关，拉开电源刀闸，拔出仪器电源插头	3
			(7)用放电棒对被试品放电、挂接地线	3
	8	记录试验数据(3分)	准确记录试验时间、试验地点、温度、湿度、油温及试验数据	3
	9	整理试验现场（6分）	(1)将试验设备及部件整理恢复原状	4
			(2)恢复完毕，向考评员报告试验工作结束	2
	10	试验报告（20分）	(1)试验日期、试验人员、地点、环境温度、湿度、油温	3
			(2)试品铭牌数据：与试验有关的互感器铭牌参数	3
			(3)使用仪器型号、编号	3
			(4)根据试验数据作出相应的判断	9
			(5)给出试验结论	2
	11	考评员提问(10分)	提问与试验相关的问题,考评员酌情给分	10
考评员项目验收签字				

项目四 高压开关电器试验

【项目描述】本项目旨在对变电所内高压开关电器如断路器、隔离开关等进行绝缘预防性试验(绝缘电阻测量、介损测量交流耐压试验)和动作特性试验(分合闸动作时间和速度测量)。通过对试验方法的阐述,使学生了解并掌握高压开关电器的结构、绝缘性能和动作特性。

【知识要求】

◆了解变电站中哪些电器属于高压开关电器。

◆了解断路器(少油断路器、多油断路器、空气断路器、真空断路器、SF_6断路器)的结构和绝缘构成。

◆熟悉高压断路器预防性试验的主要项目。

◆熟悉隔离开关的实验内容。

【技能要求】

◆能对高压开关电器进行日常的保养。

◆掌握断路器的绝缘预防性试验和动作特性试验的方法和步骤。

◆能够根据测试数据进行分析、判断设备是否存在缺陷。

◆能正确编制测试报告。

高压断路器是电力系统最重要的控制和保护设备。它的种类繁多,数量很大。高压断路器在正常运行中用于接通高压电路和断开负载,在发生事故的情况下用于切断故障电流,必要时进行重合闸。它的工作状况及绝缘状况如何,直接影响电力系统的安全可靠运行。

目前国内电力系统中大量使用的高压断路器按绝缘介质和结构的不同分为以下几种:

1. 多油断路器,多用于 110 kV 及以下系统。

2. 少油断路器,多用于 6~220 kV 系统。

3. 空气断路器,多用于 220 kV 及以下系统。

4. 真空断路器,多用于 35 kV 及以下系统。

5. SF_6断路器,多用于 35 kV 及以上系统。

高压断路器的预防性试验项目主要有:

1. 绝缘电阻试验。

2. 40.5 kV 及以上少油断路器的泄漏电流试验。

3. 40.5 kV 及以上非纯瓷套管和多油断路器的介质损耗因数 $\tan\delta$ 试验。

4. 测量分合闸电磁铁绕组的绝缘电阻。

5. 测量断路器并联电容的 C_X 和 $\tan\delta$。

6. 测量导电回路电阻。

7. 交流耐压试验。

8. 断路器分闸、合闸的速度、时间,同期性等机械特性试验。

9. 检查分合闸电磁铁绕组的最低动作电压。

10. 远方操作试验。

11. 绝缘油试验。

12. SF₆断路器的气体泄漏及微水试验。

任务一　断路器绝缘电阻与介损测量

一、断路器绝缘电阻测量

1. 试验目的

测量绝缘电阻能够发现断路器的绝缘杆受潮、电弧烧伤和绝缘裂缝等缺陷。同时,还要测量分闸状态下,各断口间的绝缘电阻,主要检查断路器内部消弧装置是否受潮、烧伤等。

测量绝缘电阻是所有型式断路器的基本试验项目,对于不同形式的断路器则有不同的要求,应使用不同电压等级的兆欧表。

2. 不同类型断路器的绝缘电阻测量

(1)多油断路器

多油断路器的绝缘部件有套管、绝缘拉杆、灭弧室和绝缘油等。测量目的主要是检查杆对地绝缘,故应在断路器合闸状态下进行测试。通过该项目能较灵敏地发现拉杆受潮、裂纹、表面沉积污染、弧道灼痕等贯穿性缺陷,对引出线套管的严重绝缘缺陷也能有所反映。

(2)少油断路器

少油断路器的绝缘部件有瓷套、绝缘拉杆和绝缘油等。

①在断路器合闸状态下,主要检查拉杆对地绝缘。对 35 kV 以下包含有绝缘子和绝缘拐臂的绝缘。

②在断路器分闸状态下,主要检查各断口之间的绝缘以及内部灭弧室是否受潮或烧伤。

绝缘拉杆一般由有机材料制成,运输和安装过程中容易受潮,造成绝缘电阻较低。规程对油断路器整体绝缘电阻未作规定,而用有机材料制成的断路器绝缘拉杆的绝缘电阻不应低于表 4-1 所列数值。

表 4-1　用有机材料制成的断路器绝缘拉杆的绝缘电阻允许值(MΩ)

试验类别	额定电压(kV)			
	<24	24~40.5	72.5~252	363
交接	1 200	3 000	6 000	10 000
大修后	1 000	2 500	5 000	10 000
运行中	300	1 000	3 000	5 000

(3)其他断路器

对于真空断路器、压缩空气断路器和 SF₆断路器,主要测量支持瓷套、拉杆等一次回路对地绝缘电阻,一般使用 2 500 V 的兆欧表,其值应大于 5 000 MΩ。

真空断路器的分、合闸线圈及合闸接触器线圈的绝缘电阻值不低于 10 MΩ,在《进网作业电工培训材料》中,有机物拉杆绝缘电阻允许值如表 4-2 所示。

表 4-2 有机物拉杆绝缘电阻的允许值(MΩ)

试验类别	额定电压(kV)			
	3～15	20～35	63～220	330～500
大修后	1 000	2 500	5 000	10 000
运行中	300	1 000	3 000	5 000

在《电气设备预防性试验规程》中,有机物拉杆绝缘电阻允许值如表 4-3 所示。

表 4-3 有机物拉杆绝缘电阻的允许值

额定电压(kV)	3～15	20～35	63～220	330～500
绝缘电阻(MΩ)	1 200	3 000	6 000	10 000

3. 试验步骤

断路器需要进行绝缘电阻试验的过程如下。

①断开断路器的外侧电源开关,按照图 4-1 进行接线。

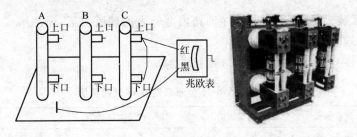

图 4-1 C 相对地绝缘电阻试验接线图和真空断路器实物图

②验证确无电压。

③分别摇测 A 对地、A 断口;B 对地、B 断口;C 对地、C 断口的绝缘值,并记录。

④分别摇测 A 对 B;B 对 C;C 对 A 的绝缘值,并记录。

4. 辅助回路和控制回路的绝缘电阻

首先应做好必要的安全措施,然后使用 500 V(或 1 000 V)兆欧表进行测试,其值应大于 2 MΩ。对于 500 kV 断路器,应用 1 000 V 兆欧表测量,其值应大于 2 MΩ。

二、断路器介损测量

1. 试验目的

测量 40.5 kV 及以上多油断路器的介质损耗因数 $\tan\delta$ 的主要目的是检查套管、灭弧室、绝缘拉杆、绝缘油和油箱绝缘围屏等的绝缘状况。

2. 试验方法及步骤

对断路器应进行分闸和合闸两种状态下的 $\tan\delta$ 试验。分闸状态下应对断路器每支套管的 $\tan\delta$ 进行测量。合闸状态下应分别测量三相对地的 $\tan\delta$。若测量结果超出标准及比上次测量值显著增大时,必须进行分解试验,找出缺陷部位。分解试验的步骤如下:

（1）放油或落下油箱使灭弧室露出油面后测量，若此时测得的 $\tan\delta_1$ 较 $\tan\delta$ 明显下降，可认为引起 $\tan\delta$ 较大的原因是绝缘油和油箱绝缘围屏的绝缘不良，经取油样试验核定后处理。

（2）放油或落下油箱后所测得的 $\tan\delta_1$ 仍超出标准时，可将灭弧装置屏蔽起来或拆掉后复测，复测结果 $\tan\delta_2$ 较 $\tan\delta$ 降低较大时，可判断是灭弧装置受潮，应进行干燥处理。加屏蔽罩消除灭弧装置对整体 $\tan\delta$ 的影响的方法如图 4-2 所示。

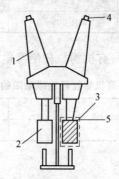

图 4-2　DW-35 型多油断路器在灭弧装置上加屏蔽罩的示意图

1—套管；2—灭弧装置；3—屏蔽罩；4—引至电桥高压出线；5—引至电桥屏蔽线 E

（3）如将灭弧装置屏蔽起来，并擦净油箱内套管表面的脏污后，所测 $\tan\delta$ 值仍超过标准，则可判定是断路器套管本身有缺陷。

如表 4-4 是 DW8-35 型断路器 $\tan\delta$ 试验实例。

表 4-4　DW8-35 型断路器 $\tan\delta$ 试验实例

序号	试验步骤	实测的 $\tan\delta$（%）	试验温度（℃）	判断结果
1	分闸状态下测量套管 $\tan\delta_1$	8.9	21	不合格，需解体试验
	落下油箱测量套管 $\tan\delta$	4.2	22	油箱绝缘不良，进一步解体试验
	拆掉灭弧室测量套管 $\tan\delta$	1.0	22	灭弧室受潮，套管良好
2	分闸状态下测量套管 $\tan\delta_1$	8.3	25	不合格，需解体试验
	落下油箱测量套管 $\tan\delta$	6.4	25	油箱绝缘良好，进一步解体试验
	拆掉灭弧室测量套管 $\tan\delta$	5.5	25	灭弧室良好，套管不合格

对于断路器整体的 $\tan\delta$ 是建立在套管标准基础上的，故非纯瓷套管断路器的 $\tan\delta$ 可比同型号套管单独的 $\tan\delta$ 增大些，其增加值见表 4-5。

表 4-5　非纯瓷套管断路器的 $\tan\delta$ 增加值

额定电压（kV）	≥126	<126	DW2-35 DW8-35	DW1-35 DW1-35D
$\tan\delta$（%）值的增加数	1	2	2	3

 复习与思考

1. 高压断路器有几种类型？其绝缘介质有何不同？

2. 高压断路器预防性试验项目有哪些？各可以检测出什么绝缘状况？

3. 请说明高压断路器试验流程是如何进行的。

4. 高压断路器介损测量有何作用?

任务二 断路器主要参数测定

目前断路器在正常使用期间,维护量很少,尤其是 SF_6 断路器、真空断路器等,基本上属于免维护型,本体和液压机构不解体。但现场还是需要按规程定期维护。每五年进行操作试验就是其中的维护内容,测量分合闸时间和分合闸不同步程度等。

断路器的固有分闸时间是指由分布分闸命令(指分闸回路接通)起到灭弧触头刚分离的一段时间。

断路器合闸时间是指分布合闸命令(指合闸回路接通)起到最后一相的主灭弧触头刚接触为止的一段时间。

断路器分闸和合闸同步差是指分闸或合闸时三相之差。

一、断路器合分闸时间和同期性测定

断路器的进行合分闸时间、同期性试验,过程如下。

1. 试验目的:检查断路器的合分闸时间、是否同期、合闸弹跳时间。

2. 使用仪器

(1)可调直流电压源。输出范围:电压为 $0\sim250$ V 直流,电流应不小于 5 A,纹波系数不大于 3%。

(2)断路器特性测试仪 1 台,要求仪器时间精度误差不大于 0.1 ms,时间通道数应不少于 3 个。

3. 测量方法

将断路器特性测试仪的合、分闸控制线分别接入断路器二次控制线中,用试验接线将断路器一次各断口的引线接入测试仪的时间通道。试验接线如图 4-3 所示。

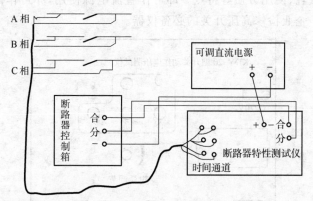

图 4-3 合分闸时间、同期性及合闸弹跳时间试验接线图

将可调直流电源调至额定操作电压,通过控制断路器特性测试仪,对真空断路器进行分、合操作,得出各相合、分闸时间及合闸弹跳时间。三相合闸时间中的最大值与最小值之差即为合闸不同期;三相分闸时间中的最大值与最小值之差即为分闸不同期。

4. 试验结果判断

合、分闸时间与合、分闸不同期应符合制造厂的规定。合闸弹跳时间除制造厂另有规定外,应不大于 2 ms。

二、合分闸速度及合闸反弹幅值测定

1. 试验目的

检查断路器的合分闸速度和合闸弹跳时间。

2. 使用仪器

(1)可调直流电压源。输出范围:电压为 0~250 V 直流,电流应不小于 5 A,纹波系数不大于 3%。

(2)断路器特性测试仪 1 台,要求仪器时间精度误差不大于 0.1 ms,时间通道数应不少于 3 个,至少有 1 个模拟输入通道。

3. 试验方法

试验与断路器合、分闸时间试验相同,将测速传感器可靠固定,并将传感器运动部分牢固连接至断路器动触杆上。对利用断路器特性测试仪进行断路器合、分操作,根据所得的行程—时间曲线求得合、分闸速度以及分闸反弹幅值。

4. 试验结果判断依据

(1)合、分闸速度与分闸反弹幅值应符合制造厂的规定。

(2)分闸反弹幅值一般不应大于额定触头开距的 1/30。

三、测量高压开关的合分闸线圈的动作电压

1. 设备介绍

开关动作动作测试仪又称开关试验电源(见图 4-4),是针对各种电压等级的真空、六氟化硫、少油、空气负荷等高低压开关试验和检修而设计制造的便携式的直流电源。其具有选择电压灵活、体积小、重量轻、使用方便等特点。即可作直流电源使用,亦可作低电压动作试验,是电厂、变电工区、工矿企业检修高压开关的必备仪器。

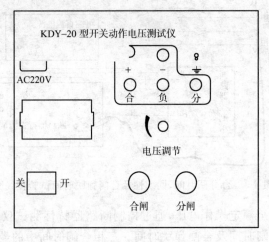

图 4-4　开关动作测试仪

2. 面板布置

按键功能：

分：控制分闸电源输出；

合：控制合闸电源输出；

正、负：直接输出＋、－可调直流电源；

分：分、端输出分闸电源；

合：合、端输出合闸电源。

接地：保护接地。

电源插座：交流电源输入，自带熔丝。

电源开关：电源开启。

显示屏：监测可调直流电压。

旋钮：调整直流电源电压。

3. 断路器低电压试验

(1)分别将测试导线接到仪器面板上"合""负""分"端子上，对应接到合、分闸线圈，"＋""－"两端接到储能电机端子上。

(2)打开电源开关，调节电压调节电位器，得到所需电压，然后根据需要按下合分闸开关，同时开关同步动作。

 复习与思考

1. 高压断路器特性试验项目有哪些？各可以检测出什么绝缘状况？

2. 高压断路器有几个时间参数要测量？如何测量？

任务三　断路器交流耐压测试

一、试验目的

断路器的交流耐压试验是鉴定断路器绝缘强度最有效和最直接的试验项目。交流耐压试验是鉴定设备绝缘强度最严格的试验项目。对断路器进行耐压试验的目的是为了检查断路器的安装质量，考核断路器的绝缘强度。

该项目应在绝缘拉杆、泄漏电流测量、断路器和套管 $\tan\delta$ 测量均合格后，并充满符合标准的绝缘油之后进行。对过滤和新加油的断路器一般需静止 3 h 左右，等油中气泡全部逸出后才能进行。气体断路器应在最低允许气压下进行试验，才容易发现内部绝缘缺陷。

二、试验原理

交流耐压的试验电压一般由试验变压器或串联谐振回路产生。为使试验电压不受泄漏电流变化的影响，变压器输送的试品短路电流应不小于 0.1 A。当试品放电时，使试验电压产生较大波动，可能会造成试品和试验变压器损坏，应在试验回路中串联一些阻尼元件。串联谐振回路主要由容性试品或容性负载和与之串联的电感以及中压电源组成，也可由电容器与感性试品串联而成。改变回路参数或电源频率使回路谐振，产生远大于中压电源电压的幅值加在试品上。在试品放电时，由于电源输出的电流较小，从而限制了对试品绝缘的损坏，试验原理接线如图 4-5 所示。

三、试验前的准备工作

1. 了解被试设备现场情况及试验条件

查勘现场，查阅相关技术资料，包括该设备历年试验数据及相关规程等，掌握该设备运行及缺陷情况。

2. 测试仪器、设备准备

选择合适的试验变压器及控制台、串联谐振耐压装置、保护电阻、球隙、电容分压器、数字多量程峰值电压表、兆欧表、放电棒、绝缘操作杆、接地线、高压导线、万用表、温湿度计、电工常用工具、白布、安全带、安全帽、试验临时安全遮拦、标示牌等。并查阅测试仪器、设备及绝缘工器具检定证书的有效期。

3. 安全措施

办理工作票并做好试验现场安全和技术措施，向其余试验人员交代工作内容、带电部位、现场安全措施、现场作业危险点，明确人员分工及试验程序。

四、现场测试步骤及要求

1. 工频耐压试验

原理接线如图 4-5 所示。

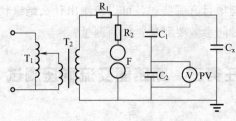

图 4-5　交流耐压试验原理图

T_1—调压器；T_2—试验变压器；R_1—保护电阻；R_2—球隙保护电阻；F—球间隙；

C_x—被试品；C_1、C_2—电容分压器高低压臂；PV—电压表

2. 断路器耐压试验

接线如图 4-6 所示。油断路器耐压试验应在合闸状态导电部分对地之间和在分闸状态的断口间分别进行。对于三相共箱式的油断路器应作相间耐压，试验时一相加压其余两相接地；对瓷柱式 SF_6 定开距型断路器只作断口间耐压。SF_6 罐式断路器耐压试验方式应为合闸对地；分闸状态两端轮流加压，另一端接地。试验电压必须在高压侧测量，并以峰值表为准。

3. 试验步骤

（1）拆除或断开断路器对外的一切连线。

（2）测试绝缘电阻应正常。

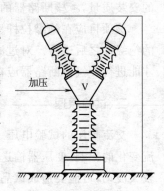

图 4-6　断路器耐压试验接线

（3）按图 4-5、图 4-6 进行接线，检查试验接线正确、调压器在零位后，不接试品升压，将球间隙的放电电压整定在 1.2 倍额定试验电压所对应的放电距离。将高压引线接上试品，接通电源，开始升压进行试验。（当采用串联谐振试验装置时，在较低的激磁电压下调谐电感或频率找谐振点，当被试品上电压达到最高时，即为达到试验回路的谐振点。可以开始升压进行试验。）

（4）升压速度在 75％试验电压以前，可以是任意的，自 75％电压开始应均匀升压，约为每秒 2％试验电压的速率升压。升至试验电压，开始计时并读取试验电压。时间到后，降压，然后断开电源，放电、挂接地线。试验中如无破坏性放电发生，则认为通过耐压试验。

4. 试验注意事项

（1）进行绝缘试验时，被试品温度应不低于＋5℃。户外试验应在良好的天气进行，且空气相对湿度一般不高于 80％。

（2）升压必须从零（或接近于零）开始，切不可冲击合闸。

（3）升压过程中应密切监视高压回路、试验设备仪表指示状态，监听被试品有无异响。

（4）有时工频耐压试验进行了数十秒钟，中途因故失去电源，使试验中断，在查明原因，恢复电源后，应重新进行全时间的持续耐压试验，不可以仅进行"补足时间"的试验。

表 4-6 是交流耐压试验电压的选择依据。

表 4-6　交流耐压试验电压

额定电压(kV)		12	40.5	126(123)	252(245)
试验电压(kV)	相间及对地	42(28)	95	160/180	288/316
	隔离断口	49(35)	128	180/212	332/368

注：1. 当 12 kV 系统中性点为有效接地时，取括号中数据。

　　2. 分母数为根据 IEC 补充的较高耐压水平值。

多油断路器应在分、合闸状态下分别进行交流耐压试验；三相共处于同一油箱的断路器，应分相进行；试验一相时，其他两相相应接地。少油断路器、真空断路器的交流耐压试验应分别在合闸和分闸状态下进行。合闸状态下的试验是为了考验绝缘支柱瓷套管绝缘；分闸状态下的试验是为了考验断路器断口、灭弧室的绝缘。分闸试验时应在同相断路器动触头和静触头之间施加试验电压。

交流耐压试验前后绝缘电阻下降不超过 30％为合格。试验时若油箱出现时断时续的轻微放电声，应停止进行试验，必要时应将油重新处理；若出现沉重击穿声或冒烟则为不合格。

对于断路器的辅助回路和控制回路的交流耐压试验，试验电压为 2 kV。

 复习与思考

1. 高压断路器断路器交流耐压测试可以检测出什么绝缘状况？其测量原理是什么？应如何进行？

2. 35 kV 少油高压断路器做耐压试验，应加多大的电压？要如何区分测量部位？

任务四 隔离开关试验

一、有机材料支持绝缘子及提升杆的绝缘电阻

在《进网作业电工培训材料》中,有机物拉杆绝缘电阻允许值如表4-7和表4-8所示。

表4-7 有机物拉杆绝缘电阻的允许值(MΩ)

试验类别	额定电压(kV)			
	3~15	20~35	63~220	330~500
大修后	1 000	2 500	5 000	10 000
运行中	300	1 000	3 000	5 000

在《电气设备预防性试验规程》中,有机物拉杆绝缘电阻允许值如下:

表4-8 有机物拉杆绝缘电阻的允许值(MΩ)

额定电压(kV)	3~15	20~35	63~220	330~500
绝缘电阻(MΩ)	1 200	3 000	6 000	10 000

二、二次回路的绝缘电阻

1. 直流小母线和控制盘的电压小母线在断开所有其他连接支路时,应不小于10 MΩ。
2. 二次回路的每一支路和开关,隔离开关操作机构的电源回路应不小于1 MΩ。
3. 接在主电流回路上的操作回路、保护回路应不小于1 MΩ。
4. 在比较潮湿的地方,第2、第3两项的绝缘电阻允许降低到0.5 MΩ。测量绝缘电阻用500~1 000 V摇表进行。对于低于24 V的回路,应使用电压不超过500 V的摇表。

三、交流耐压试验

隔离开关的交流耐压试验需进行两项内容,即导电部分对地耐压试验(合闸状态下进行)和端口耐压试验(分闸状态下进行)。

1. 工具选择

试验变压器(B_S);保护电阻(R_1);限流(R_2)、阻尼电阻;保护间隙(球隙)(G);电流表(A);电压表(V);电流互感器(LH);被试变压器(B_x)。

2. 试验接线图

试验接线圈如图4-7、图4-8所示。

3. 步骤

(1)断开负荷开关的外侧电源开关。

(2)验证确无电压。

(3)参考表4-9所示试验电压,分别进行"A对地、A断口;B对地、B断口;C对地、C断口"的耐压;缓慢升压至试验电压,并密切注意倾听放电声音,密切观察各表计的变化,读取1 min的耐压值,并记录。

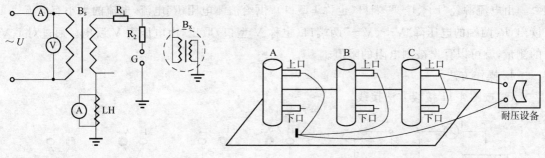

图 4-7　隔离开关交流耐压试验原理图　　　　图 4-8　隔离开关 C 相对地交流耐压试验接线图

表 4-9　交流耐压试验电压标准(kV)

额定电压	3	6	10	15	20	35	44	60	110	154	220	330
出厂	24	32	42	55	65	95	—	155	250	—	470	570
交接及大修	22	28	38	50	59	85	105	140	225 (260)	(330)	425	—

注:括号内为小接地短路电流系统

(4)分别进行 A 对 B;B 对 C;C 对 A 的耐压;缓慢升压至试验电压,并密切注意倾听放电声音,密切观察各表计的变化,读取 1 min 的耐压值,并记录。

四、导电回路电阻测量

1. 测量设备

HTHL-100A 回路电阻测试仪,如图 4-9 所示。

2. 面板结构

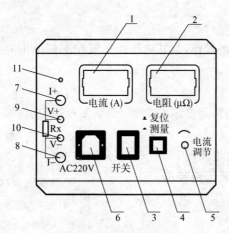

图 4-9　面板布局图

1—电流显示(A);2—电阻显示(μΩ);3—电源开关;4—测量开关;5—电流调节;6—电源插座;
7—电流输出 I+;8—电流输出 I−;9—测量输入 V+;10—测量输入 V−;11—接地

3. 工作原理

HTHL-100A 回路电阻测试仪采用电流电压法测试原理,也称四线法测试技术,原理方框图见图 4-10。

由电流源经"I＋、I－两端口（也称 I 型口），供给被测电阻 R_X 电流，电流的大小有电流表 I 读出，R_X 两端的电压降"V＋、V－"两端口（也称 V 型口）取出，由电压表 V 读出。通过对 I、V 的测量，就可以算出被测电阻的阻值。

4. 操作方法

(1)按图 4-11 接线方法接线。

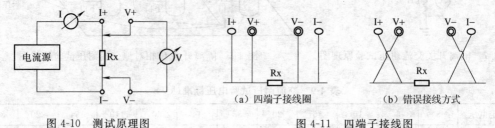

图 4-10　测试原理图　　　　　　　　图 4-11　四端子接线图

(2)仪器面板与测试线的连接处应拧紧，不得有松动现象。

(3)应按照四端子法接线，即电流线应夹在被试品的外侧，电压线应夹在被试品的内侧，电流与电压必须同极性。

(4)检查确认无误后，接入 220 V 交流电，合上电源开关，仪器进入开机状态。

(5)调节"电流调节"旋钮，使电流升至 100.0 A，按下"复位/测试"键，此时电阻表显示值为所测的回路电阻值。若显示 1，则表示所测回路电阻值超量程；如果测量电流不是 100.0 A，例如为 I_0，电阻表显示为 R_0，则实际电阻值为 $R＝100×(R_0÷I_0)(\mu\Omega)$。

(6)测量完毕，断开电源开关，将测试线夹收好，放入附件包内。

五、操作机构试验

1. 操作要求

动式操动机构的分、合闸操作，当其电压或气压在下列范围时，应保证隔离开关的主闸刀或接地闸刀可靠地分、合。

(1)电动机操动机构

当电动机的接线端子在额定电压的 80％～110％范围内时。

(2)压缩空气操动机构

当储气筒的气压在额定电压的 85％～110％范围内时。

(3)二次控制线圈和电磁闭锁装置

当线圈的电压在额定电压的 80％～110％范围内时。

2. 闭锁要求

隔离开关、负荷开关的机械或电气闭锁装置应准确、可靠。

 复习与思考

1. 高压隔离开关交流耐压测试过程是什么？

2. 请说明导电回路电阻的测试过程。

项目小结

　　本任务是对变电所高压开关电器试验进行了解，包括学习断路器绝缘预防性试验(绝缘电阻测试、介损测试、交流耐压测试等)和机械特性试验(分合闸时间测量、速度测量和电压测量)、隔离开关试验、气体放电试验。使学生掌握变电所内高压开关电器的相关试验方法，具体试验项目能检测出来的故障如表 4-10、表 4-11 所示。

表 4-10　断路器高压试验项目检测故障一览表

序号	测试项目	绝缘故障				套管	开关断口
		主绝缘	整体受潮	局部放电	过热		
1	绝缘电阻	●					
2	少油开关的泄漏电流试验	●	●			●	
3	高压开关并联电容 C_x 和 $\tan\delta$	●	●				●
4	高压开关的回路电阻						●
5	交流耐压试验	●					●
6	绝缘油试验		●	●	●		
7	SF_6 断路器的气体泄漏及微水试验		●				
8	分合闸速度、时间及同期性等机械特性试验						●

表 4-11　隔离开关高压试验项目检测故障一览表

序号	试验项目	绝缘故障		
		主绝缘	整体受潮	
1	二次回路绝缘电阻	●	●	
2	导电回路直流电阻测量	●	●	
3	交流耐压	●	●	

项目资讯单

项目内容	断路器、隔离开关绝缘预防性试验和动作特性试验			
学习方式	通过教科书、图书馆、专业期刊、上网查询问题；分组讨论或咨询老师		学时	10
资讯要求	书面作业形式完成，在网络课程中提交			
资讯问题	序号	资讯点		
	1	高压断路器按绝缘介质和结构的不同可分为哪几种？各用于什么电压等级？		
	2	高压断路器的预防性试验项目主要有哪些？能检测哪些方面的绝缘缺陷？		
	3	高压断路器测量绝缘电阻可以检测哪些部分绝缘缺陷？		
	4	断路器工频耐压试验过程中突然"失压"，应如何处理？		

续上表

	序号	资讯点
资讯问题	5	油断路器和真空断路器是不是需要在分、合闸状态下分别测量？其检测部位有何不同？
	6	隔离开关预防性试验主要项目有哪些？与断路器相比，有哪些不同？
	7	导电回路电阻是不是直流电阻值？在测量原理和方法有没有不同？
	8	少油断路器喷油的原因有哪些？发现看不到油面或发现瓷绝缘断裂如何处理？
	9	如何判断少油断路器的运行状态？型号 SN10-10/630 表示什么意思？
	10	断路器和隔离开关巡视检查的周期及内容如何？
	11	断路器和隔离开关之间为什么要加联锁？联锁方式有哪些？什么是"五防"？
	12	断路器的停、送电操作前应作哪些准备？操作的安全要点有哪些？
	13	如何保证隔离开关操作安全？一旦发生误拉、误合隔离开关，如何处理？
	14	高压断路器拒动，请分析其原因，要如何处理？
	15	真空断路器不能开断故障电流时，是什么原因？要如何处理？
	16	220 kV SF$_6$ 断路器试验项目有哪些？
资讯引导		以上问题可以在本教程的学习信息、精品网站、教学资源网站、互联网、专业资料库等处查询学习

项目考核单

一、选择题（在每小题的选项中，只有一项符合题目要求，把所选选项的序号填在题中的括号内）

1. 断路器的操动机构用来（　　）。

　　A. 控制断路器合闸和维持合闸

　　B. 控制断路器合闸和跳闸

　　C. 控制断路器合闸、跳闸并维持断路器合闸状态

2. 隔离开关的主要作用包括（　　）、隔离电源、拉合无电流或小电流电路。

　　A. 拉合空载线路　　　　　B. 倒闸操作　　　　　　　C. 通断负荷电流

3. 为保证在暂时性故障后迅速恢复供电，有些高压断路器具有（　　）重合闸功能。

　　A. 1 次　　　　　　　　　B. 2 次　　　　　　　　　　C. 3 次

4. 真空断路器的金属屏蔽罩的主要作用是（　　）。

　　A. 降低弧隙击穿电压

　　B. 吸附电弧燃烧时产生的金属蒸汽

　　C. 加强弧隙散热

5. 停电拉闸操作必须按照（　　）的顺序依次操作，送电合闸操作应按与上述相反的顺序进行。严防带负荷拉合刀闸。

　　A. 路器（开关）——负荷侧隔离开关（刀闸）——母线侧隔离开关（刀闸）

　　B. 断路器（开关）——母线侧隔离开关（刀闸）——负荷侧隔离开关（刀闸）

　　C. 负荷侧隔离开关（刀闸）——断路器（开关）——母线侧隔离开关（刀闸）

6. ZN4-10/600 型断路器可应用于最大持续工作电流为（　）的电路中。

  A. 600 A　　　　　　　　B. 10 kA　　　　　　　　C. 600 kA

7. FN3-10R/400 型负荷开关合闸时，（　）。

  A. 工作触头和灭弧触头同时闭合

  B. 灭弧触头先于工作触头闭合

  C. 工作触头先于灭弧触头闭合

8. 断路器对电路故障跳闸发生拒动，造成越级跳闸时，应立即（　）。

  A. 对电路进行试送电　　　　B. 查找断路器拒动原因　　　　C. 将拒动断路器脱离系统

9. 隔离开关与断路器串联使用时，停电的操作顺序是（　）。

  A. 先拉开隔离开关，后断开断路器

  B. 先断开断路器，再拉开隔离开关

  C. 同时断（拉）开断路器和隔离开关

  D. 任意顺序

二、填 空 题

1. 高压设备发生接地时，室内不得接近故障点_____以内，室外不得接近故障点_____以内。进入上述范围人员必须穿绝缘靴，接触设备的外壳和架构时，应戴绝缘手套。

2. 用绝缘棒拉合隔离开关（刀闸）或经传动机构拉合隔离开关（刀闸）和断路器（开关），均应_____。雨天操作室外高压设备时，绝缘棒应有防雨罩，还应穿绝缘靴。接地网电阻不符合要求的，晴天也应穿绝缘靴。雷电时，禁止_____操作。

3. 测量绝缘时，在测量绝缘前后，必须将被试设备_____。

4. 开关电器中，利用电弧与固体介质接触来加速灭弧的原理主要是_____。

5. 真空断路器主要用于_____电压等级。

6. 10 kV 真空断路器动静触头之间的断开距离一般为_____。

7. 高压断路器按其绝缘介质不同分为_____、_____、_____和_____。

8. 断路器的额定开断电流决定了断路器的_____。

9. 将电气设备从一种工作状态改变为另一种工作状态的操作，称为_____。

10. 隔离开关拉闸应_____。

11. 隔离开关可以拉、合电压互感器与_____回路。

12. 隔离开关可用于拉、合励磁电流小于_____的空载变压器。

三、简 答 题

1. 目前国内电力系统中大量使用的高压断路器按绝缘介质和结构的不同分为哪几种？

2. 高压断路器的预防性试验项目主要有哪几项？

3. 简述断路器动作时间测量方法。

4. 简述断路器速度测量。

5. 简述如何进行断路器耐压试验。

6. 简述气体放电试验的原理。

7. 简述隔离开关需要进行哪些预防性试验。

项目操作单

　　分组实操项目。全班分 7 组,每小组 5～7 人,通过抽签确认表 4-10 变压器试验项目内容,自行安排负责人、操作员、记录员、接地及放电人员分工。考评员参考评分标准进行考核,时间 50 min,其中实操时间 30 min,理论问答 20 min。

表 4-12　高压开关试验项目

序号	高压开关绝缘项目内容			
项目 1	断路器直流回路电阻测试			
项目 2	断路器绝缘电阻与介损测量			
项目 3	少油断路器直流泄漏测试			
项目 4	断路器合分闸时间、同期性、合闸弹跳时间和动作电压测定			
项目 5	断路器交流耐压测试			
项目 6	隔离开关回路电阻及耐压试验			
项目编号		考核时限	50 min	得分	
开始时间		结束时间		用时	
作业项目	高压开关试验项目 1～4				
项目要求	1. 说明高压开关绝缘试验原理。 2. 现场就地操作演示并说明需要试验的绝缘结构及材料。 3. 注意安全,操作过程符合安全规程。 4. 编写试验报告。 5. 实操时间不能超过 30 min,试验报告时间 20 min,实操试验提前完成的,其节省的时间可加到试验报告的编写时间里。				
材料准备	1. 正确摆放被试品。 2. 正确摆放试验设备。 3. 准备绝缘工具、接地线、电工工具和试验用接线及接线钩叉、鳄鱼夹等。 4. 其他工具,如绝缘胶带、万用表、温度计、湿度仪。				

评分标准	序号	项目名称	质量要求	满分 100 分
	1	安全措施 (14 分)	(1)试验人员穿绝缘鞋、戴安全帽,工作服穿戴齐整	3
			(2)检查被试品是否带电(可口述)	2
			(3)接好接地线对高压开关进行充分放电(使用放电棒)	3
			(4)设置合适的围栏并悬挂标示牌	3
			(5)试验前,对高压开关外观进行检查(包括本体绝缘、接地、本体清洁度等),并向考评员汇报	3
	2	高压开关及仪器仪表铭牌参数抄录 (7 分)	(1)对与试验有关的高压开关铭牌参数进行抄录	2
			(2)选择合适的仪器仪表,并抄录仪器仪表参数、编号、厂家等	2
			(3)检查仪器仪表合格证是否在有效期内并向考评员汇报	2
			(4)向考评员索取历年试验数据	1
	3	高压开关外绝缘清擦 (2 分)	至少要有清擦意识或向考评员口述示意	2

	序号	项目名称	质量要求	满分100分
评分标准	4	温、湿度计的放置（4分）	(1)试品附近放置温湿度表，口述放置要求	2
			(2)在高压开关本体测温孔放置棒式温度计	2
	5	试验接线情况（9分）	(1)仪器摆放整齐规范	3
			(2)接线布局合理	3
			(3)仪器、高压开关地线连接牢固良好	3
	6	电源检查(2分)	用万用表检查试验电源	2
	7	试品带电试验（23分）	(1)试验前撤掉地线，并向考评员示意是否可以进行试验。简单预说一下操作步骤	2
			(2)接好试品，操作仪器，如果需要则缓慢升压	6
			(3)升压时进行呼唱	1
			(4)升压过程中注意表计指示	5
			(5)电压升到试验要求值，正确记录表计指数	3
			(6)读取数据后，仪器复位，断掉仪器开关，拉开电源刀闸，拔出仪器电源插头	3
			(7)用放电棒对被试品放电、挂接地线	3
	8	记录试验数据(3分)	准确记录试验时间、试验地点、温度、湿度、油温及试验数据	3
	9	整理试验现场（6分）	(1)将试验设备及部件整理恢复原状	4
			(2)恢复完毕，向考评员报告试验工作结束	2
	10	试验报告（20分）	(1)试验日期、试验人员、地点、环境温度、湿度、油温	3
			(2)试品铭牌数据：与试验有关的高压开关铭牌参数	3
			(3)使用仪器型号、编号	3
			(4)根据试验数据作出相应的判断	9
			(5)给出试验结论	2
	11	考评员提问(10分)	提问与试验相关的问题，考评员酌情给分	10
考评员项目验收签字				

项目五 防雷设备测试

【项目描述】在输电线路沿线和高压设备测试实训室内,以避雷器为实物、教学课件、输电线路、避雷针等图片为学习载体,按照输电线路、变电所防雷措施等,讲解电力系统工作电压和过电压、雷电波、高压测试安全知识、电气设备绝缘保护特性与绝缘水平和接地处理方法。

【知识要求】
◆了解电力系统雷电波
◆掌握高压设备测试安全知识
◆了解避雷针和避雷器绝缘保护特性
◆熟悉避雷器试验内容
◆熟悉变电所防雷措施

【技能要求】
◆能对避雷针和避雷器进行日常保养
◆能对避雷针接地电阻和避雷器进行试验
◆能对避雷器进行读数
◆能处理避雷器的故障

任务一 输电线路防护

一、认识输电线路防护

1. 输电线路的认识

输电线路是电力系统的大动脉,可把强大的电流输送到四面八方。所谓输电是用变压器将发电机发出的电能升压后,再经断路器等控制设备接入输电线路来实现的。

(1)输电线路的分类

按架设的形式,输电线路分为架空输电线路和电缆线路。按照输送电流的性质,输电分为交流输电和直流输电,19世纪80年代首先成功地实现了直流输电,但由于直流输电的电压在当时技术条件下难以继续提高,以致输电能力和效益受到限制,19世纪末,直流输电逐步为交流输电所代替。按电压等级有35 kV输电线路,110 kV输电线路,220 kV输电线路,330 kV输电线路,500 kV输电线路,750 kV输电线路等。按线路使用材料分类:有铁塔线路(全线使用铁塔),混凝土杆线路(全线使用混凝土杆),轻型钢杆线路(全线主要使用轻型钢杆),混合型杆塔线(因地制宜地使用杆塔种类),木杆线路(全线使用木杆),瓷横担线路(采用瓷横担作为绝缘子的线路)等。

(2)架空输电线路

架空输电线路由线路杆塔、导线、绝缘子、线路金具、拉线、杆塔基础、接地装置等构成,架设在地面之上。其中绝缘子将输电导线固定在直立于地面的杆塔上,导线承担传导电流的功能,必须具有足够的截面以保持合理的通流密度。为了减小电晕放电引起的电能损耗和电磁干扰,导线还应具有较大的曲率半径。超高压输电线路,由于输送容量大,工作电压高,多采用分裂导线(即用多根导线组成一相导线,2分裂、3分裂或4分裂导线使用最多,特高压输电线路则采用6、8、10或12分裂导线)。架空地线(又称避雷线)主要用于防止架空线路遭受雷闪袭击所引起的事故,它与接地装置共同起防雷作用。绝缘子串是由单个悬式绝缘子串接而成,需满足绝缘强度和机械强度的要求,主要根据不同的电压等级来确定每串绝缘子的个数,也可以用棒式绝缘子串接。对于特殊地段的架空线路,如污秽地区,还需采用特别型号的绝缘子串。杆塔是架空线路的主要支撑结构,多由钢筋混凝土或钢材构成,根据机械强度和电绝缘强度的要求进行结构设计。

与地下输电线路相比较,架空线路建设成本低,施工周期短,易于检修维护。因此,架空线路输电是电力工业发展以来所采用的主要输电方式。通常所称的输电线路就是指架空输电线路,通过架空线路将不同地区的发电站、变电站、负荷点连接起来,输送或交换电能,构成各种电压等级的电力网络或配电网。

2. 需考虑和解决的问题

架空输电线路暴露在大气环境中,会直接受到气象条件的作用,必须有一定的机械强度以适应当地气温变化、强风暴侵袭、结冰荷载以及跨越江河时可能遇到的洪水等影响。同时,雷闪袭击(图5-1)、雨淋、湿雾以及自然和工业污秽等也都会破坏或降低架空输电线路的绝缘强度甚至造成停电事故。架空输电线路还存在电磁环境干扰问题。这些因素都必须在架空输电线路的设计、运行和维护中加以考虑。

图 5-1 雷闪袭击

架空输电线路长,地处旷野,易受雷击。在电力系统的雷害事故中,雷击线路造成的跳闸事故占电网总事故的60%以上。线路事故跳闸,不但影响系统正常供电,且增加了线路和开关设备的检修工作量;同时,雷电过电压波还会沿线路侵入变电所,危及电气设备安全。输电线路防雷保护是一个非常重要的问题,而输电线路的防雷需要了解和解决的问题主要包括:

(1)了解天上的问题——如何避免在系统中产生。

(2)把握地上的问题——如何降低过电压或提高绝缘耐受特性。

(3)解决地下的问题——如何改善电流散流特性。

3. 雷击的形式及部位

雷电是一种自然现象,它是带不同极性电荷的雷云之间或带电雷云与大地之间的电场强度超过大气间游离放电的临界电场强度(10～30 kV/cm)时发生的火花放电。雷害的来源属于天上的问题,无法解决。线路上的雷过电压分为直击雷和感应雷两种。线路雷害事故的形成为雷过电压使线路的绝缘闪络,从而使得冲击闪络转化为稳定的工频电弧,引起线路跳闸。若跳闸后线路绝缘不能及时恢复,则发生停电。在输电线路上发生雷害的形式有三种:雷击避雷线、雷击杆塔和绕击导线,如图5-2所示。

输电线路遭受雷击情况按地形地貌统计：平原地区线路遭受雷击所占比例为 29%，山地占 40%，丘陵 31%；按线路遭雷后故障相别统计：边相占 75%，中相占 20%，三相占 5%；按避雷线对边导线保护角统计：雷击跳闸中小于 15°，占 37%；15°以上占 63%，以上数据说明在山区、丘陵地区、边相是雷击跳闸的多发情况。

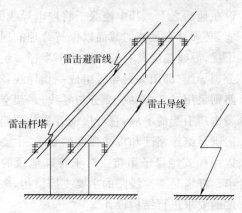

图 5-2　输电线路的雷害

山区雷害主要是雷击杆塔或避雷线造成的反击事故。雷击事故主要发生在水库、水塘附近的突出山顶上；高山的山坡或半坡向阳的山脊上；电阻率高的土壤区和附近无树木等山丘突出处。地形坡度较陡的杆塔外边侧绝缘子、大转角杆塔外侧绝缘子串和大挡距两端杆塔也易遭雷击闪络。采取杆塔降阻、装设线路避雷器、侧向避雷针和加强绝缘等多种措施后，防雷保护效果较好。

二、输电线路常见有效的防护措施及保护范围

1. 感应过电压的防护—避雷线

（1）感应过电压

当雷击于线路附近的建筑物或地面时，会在架空输电线的三相导线上出现感应过电压。这是因为雷云在放电的先导阶段中，先导通道里充满了电荷，当这个雷云接近输电线路上空时，根据静电感应原理，将在线路上感应出一个与雷云电荷数量相等但极性相反的电荷，称束缚电荷；而与雷云极性相同的电荷则通过线路的接地中性点泄入大地而消失。即使是中性点绝缘的线路，此极性电荷也将由线路泄漏而转入大地，如图 5-3(a)所示。此时，如雷击大地，即由先导放电转为主放电后，先导通道内的电荷被迅速中和。这时导线上的束缚电荷即转变为自由电荷，向两侧运动，由其形成的电磁场也向两侧传播，如图 5-3(b)所示。

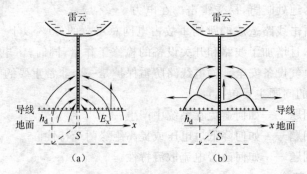

图 5-3　感应过电压的形成

(a)主放电前；(b)主放电后

根据理论分析和实测结果，对于感应过电压我国的技术规程 GB/T 18481—2001《电能质量暂时过电压和瞬态过电压》建议，当雷击点离导线的距离超过 65 m 时，导线上的感应雷过电压最大值 U_g 为

$$U_g = 25 \frac{I h_d}{S} \quad (kV) \tag{5-1}$$

雷击线路杆塔时 $\qquad U_g = \alpha h_d \ (\text{kV}) \qquad$ (5-2)

式中，α 为感应过电压系数，单位为 kV/m，其值等于以千安每微秒计的雷电流平均陡度，即 $\alpha = \dfrac{I}{2.6}$。

考虑有避雷线时，由于接地的避雷线对导线的屏蔽作用，先导电荷产生的电力线有一部分被避雷线截住，导线上感应的束缚电荷减少，相应的感应电压也减少。此时过电压为

雷击大地 $\qquad U'_g = U_g - KU_g = U_g(1-K) \qquad$ (5-3)

雷击杆塔 $\qquad U'_g = \alpha h_d(1-K) \qquad$ (5-4)

式中，K 为避雷线与导线间的耦合系数，K 的数值主要决定于导线间的相互位置与几何尺寸，线间距离愈近，耦合系数就愈大。

因此，由于避雷线的屏蔽作用，会使导线上的感应电压降低，降低的数值约等于 KU_g。

结论：感应过电压的防护常采用架设避雷线的方法。

（2）单根避雷线的保护范围

避雷线的保护范围是指被保护物在此空间内可遭受雷击的概率在可接受值之内，如图 5-4 所示。各种文献规定的保护范围不同是指遭受雷击的概率不同。中华人民共和国电力行业标准《DL/T 620—1997 交流电气装置的过电压保护和绝缘配合》规定，避雷线保护范围内可遭受雷击概率为 0.1%。

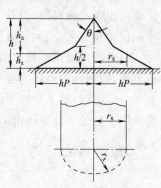

图 5-4 单根避雷线的保护范围

①当 $h_x \geqslant \dfrac{h}{2}$ 时

$$r_x = 0.47(h - h_x)P \qquad (5\text{-}5)$$

式中 r_x——每侧保护范围的宽度，m；

$\quad h$——避雷针高度，m；

$\quad h_x$——被保护物的高度，m；

$\quad P_a$——避雷针的有效高度，m。

②当 $h_x < \dfrac{h}{2}$ 时

$$r_x = (h - 1.53h_x)P \qquad (5\text{-}6)$$

（2）直击雷过电压

直击雷和绕击雷过电压的防护——设单根避雷线，减少保护角，降低杆塔高度或双避雷线。

①耐雷水平

雷直击导线后，雷电流将沿被击导线向两侧分流，就形成了向两边传播的过电压波，在未有反射波之前，电压与电流的比值为线路的波阻抗。架空线路的波阻抗在大气过电压的情况下，可认为接近等于 400Ω。这数值远大于测定雷电流时的接地电阻值（一般不大于 10Ω）。因此，雷直击于架空线时的电流要小于统计测量的雷电流，一般认为是减半，即 $\dfrac{I}{2}$。那么架空线上的过电压为

$$U_g = \frac{I}{2} \times \frac{Z}{2} = \frac{I}{2} \times \frac{400}{2} = 100I \qquad (5\text{-}7)$$

如用绝缘的 50% 冲击闪络电压 $U_{50\%}$ 来代替 U_g,那么 I 就代表能引起绝缘闪络的雷电流幅值,通常称为线路在这种情况下的耐雷水平,即

$$I = \frac{U_{50\%}}{100} \quad (kA) \tag{5-8}$$

例如,110 kV 线路绝缘的 $U_{50\%}$ 约为 700 kV,那么耐雷水平为 7 kA,从雷电流概率分布曲线查得,超过 7 kA 的雷电流出现的概率为 86.5%,即在 100 次雷击中有 86 次要引起绝缘闪络。可见雷直击导线后是非常容易引起闪络的。

②绕击率

雷直击导线,多发生在无架空避雷线的线路,但对有架空避雷线的输电线路,避雷线的保护作用也不是绝对的,仍有一定的绕击概率。影响绕击概率的因素主要有雷电流的大小、输电线路保护角的大小、大气条件、地形条件及地质特性和风的影响。

输电线路受雷击跳闸的原因可能是由于反击引起,也可能是由绕击所造成。在对绕击分析方面,我国一般是建立电气几何模型来分析绕击情况。从电气几何模型可以看出:当雷电流大于一定值时,就不会发生绕击;当雷电流较小时,则发生绕击的可能性增大。我国技术规程建议用下列公式计算绕击率 P_α。

对平原地区

$$\lg P_\alpha = \frac{\alpha \sqrt{h}}{86} - 3.9 \tag{5-9}$$

对山区

$$\lg P'_\alpha = \frac{\alpha \sqrt{h}}{86} - 3.35 \tag{5-10}$$

式中,α 为避雷线对外侧导线的保护角。从上面的公式可以看出,山区的绕击率为平原的 3 倍,或相当于保护角增大 8°。

从减少绕击率的观点出发,应尽量减少保护角和降低杆塔的高度,即采用双避雷线为宜,一般杆高超过 30 m 时,保护角不宜大于 20°。

(3)双根避雷线的保护范围

两根避雷线外侧的保护范围应按单根避雷线的计算方法确定,如图 5-5 所示。

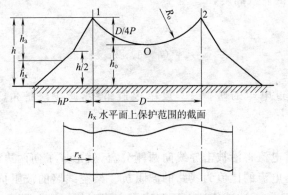

图 5-5　两根平行避雷线的保护范围

两根避雷线间各横截面的保护范围应由通过两根避雷线 1、2 点及保护范围边缘最低点 O 的圆弧确定。O 点的高度应按下式计算:

$$h_o = h - \frac{D}{4P} \tag{5-11}$$

式中　h_0——两根避雷线间保护范围上部边缘最低点的高度,m;

　　　D——两根避雷线间的距离,m;

　　　h——避雷线的高度,m。

两根避雷线端部保护范围确定时分别按单根避雷线确定端部外侧保护范围,同时两线间端部保护范围最小宽度应按式(5-12)计算

$$b_x = h_0 - h_x \qquad (5\text{-}12)$$

式中　b_x——两避雷线端部保护最小宽度,m;

　　　h_0——两线间保护最低高度,m;

　　　h_x——被保护物高度,m。

(4)反击过电压

从雷击点的位置来看,反击包括一是雷击杆塔及杆塔附近的避雷线,雷电流从杆塔入地,产生较高的杆顶电位,使绝缘子闪络;二是雷击避雷线挡距中央。此时雷击点离杆塔接地点很远,雷电流遇到很大的阻抗,使雷击点电压升高,这个电压也作用在避雷线与导线的空气绝缘上,有可能使空气绝缘闪络;但根据运行经验,只有空气距离符合规程要求,雷击中央一般不会发生此类事故。所以反击跳闸主要是由雷击杆塔及其附近的避雷线所造成的。

如图 5-6 为雷击杆塔时雷电流的分布情况。雷直击杆顶时,雷电流大部分经过被击杆塔入地,小部分则经过避雷线由相邻杆塔入地。流经被击杆塔入地的电流 i_{gt} 与总电流 i 的关系为 $i_{gt} = \beta \times i$,其中 β 为杆塔的分流系数,小于1。

杆塔的耐雷水平是指雷击线路绝缘不发生闪络的最大雷电流幅值的大小,雷击杆塔时的耐雷水平与导线与地间的耦合系数、分流系数、杆塔的冲击接地电阻、杆塔等值电感和绝缘子串的冲击放电有关。

结论:反击过电压的防护一是降低杆塔的接地电阻,防护二是提高耦合系数。

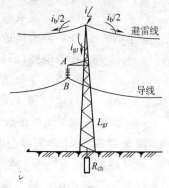

图 5-6　雷击杆顶时雷电流的分布

降低杆塔的接地电阻时,对于土壤电阻率低的地区,可利用自然接地电阻。对于高土壤电阻率地区,可利用多根放射形接地体或连续延长接地体,配合降阻剂使用。

提高耦合系数时可以采用在导线下方加挂耦合地线的方法,增加避雷线与导线间的耦合作用,增大耦合系数 k。加挂耦合线,虽不能减少绕击率,但能在雷击杆塔时起分流作用和耦合作用,降低绝缘子串上的电压,提高线路的耐雷水平。

通过以上分析,从以下三方面解决了输电线路的防雷问题:

①解决地上的问题:一方面是通过增爬、清扫、RTV(Room Temperature Vulcanizing 室温硫化硅橡胶)及均压等措施提高绝缘子串的闪络电压,另一方面是通过减小保护角降低绕击概率。

②解决地下的问题:通过分析冲击电流在地下的散流特性,考虑土壤电阻率的大小及分布均匀性、土壤性质及地质结构、接地引下线的状况和接地体的散流面积等,降低冲击电阻,提高耐雷水平。

③输电线路防护的基本措施:线路走廊和窗口尺寸容许的情况下增爬;进行接地改造,降

低冲击电阻;有选择地安装线路避雷器;有选择地安装避雷针;沿线装设双避雷线。

三、线路防雷能力的检测及相关技术要求

衡量线路防雷性能优劣的重要指标一般有两个:线路耐雷水平和线路雷击跳闸率。

1. 耐雷水平确定

线路耐雷水平是指雷击线路时,线路绝缘子不会发生闪络的最大雷电流幅值。低于耐雷水平的雷电流击于线路不会引起闪络,反之,则必然会引起闪络。配电线路雷电流超过线路耐雷水平引起绝缘子发生闪络冲击时,由于冲击闪络时间很短不会引起线路跳闸,但若在雷电消失后由工作电压产生的工频短路电流电弧持续存在,将引起线路跳闸。

根据《交流电气装置的过电压保护和绝缘配合》(DL/T 620—1997)规程,雷击有避雷线的同杆架设多回送电线路杆塔顶部时,耐雷水平按下式计算:

$$I_1 = \frac{u_{50\%}}{(1-k)\beta R_\mathrm{i} + \left(\dfrac{h_\mathrm{a}}{h_\mathrm{t}} - k\right)\beta \dfrac{L_\mathrm{t}}{2.6} + \left(1 - \dfrac{h_\mathrm{g}}{h_\mathrm{c}}k_0\right)\dfrac{h_\mathrm{c}}{2.6}} \tag{5-13}$$

式中 $u_{50\%}$——绝缘子串的 50% 冲击放电电压,kV;

     k、k_0——导线和避雷线间的耦合系数和几何耦合系数;

     β——杆塔分流系数;

     R_i——杆塔冲击接地电阻,Ω;

     L_t——杆塔电感,μH;

     h_t、h_a——杆塔高度和横担对地高度,m;

     h_g、h_c——避雷线和导线平均对地高度,m。

(1)绝缘子串的 50% 正极性冲击放电电压测量

测量装置:使用多级冲击电压发生器测量。

测量原理:图 5-7 是一种常见的高效率多级冲击电压发生器的电路图。其工作原理概括说来就是利用多级电容器并联充电,然后通过球隙串联放电,从而产生高幅值的冲击电压。图 5-8 是外观图。

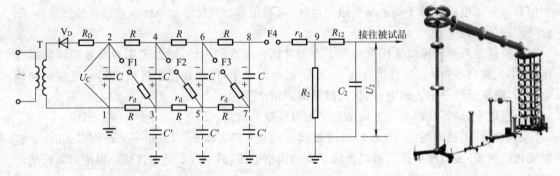

图 5-7 绝缘子串的 50% 正极性冲击放电电压测量电路图   图 5-8 多级冲击电压发生器

测量方法和步骤:

①启动冲击电压发生器。

有两种方式:一种是自起动方式,只要将点火球隙 F_1 的极间距离调节到使其击穿电压等

于所需的充电电压 U_c，当 F_1 上的电压上升到等于 U_c 时，F_1 即自行击穿，起动整套装置。第二种是使各级电容器充电到一个略低于 F_1 击穿电压的水平上，处于准备动作的状态，然后利用点火装置产生一点火脉冲，送到点火球隙 F_1 中的一个辅助间隙上使之击穿并引起 F_1 的主间隙击穿，以起动整套装置。

②球隙测绝缘子串的 50% 正极性冲击放电电压

方法一：简单方法（10 次测量法）。某一个电压作用于球隙距离上，10 次中有 4、5、6 次闪络（相应 6、5、4 次不闪络）均可认为该电压为绝缘子串的 50% 正极性冲击放电电压。

方法二：多级法。至少 5 次，即选 5 个电压 U_1、U_2…U_5，每级电压施加 10 次，求得近似放电概率 P，之后在正态概率纸上作曲线，并可拟合为一条直线，由此直线求得 $P=50\%$ 的绝缘子串的 50% 正极性冲击放电电压。

（2）杆塔冲击接地电阻测试

输电线杆塔接地装置接地电阻的测量方法的原理与发电厂和变电所接地装置接地电阻的测量方法的原理基本相同，但由于输电杆塔离城乡较远，没有交流电源，因此输电线杆塔的接地电阻一般是用接地电阻测量仪测量。接地电阻测量仪测量主要分为摇表和钳表。

使用数字式接地电阻测试仪测量接地电阻，目前常用的方法有两种：一种是变频法，另一种是工频电压电流法。每种测量方法的设备分可共用部分和不可共用部分，可共用部分单列清单及要求，不可共用部分在每种测量方法的清单及要求中分别说明。

可共用的设备：对讲机 2 对；大锤 1 把；常用工具 1 套；绝缘黑胶布若干卷（视接地引线的卷数而定）。

①变频法

采用变频法的设备清单：变频接地电阻测试仪、接地电极（一端为尖头，长度不小于 1m，直径不小于 20 mm 的钢管或圆钢 4 根）、接地引线。

其中接地引线分为电流极引线和电压极引线。

对于电流极引线，铜芯绝缘外皮，截面不小于 $1.0\ \mathrm{mm}^2$，长度为 4～5 倍整个被测地网的最大对角线长度减去整个地网中心与地网边缘之间的距离，如放线有困难或土壤较均匀时，长度至少取 2 倍整个被测地网的最大对角线长度减去整个地网中心与地网边缘之间的距离。

对于电压极引线，铜芯绝缘外皮，截面不小于 $1.0\ \mathrm{mm}^2$，长度为电流极引线长度的 0.618 倍减去整个地网中心与地网边缘之间的距离；组成电流极引线和电压极引线的各段线应在测试前分别测量过联通状况。

变频法测量原理接线图如图 5-9 所示。电压线与电流线相距为 2m 及以上，可避免互感的影响，试验电流宜为 1A 及以上。

假设被测地网的最大对角线长度为 D，整个地网中心与地网边缘之间的距离为 d，单位为 km。将电压极、电流极按照图 5-9 所示的方法布线，其中：

$$d_{GC} = 4D - d \tag{5-14}$$

$$d_{GP} = 4D \times 0.618 - d \tag{5-15}$$

按下测试键，直接读出电阻值，记录数据后，关掉电源。改变电压极位置，使 $d_{GP} = (4D \times 0.618 - d) \times 1.05$(km)，记录数据后，关掉电源；改变电压极位置，使 $d_{GP} = (4D \times 0.618 - d) \times 0.95$(km)。记录数据后，关掉电源。试验结束，清理现场。测试时，注意引线沿线应有专人照看,以免测试线丢失,造成测量终止。

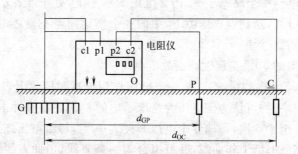

图 5-9　变频法测量工频接地电阻的原理接线图

G—被测接地装置;P—测量用电压极;C—测量用电流极

②工频电压电流法

采用三极法,其试验原理接线图如图 5-10 所示,按照图 5-10 布置好接线方式,电压极引线和电流极引线之间距离不小于 2 m,假设被测地网的最大对角线长度为 D,整个地网中心与地网边缘之间的距离为 d,那么,d_{GC} 取($4D-d$),d_{GP} 取($4D×0.618-d$);利用调压器和隔离升压变组成的工频电源,从被测地网测点加入不小于 10A 的电流,记录此时的电压和电流数,由此便可得到接地电阻值。

一般情况下,电流极接地电阻均可达到 $100Ω$ 以下,下列设备均是在满足这个条件下提出的。

采用工频电压电流法的设备有如下几类。1 套专用的工频电压电流法测试仪(电流应能达到 10 A 及以上)或者以下部件组成:单相调压器(容量不小于 15 kV·A)、隔离试验变压器(容量 10 kV·A 及以上,变比 1 kV/400 V(220 V)、离电流互感器(0.2 级)、电压表(0~600 V,0.5 级)、电流表(0~5 A,0.5 级)、两相刀闸、接地电极(10 根及以上空心或实心铁管,一端为尖头,每根长度不小于 1 m,截面直径不小于 20 mm)、接地引线,其中接地引线分电流极引线和电压极引线,规格要求与变频法相同。

如电流接地极的接地电阻不能低于 $100Ω$ 时,各设备的参数要依据该电阻值和试验电流值而定,现场应能提供 220 V 试验电源。

设被测地网的最大对角线长度为 D,整个地网中心与地网边缘之间的距离为 d,单位为 km。

将电压极、电流极按照图 5-10 所示的方法布线,其中:

$$d_{GC}=4D-d \tag{5-16}$$

$$d_{GP}=4D×0.618-d \tag{5-17}$$

测量过程如下:

首先,在加电源前,读电压表,记录 U_{GD}。加电源,将工频交流电源的输出电流升至 10A。准确读出电流表、电压表值。记录数据后,降低电源电压至零,关掉电源。倒电源极性,重复上述步骤再测 1 次。改变电压极位置,使 $d_{GP}=(4D×0.618-d)×1.05$。重复上述步骤进行测量。改变电压极位置,使 $d_{GP}=(4D×0.618-d)×0.95$。重复上述步骤进行测量。试验结束,清理现场。

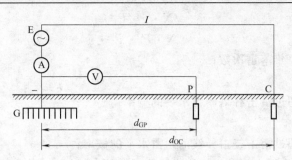

图 5-10 电压电流表法测量工频接地电阻的原理接线图

G—被测接地装置;P—测量用电压极;C—测量用电流极;E—工频电源

试验区域内,凡有碍于试验的其他工作务必停止。试验期间,试验区域内必须有安全监护人员。电压极引线和电流极引线沿线每 100 m 应设一人照看,尤其是有行人和车辆通过的路口,引线通过时必须架高,必要时装设注意安全红色标记,以确保行人和车辆安全。

图 5-11 钳形接地电阻测试仪

图 5-11 为钳形接地电阻测试仪。

钳表法的使用时要求杆塔所在的输电线路具有避雷线,且多基杆塔的避雷线直接接地。测量所在线路区段中直接接地的避雷线上并联的杆塔数量满足表 5-1 的规定。

表 5-1 测量所在线路区段中直接接地的避雷线上并联杆塔数量的要求

杆塔接触电阻(Ω)	$0<R_j$ $\leqslant1$	$1<R_j$ $\leqslant2$	$2<R_j$ $\leqslant4$	$4<R_j$ $\leqslant5$	$5<R_j$ $\leqslant7$	$7<R_j$ $\leqslant10$	$10<R_j$ $\leqslant15$	$15<R_j$ $\leqslant17$	$17<R_j$ $\leqslant24$	$24<R_j$ $\leqslant30$	$30<R_j$ $\leqslant40$	$40<R_j$ $\leqslant50$
并联杆塔数量基	$\geqslant4$	$\geqslant5$	$\geqslant6$	$\geqslant7$	$\geqslant8$	$\geqslant9$	$\geqslant10$	$\geqslant11$	$\geqslant12$	$\geqslant13$	$\geqslant15$	$\geqslant16$

测量步骤如下:

首先检查被测线路杆塔是否符合表 5-1 的规定,记录杆塔编号、接地极编号、接地极形式、土壤状况和当地气温。

检查被测杆塔接地线的电气连接状况。测量时应只保留一根接地线与杆塔塔身相连,其余接地线均应与杆塔塔身断开,并用金属导线将断开的其他接地线与被保留的接地线并联,将杆塔接地装置作为整体测量。

测量时打开测试仪钳口,使用钳形接地电阻测试仪钳住被保留的那根接地线,使接地线居中,尽可能垂直于测试仪钳口所在平面,并保持钳口接触良好,使测试仪工作,读取并记录稳定的读数。

2. 线路雷击跳闸率的确定

线路雷击跳闸率是指每 100km 线路每年(折算到 40 个雷暴日下)由雷击引起的线路跳闸次数,它是衡量线路耐雷性能的综合指标。线路耐雷水平越高,雷击跳闸率越低,说明线路的防雷性能越好。

有避雷线线路雷击跳闸率的计算,往往只考虑雷击杆塔和雷击导线两种情况的跳闸率,并求其总和 $n=n_1+n_2$。雷击杆塔时跳闸率 n_1,雷绕击导线时跳闸率 n_2。

$$n_1 = N \cdot g \cdot P_1 \cdot \eta \tag{5-18}$$

$$n_2 = N \cdot P_a \cdot P_2 \cdot \eta \tag{5-19}$$

式中　N——百公里每年落雷次数；

　　　g——击杆率；

　　　P_1——雷电流超过雷击杆塔耐雷水平的概率；

　　　P_a——绕击率；

　　　P_2——雷电流超过雷击绕击导线的耐雷水平的概率；

　　　η——建弧率，建弧率指冲击闪络变成稳定工频电弧的概率，与沿绝缘子串和空气间隙的平均运行电压梯度有关，通过查表可以得出。

3. 雷击跳闸率事故分析

(1)根据雷电定位仪确定事故时雷电流的大小，初步确定事故性质是绕击或反击。

(2)根据事故地点的地形特点及地质状况判断事故是否是绕击。

(3)如果是反击事故，首先要检查接地引下线是否完好；如果接地引下线完好，就要检查接地电阻是否合格。

(4)如果接地电阻合格，就要开挖检查，看地网是否腐蚀。

四、在线监测

输电线路在线监测是指直接安装在输电线路设备上可实时记录表征设备运行状态特征量的测量、传输和诊断系统，是实现输电线路状态检修的重要手段，是提高输电线路运行安全可靠性的有效方法。通过对输电线路状态监测参数的分析，可及时判断输电线路故障并提出事故预警方案，便于及时采取绝缘子清扫、覆冰线路融冰等措施，降低输电线路事故发生的可能性。

1. 输电线路在线监测的必要性

随着国家近年超高压、特高压输电线路的建设，由于环境变化，检修周期短、设备停电次数多、检修费用高、检修工作量大、供电可靠性低等问题慢慢暴露出来，电力系统定期检修模式已越来越不适应输电线路安全性、供电可靠性的要求，所以要求能实现输电线路在线监测。国外在线监测技术的应用则比较广泛，能实时为状态检修提供了可靠、实时的状态量。

2. 输电线路在线监测的发展阶段

输电线路在线监测技术的发展大体经历了三个阶段。

(1)带电测试阶段。这一阶段起始于20世纪70年代左右。当时人们仅仅是为了不停电而对输电线路的某些绝缘参数(如泄漏电流)进行直接测量。设备简单，测试项目少，灵敏度较差。

(2)从20世纪80年代开始，出现各种专用的带电测试仪器，使在线监测技术从传统的模拟量测试走向数字化测量，摆脱将仪器直接接入测试回路的传统测量模式，取而代之的是使用传感器将被测量的参数直接转换成电气信号。

(3)从20世纪90年代开始，随着计算机技术的推广使用，出现以计算机处理技术为核心的微机多功能绝缘在线监测系统。利用计算机技术、传感技术和数字波形采集与处理技术，实现更多的参数在线监测。这种在线监测信息量大、处理速度快，可以对监测参数实时显示、储存、打印、远传和越线报警，实现了在线监测的自动化，代表了当今在线监测的发展方向。到目前为止,大量的在线监测的技术已经在输电线路中得到广泛应用,并有了一定的经验。在国内,在线监测技术的开发与应用始于 20 世纪 80 年代。由于受当时整体技术水平的限制,如电子元件的可靠性不高,计算机应用刚刚起步,当时的在线监测技术水平较低。到 2000 年后,随着在线监测技术的不断成熟及客观的需要,在线监测技术又开始重新被大家所重视,目前,在国内很多地区的供电企业都开展了这项工作。

3. 在线监测指导下输电线路状态检修的特点

(1)实时性。输电线路在线监测技术对设备状态实时监测,不受设备运行情况和时间的限制,可以随时检测设备的运行状态,一旦设备出现缺陷,能及时发现并跟踪检测、处理,对保证电网安全更具意义。

(2)真实性。由于在线监测技术在输电线路设备运行电压和状态下的各项参数进行检测,检测结果符合实际情况,更加真实和全面。

(3)针对性更强。可根据各项数据的发展和变化来确定检修项目、内容和时间,检修目的明确,针对性更强。

(4)提高了设备供电可靠性。由于实行状态检修,减少了线路停电次数和时间,提高了供电可靠性,避免少供电损失,同时也提高了电力部门全员劳动生产率。

4. 输电线路在线监测技术的应用

(1)输电线路绝缘子污秽在线监测系统。目前大多采用绝缘子泄漏电流进行绝缘子污秽的判断,现场运行监测分机实时、定时测量运行绝缘子串的表面泄漏电流,局部放电脉冲和该杆塔外部环境条件等,通过电缆或无线通信模块发送至监控中心,由专家软件结合报警模型进行污秽判断和预报警。已经建立的模糊神经网络方法、多层前项 BP 神经网络方法、多重回归方法、灰色关联系统理论、基于小波神经网络方法等专家诊断模型,在很大程度上提高了绝缘子污秽和电气绝缘判断精度。近年来,通过光传感器测量等值附盐密度和灰密的在线检测技术得到迅速发展。

(2)输电线路氧化锌避雷器在线监测系统。目前氧化锌避雷器的在线监测方法主要有全电流法、三次谐波法、基波法、补偿法、数字谐波法、双"AT"法、基于温度的测量法等。现场监测分机实时、定时监测 MOA 的泄漏电流以及环境温湿度等参量,通过无线发送至监控中心,由专家软件分析判断氧化锌避雷器的性能和动作次数等。

(3)导线温度及动态增容在线监测系统。目前增容方法主要有静态提温增容技术和动态监测增容技术两种。静态提温增容技术是指突破现行技术规程的规定,环境温度按+40℃考虑,线路上的风速和日照强度完全符合规程要求,将导线的允许温度由现行规定的+70℃提高到 80℃和 90℃,从而提高导线输送能量。动态监测增容技术是指在输电线路上安装在线监测分机,对导线状态(导线温度、张力、弧垂等),和气象条件(环境温度、日照、风速等)进行监测,在不突破现行技术规程规定的前提下,根据数学模型计算出导线的最大允许载流量,充分利用线路客观存在的隐性容量,提高输电线路的输送能量。

(4)输电线路远程可视监控系统。目前可视监控系统分为图像和视屏两类,受监测分机工作电源功率、通信费用等限制,大多采用静止图像进行线路状况判断,例如导线覆冰、洪水冲刷、不良地质、火灾、通道树木长高、线路大跨越、导线悬挂异物、线路周围建筑施工、塔材被盗等,利用无线网络进行图像数据传输;但针对导线舞动等动态信息的监测建议采用视频监控的方式,利用无线网络进行视屏数据传输,同时 3G 网络的建设将促使无线视频技术的应用,为输电线路的巡视及状态检修开辟了一条新的思路。

(5)输电线路覆冰雪在线监测系统。目前国内为大多进行覆冰理论、冰闪机理和杆塔强度设计等方面的研究工作,建立了大量的观冰站、气象站进行现场观察和数据收集,研究了大量预报结冰事件、导线除冰、地线除冰等技术,但针对覆冰雪在线监测技术的研究较少,而2008年的冰灾事故迅速促进了覆冰雪在线监测技术的研发和应用。覆冰雪在线监测的技术主要有两个:一是根据线路导线覆冰后的重量变化以及绝缘子的倾斜、风偏角进行覆冰荷载(覆冰厚度、杆塔受力、导线应力等)计算,直接与线路设计参数比较给出报警信息;二是采用现场图像对线路覆冰雪进行定性观测和分析。建议可将覆冰荷载计算和图像结合起来,这样可提高覆冰雪的监测精度。

(6)输电线路防盗报警监测系统。早期设计的防盗报警主要基于红外探测(被动式红外报警器)、声控探测、断线报警监测等原理。近年来,国内外研发了诸多新型的杆塔防盗报警系统,如微波感应式防盗系统、基于加速传感器防盗系统、基于振动传感器和雷达探测器的防盗系统、感应式防盗系统。这四种系统的构成基本相似,整个系统由监测分机、监控中心、巡检人员组成。在每基杆塔上安装一台监测分机,监测分机是由前端传感器部分和单片机或DSP处理部分组成,实时监测杆塔周围移动物体的状态信息,确定可能发生被盗的杆塔线路、位置、时间,并及时通知巡检人员。

5. 输电线路在线监测存在的问题

输电线路在线监测技术的推广应用,对电力系统的安全运行起到了积极作用,供电部门积极推行状态检修,减轻了设备检修工作量,提高了电网运行的可靠性。但是,由于技术的复杂性和电气设备的多样性,尚有一些问题值得研究和商榷。

(1)传感器的特性和质量是在线监测的关键。目前常用线圈式传感器,易受温度、压力、冲击等外界环境的影响,是影响测试精度和稳定性的重要因素。所以研制高精度、高稳定的传感器仍是在线监测的一个研究课题。

(2)干扰问题。由于高压电气设备处在强电场环境中,使微量信号的采集难度增大。

(3)对设备制造厂家提出在线监测技术要求。目前的高压电气设备均未考虑在线监测问题,都是在线监测设备厂家针对运行站内设备情况进行设计并安装。运行设备有的可以安装和抽取信号,有的则不能。

(4)积累运行经验,完善专家系统,制定监测标准。输电线路在线监测的各项参数往往与停电测试结果有一个"偏差",但这个"偏差"往往存在一定规律,只要积累数据,加以分析就不难发现,并可以此为依据对照预防性试验标准设定报警值,当设备绝缘参数超越报警值时,系统自动报警。完善专家系统,建立数据库,强化分析功能,制定监测标准仍是目前亟待解决的问题。

(5)在线监测的管理问题。要实行状态检修,必须要有能描述状态的准确数据,即要有大量的有效信息用于分析与决策,这就涉及状态数据管理。然而输电线路在线监测系统涉及大量的数据,且数据关系复杂、种类繁多,主要分为三大部分:一是大量输电线路的属性数据,如线路设计条件、运行年限、设备健康状况、地质、地貌、设备危险点、施工图和施工录像等;二是运行管理的各种申请、审批报表等;三是在线监测设备提供线路状态数据,如运行绝缘子表面的泄漏电路、导线温度、导线舞动频率、杆塔现场图片以及环境温度、湿度、风向、雨量及大气压力等。如何将众多数据进行有效的存储,管理和利用是输电线路状态运行管理考虑的首要问题,也是很难解决的问题。

复习与思考

1. 请写出你所见到雷电的危害及防护内容。
2. 什么是绕击率？在什么情况下发生？应如何处理？
3. 如何解决输电线路的防雷问题？

任务二　变电所雷电防护

一、变电所雷害的主要来源

供电系统在正常运行时，电气设备的绝缘处于电网的额定电压作用之下，但是由于雷击的原因，供配电系统中某些部分的电压会大大超过正常状态下的数值。通常情况下变电所雷击有两种情况：一是雷直击于变电所的设备上；二是架空线路的雷电感应过电压和直击雷过电压形成的雷电波沿线路侵入变电所。其具体表现形式如下：

1. 直击雷过电压。雷云直接击中电力装置时，形成强大的雷电流，雷电流在电力装置上产生较高的电压，雷电流通过物体时，将产生有破坏作用的热效应和机械效应。

2. 感应过电压。当雷云在架空导线上方，由于静电感应，在架空导线上积聚了大量的异性束缚电荷，在雷云对大地放电时，线路上的电荷被释放，形成的自由电荷流向线路的两端，产生很高的过电压，此过电压会对电力网络造成危害。

因此，架空线路的雷电感应过电压和直击雷过电压形成的雷电波沿线路侵入变电所是导致变电所雷害的主要原因，若不采取防护措施，势必造成变电所电气设备绝缘损坏，引发事故。

二、变电所防雷原则

针对变电所的特点，其总的防雷原则是将绝大部分雷电流直接接闪引入地下泄散（外部保护）；阻塞沿电源线或数据、信号线引入的过电压波（内部保护及过电压保护）；限制被保护设备上浪涌过压幅值（过电压保护）。这三道防线相互配合，各行其责，缺一不可。应从单纯一维防护（避雷针引雷入地——无源保护）变为三维防护（有源和无源防护），包括：防直击雷，防感应雷电波侵入，防雷电电磁感应等多方面系统加以分析。

1. 外部防雷和内部防雷

避雷针或避雷带、避雷网引下线和接地系统构成外部防雷系统，主要是为了保护建筑物免受雷击引起火灾事故及人身安全事故；而内部防雷系统则是防止雷电和其他形式的过电压侵入设备中造成损坏，这是外部防雷系统无法保证的。为了实现内部防雷，需要对进出保护区的电缆，金属管道等都要连接防雷及过压保护器，并实行等电位连接。

2. 防雷等电位连接

为了彻底消除雷电引起的毁坏性的电位差，就特别需要实行等电位连接，电源线、信号线、金属管道等都要通过过电压保护器进行等电位连接，各个内层保护区的界面处同样要依此进行局部等电位连接，各个局部等电位连接棒互相连接，并最后与主等电位连接棒相连。

三、变电所防雷措施

变电所遭受的雷击是下行雷,雷直击在变电所的电气设备上或架空线路的感应雷过电压和直击雷过电压形成的雷电波沿线路侵入变电所。因此,避免直击雷和雷电波对变电所进线及变压器产生破坏就成为变电所雷电防护的关键。

1. 变电所直击雷防护

架设避雷针是变电所防直击雷的常用措施,避雷针是防护电气设备、建筑物不受直接雷击的雷电接收器,其作用是把雷电吸引到避雷针身上并安全地将雷电流引入大地中,从而起到保护设备效果。变电所装设避雷针时应使所有设备都处于避雷针保护范围之内,此外,还应采取措施,防止雷击避雷针时的反击事故。对于 35 kV 变电所,保护室外设备及架构安全,必须装有独立的避雷针。独立避雷针及其接地装置与被保护建筑物及电缆等金属物之间的距离不应小于 5 m,主接地网与独立避雷针的地下距离不能小于 3 m,独立避雷针的独立接地装置的引下线接地电阻不可大于 10Ω,并需满足不发生反击事故的要求;对于 110 kV 及以上的变电所,装设避雷针是直击雷防护的主要措施。由于此类电压等级配电装置的绝缘水平较高,可将避雷针直接装设在配电装置的架构上,同时避雷针与主接地网的地下连接点,沿接地体的长度应大于 15 m。因此,雷击避雷针所产生的高电位不会造成电气设备的反击事故。

2. 变电所的进线防护

要限制流经避雷器的雷电电流幅值和雷电波的陡度就必须对变电所进线实施保护。当线路上出现过电压时,将有行波导线向变电所运动,其幅值为线路绝缘的 50％ 冲击闪络电压,线路的冲击耐压比变电所设备的冲击耐压要高很多。因此,在接近变电所的进线上加装避雷线是防雷的主要措施。如不架设避雷线,当遭受雷击时,势必会对线路造成破坏。

3. 变电站对侵入波的防护

变电站对侵入波的防护的主要措施是在其进线上装设阀型避雷器(图 5-12)。阀型避雷器的基本元件为火花间隙和非线性电阻。目前,SFZ 系列阀型避雷器,主要有用来保护中等及大容量变电所的电气设备。FS 系列阀型避雷器,主要用来保护小容量的配电装置。

(a) 变电站悬挂式避雷器应用　　　　　　(b) 避雷器安装于室内变电站入口处

图 5-12　变电所避雷器应用

4. 变压器中性点的防护

变压器的基本保护措施是在接近变压器处安装避雷器,这样可以防止线路侵入的雷电波损坏绝缘。装设避雷器时,要尽量接近变压器,并尽量减少连线的长度,以便减少雷电电流在连接线上的压降。同时,避雷器的连线应与变压器的金属外壳及低压侧中性点连接在一起,这样就有效减少了雷电对变压器破坏的机会。

变电站的每一组主母线和分段母线上都应装设阀式避雷器,用来保护变压器和电气设备。各组避雷器应用最短的连线接到变电装置的总接地网上,避雷器的安装应尽可能处于保护设备的中间位置。

5. 变电所的防雷接地

变电站接地网设计时因遵循以下原则:

(1)尽量采用建筑物地基的钢筋和自然金属接地物统一连接起来作为接地网。

(2)尽量以自然接地物为基础,辅以人工接地体补充,但对 10 kV 及以下变电所,若用建筑物的基础作接地体且接地电阻又满足规定值时,可不另设人工接地。人工接地网应以水平接地体为主,且人工接地网的外缘应闭合,外缘各角应做成圆弧形。当不能满足接触电势或跨步电势的要求时,人工接地网内应敷设水平均压带。人工接地网的埋设深度宜采用 0.6 m。35 kV 及以上变电所接地网边缘经常有人出入的走道处,应铺设砾石、沥青路面或在地下敷设两条与接地网相连的帽檐式均压带。

(3)35 kV 及以上变电所的接地网,应在地下与进线避雷线的接地装置相连接,以降低变电所接地网的接地电阻。连接线埋设长度不应小于 15 m,连接处应便于分开,以便测量变电所的接地电阻。

(4)应采用同一接地网,用一点接地的方式接地。

(5)在高土壤电阻率地区采用下列降低接地电阻的措施:

①当在发电厂、变电所 2 000 m 以内有较低电阻率的土壤时,可敷设引体接地体;

②当地下较深处的有较低电阻率的土壤时,可采用井式或深钻式接地体;

③填充电阻率较低的物质和降阻剂;

④敷设水下接地网。

(6)屋内接地网由敷设在房屋每一层的接地干线组成,并尽量利用固定电缆支、吊架用预埋扁铁作为接地干线,在各层的接地干线用几条上下联系的导线连接,而后将屋内接地网的几个地点与主接地网连接。

四、接地电阻试验

把电力设备与接地装置连接起来,称为接地。防雷接地指过电压保护装置或设备的金属结构的接地,为雷电保护装置向大地泄放雷电流而设置的接地,如避雷器的接地,避雷针构架的接地等。

接地装置是确保电气设备在正常和事故情况下可靠和安全运行的主要保护措施之一。接地装置包括接地体和接地线。接地体多由角钢、圆钢等组成一定形状,埋入地中。接地线是指电力设备的接地部分与接地体连接用的金属线,对不同容量不同类型的电力设备,其接地线的截面均有一定要求,接地线多用钢筋、扁钢、裸铜线等。

在防雷保护工程中,对接地电阻要求相当严格,接地电阻如果没有达到标准容易造成所保护设备损坏,给用户带来人身伤害和财产损失,因此根据《中华人民共和国气象法》规定:对已做过的防雷工程,每年在 3 到 5 月份雷雨季节到来之前,应该有专业人员进行检测,测量接地电阻,提前找出隐患,避免造成不必要的损失。

1. 测量接地电阻的原理

接地电阻指当电流由接地体流入土壤时,接地体周围土壤形成的电阻,它包括接地体设备间的连线、接地体本身、接地体与土壤间电阻的总和,其值等于接地体对大地零电位点的电压和流经接地体电流的比值,它分为工频接地电阻和冲击接地电阻。测量接地电阻一般采用伏安法或接地电阻表法,其原理接线如图 5-13 所示。

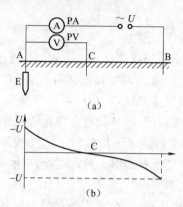

图 5-13　测量接地电阻的原理图

(a)接线图;(b)接地体周围土壤中的电位分布

E—接地体;C—电位探针;B—电流探针;PA—测量通过接地体电流的电流表;PV—测量接地体电位的电压表

在接地电极 A 与辅助电极 B 之间,加上交流电压 U 后,通过大地构成电流回路。当电流从 A 向大地扩散时,在接地体 A 周围土壤中形成电压降,其电位分布如图 5-13(b)所示。由电位分布图可知,距离接地极 E 越近,土壤中电流密度越大,单位长度的压降也越大;而距 A、B 越远的地方,电流密度小,沿电流扩散方向单位长度土壤中的压降越小。如果 A、B 两极间的距离足够大,则就会在中间出现压降近于零的区域 C。

2. 接地电阻的测量

测量接地电阻是接地装置试验的主要内容,一般采用电压—电流表法或接地电阻表法(俗称接地摇表)进行测量,如图 5-14 所示。

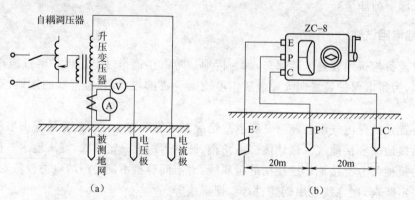

图 5-14　接地电阻测量接线图

(a)电压—电流表法测量接线;(b)接地电阻表测量接线

电压—电流表法测量接地电阻如图 5-12(a)所示。接地电阻为

$$R = \frac{U}{I} \qquad (5-20)$$

式中 R ——接地电阻，Ω；

U ——电压表测得被测接地电极与电压辅助电极间电压，V；

I ——流过被测接地电极的电流，A。

由于低压 220V 一般由一条相线和一条中性线（一火一地）构成，若没有升压变压器则相线端直接接到被测接地装置上，可能造成电源短路。

图 5-14(b)是接地电阻表的测量接线图。接地电阻表在使用时，C 端接电流极 C' 引线，P 端接电压极 P' 引线，E 端接被测接地体 E'。当接地电阻表离被测接地体较远时，为排除引线电阻影响，将 E 端子短接片打开，用两根线 C_2、P_2 分别接被测接地体。

为了测准 R，必须找准电压极 C 点。找准 C 点的方法有：①A、B 两点之间的距离足够大，尤其是大型变电所的接地网，A、B 之间距离应该是接地网的对角线长的 4～5 倍；②间接判断，即将电位探针 C 在 A、B 两点某区域移动，当电压 U_{AC} 基本不变或变化很小时，则 C 点是近似零电位点。有时为了测准，则采用变电所的出线，达到 A、B 两点足够大。

接地电阻的大小与土壤电阻率有很大的关系，当接地网的土壤电阻率较大时，接地网的接地电阻值可能达到相关规程的 5Ω。

五、接触电压、跨步电压测试

随着电网建设的飞速发展，线路杆塔在人员活动密集性地地带的数量增加，一些位于变电所附近水田里的杆塔发生单相接地故障时，在其周围的人群受到跨步电压伤害的事件已经发生。因此，在线路建设及运行维护的过程中，杆塔的接地装置除了考虑防雷外，对部分特殊区域线路杆塔的跨步电压及接触电压进行测试及研究分析，防止触电事故发生，所以对 1 kV 及以上新投入的电气设备和地网，应测量其接触电压和跨步电压。

一般将距接地设备水平距离 0.8 m 处，以及与沿该设备金属外壳（或构架）垂直于地面的距离为 1.8 m 处的两处之间的电压，称为接触电压。人体接触该两处时就要承受接触电压。

当电流流经接地装置时，在其周围形成不同的电位分布，人的跨步约为 0.8 m，所以在接地体径向的地面上，水平距离为 0.8 m 的两点间的电压，称为跨步电压。人体两脚接触该两点时，就要承受跨步电压。

一般可利用电流、电压三极法测量接地电阻的试验电路和电源来进行接触电压、跨步电压的测试，如图 5-15 所示。

人体电阻 R_m 取值为 1 500 Ω。电压测量用的接地极，可用直径 8～10 mm、长约 300 mm 的圆钢，埋入地深 50～80 mm。若在混凝土或砖块地面测量时，可用 26 mm×26 mm 的铜板或钢板作接地体，并与地接触良好。

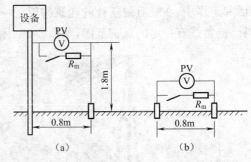

图 5-15 接触电压、跨步电压测量图
(a)接触电压；(b)跨步电压

【安全须知】

1. 测量应选择在干燥季节和土壤未冻结时进行。

2. 测量时,电流线和电压线应尽可能分开,不应缠绕交错。

3. 在变电所进行现场测量时,由于引线较长,应多人进行,转移地点时,不得甩扔引线。

4. 测量时接地电阻表无指示,可能是电流线断;指示很大,可能是电压线断或接地体与接地线未连接;接地电阻表指示摆动严重,可能是电流线、电压线与电极或接地电阻表端子接触不良,也可能是电极与土壤接触不良造成的。

5. 对于运行 10 年以上接地网,应部分开挖检查,看是否有接地体焊点断开、松脱、严重锈蚀现象。

6. 电压极、电流极的要求:电压极和电流极一般用一根或多根直径为 25～50 mm、长 0.7～3 m 的钢管或圆钢垂直打入地中,端头露出地面 150～200 mm,以便连接引线。电压极接地电阻应不大于 1 000～2 000 Ω;电流极的接地电阻应尽量小,以使试验电源能将足够大的电流注入大地。因此,电流极的接地经常采用附近的电网和杆塔的接地。

7. 测量发电厂、变电所接地网的接地电阻,通入的电流一般不应低于 10～20 A,测量接地体的接地电阻,通入的电流不小于 1 A 即可。

8. 注入接地电流测量接地电阻时,会在接地装置注入处和电流极周围产生较大的电压降,因此,在试验时应采取安全措施,在 20～30 m 半径范围内不应有人或动物进入。

复习与思考

1. 变电所防雷接地有什么要求?

2. 编写一份某电站接地电阻测量试验方案。

任务三　避雷针试验

为保护电气设备、防止直接雷击,可采用避雷针和架空地线(避雷线)。避雷针(线)的作用是使雷击中在针、线上(不会击在被它们保护的电气设备上),从而起到保护作用的。在日常生活和工作中,在装有避雷针的建筑物附近一定范围内的设备很少有雷击的情况,也就是说避雷针、避雷线有一定的保护范围,如图 5-16、图 5-17、图 5-18 所示。

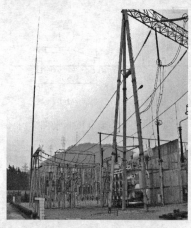
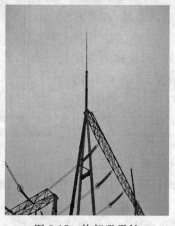

图 5-16　独立避雷针　　　　图 5-17　构架避雷针　　　　图 5-18　消雷器

一、避雷针避雷原理

1. 尖端放电与火花放电

孤立的导体处于静电平衡时,它的表面各处的面电荷密度与各处表面的曲率有关,曲率越大的地方,面电荷密度也越大。

尖端上的面电荷密度很大的时候,尖端周围的电场就会很强。空气中离散的带电粒子(电子或离子)在这强电场的作用下作加速运动时就可能获得足够大的能量,以致它们和空气分子碰撞时,能使后者离散成电子或离子。这些新的电子或离子与其他空气分子相碰,又产生新的带电粒子。这样就会产生大量的带电粒子。与尖端上的电荷异号的带电粒子受尖端电荷的吸引,飞向尖端,使尖端上的电荷被中和掉;与尖端上电荷同号的带电粒子受到排斥而从尖端附近飞开。从外表看,就好像尖端上电荷被"喷射"出来放掉一样,所以叫尖端放电。

而电火花放电是电极间的气体被击穿,形成电流在气体中的通道中呈现明显的电火花,故叫做电火花放电。电晕放电属于尖端放电,电晕放电时,电极间的气体还没有被击穿,是电荷在高电压的作用下发生移动而进行的放电。并且,火花放电的电流都很大,而电晕放电的电流就比较小。

放电尖端与放电球的区别正是在此。放电尖端或者放电球与顶端的导体形成一个电容器,由于放电尖端比较尖,即放电尖端形成的电容器的两极板的正对面积比较小,所以尖端形成的电容器的电容就要小于放电球形成的电容器的电容,前者所容纳的电荷就要小于后者,当两者聚集相同的电荷时,前者就更容易放电,释放电荷,形成导体通路。云层的电荷就可以通过这个通路导入大地,所以避雷针要采用尖端装置。

2. 避雷针避雷的原理

明白了尖端放电与火花放电的原理,也就明白了避雷的原理。其实所谓的"避雷",并不是阻挡,相反是靠"吸引"来中和电荷,似乎叫"引雷针"更合适。所以避雷针一定要高于被保护的建筑物的突出部分,因为在突出部分能形成畸变的电场,在雷电形成的电路导向地面时就会受到畸变电路的影响,从而改变方向,转向避雷针,而避免了击中建筑物。这样,在避雷针的一定高度下也就形成了一定的安全保护区,保护区的范围与避雷针的高度有关。

3. 与避雷针类似原理

与避雷针原理相同的还有雷雨天一些参天大树容易被雷击倒,突出的大树受带大量电荷的云层的感应也带了大量的电荷,积累的电荷过多时就被击倒了。同样,雷雨天在空旷的地面上行走是很危险的,也是容易成为云层跟地面的导体。尽量不要开摩托车、骑自行车,切忌狂奔,因为快速骑车或奔跑时形成的跨步电压容易引雷。如果雷雨时正在开车,可找个停车场或安全地方停车等待,并关好车门窗,但不要把车停在大树下,不要在雷电发生时下车。雷暴雨时,也不要在高山顶上避雨与打电话。

二、演示尖端放电原理的应用

演示内容:演示尖端放电原理的应用——避雷针。

仪器装置:高压电源、模拟避雷针装置。

实验原理:

当避雷针演示仪接通静电高压电源后,绝缘支架上的两个金属板带电了。在极板间电压超过 1 万 V 时,由于导体尖端处电荷密度大于金属球处,所以金属尖端附近形成了强电场,在强电场的作用下,空气分子被击穿,致使极板和金属尖端之间处于连续的电晕放电状态,即尖端放电现象。而金属球与极板间的电场不能达到火花放电的数值,故金属球不放电。在实际应用中,尖端导体与大地相连接,云层中的电荷通过导体与大地中和,因而避免了人身和物体遭到雷电等静电的危害。如高层建筑物顶部都安装有高于屋顶物体的金属避雷针。

实验操作与现象:

(1)如图 5-19 所示,将静电高压电源正、负极分别接在避雷针演示仪的上下金属板上,把带支架的金属球放在金属板两极之间。接通电压,金属球与上极板间形成火花放电,可听到噼啪声音,并看到火花。若看不到火花,可将电源电压逐渐加大,演示完毕后,关闭电源。

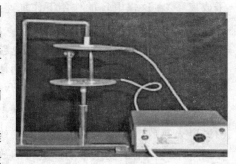

图 5-19 避雷针实验图

(2)用带绝缘柄的电工钳将待支架的顶端呈圆锥状(尖端)的金属物体也放在金属板两极之间,此时金属球和尖端的高度一致,接通静电高压电源,金属球火花放电现象停止了,但可听到丝丝的电晕放电声,看到尖端与上极板之间形成连续的一条放电火花细线。若看不到放电火花细线,将电源电压提高。演示完毕后,关闭电源。

注意事项:

(1)由于电源电压较高,关闭电源后,不能完全充分放电,故每一步演示后都应取下电源任一极与另一极接头相碰触人工进行放电,以确保仪器设备和操作者的安全。

(2)晴天演示时电源电压应降低些,阴天演示电源电压应提高些。

(3)静电高压电源是用一号电池供电,改变电池伏数(即改变电池电压输出电极位置),高压输出亦随之改变。

三、避雷针保护范围

目前所有决定避雷针的保护范围的公式是在实验室利用冲击电压发生器作为电源,在一些模拟设备上进行大量的实测后得到的。为了安全,在实验室中对所有的影响因素都尽量考虑的偏严,但求出的保护范围仍不是绝对的,从运行经验中可知,当设备处在保护范围之内时,受到雷击的可能性是很小的。由于避雷针是一个尖端,雷云容易对它放电,故其保护效果较好,处在针的保护范围内的设备受到雷击的可能性很小,一般不大于 0.1%;而避雷线的保护效果就差一点,设备即使处在地线的保护范围内,仍受雷击的可能性还大些。但避雷线的保护范围是带状的,对伸长的被保护物最为恰当,如对占地面积较大的输电线,则宜用架空地线进行直击雷防护,避雷针则宜用于受雷面积不大的发、变电所。

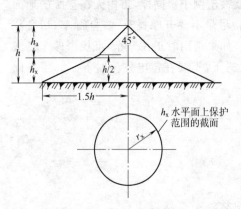

图 5-20 单支避雷针的保护范围

1. 单支避雷针保护范围

单支避雷针的保护范围按下列方法确定,如图5-20所示。

(1)避雷针在地面上的保护半径应按式(5-21)计算:

$$r = 1.5h \tag{5-21}$$

式中　r——保护半径,m;

　　　h——避雷针高度,m。

(2)在被保护物高度h_x水平面上的保护半径应按式(5-22)确定:

当

$$h_x \geqslant \frac{h}{2} \text{ 时}, r_x = (h - h_x)p = h_a p \tag{5-22}$$

式中　r_x——避雷针在h_x水平面上的保护半径,m;

　　　h_x——被保护物的高度,m;

　　　h_a——避雷针的有效高度,m;

　　　p——高度影响系数。$h \leqslant 30$ m, $p = 1$; $30 < h \leqslant 120$ m, $p = \dfrac{5.5}{\sqrt{h}}$。

当

$$h_x < \frac{h}{2} \text{ 时}, r_x = (1.5h - 2h_x)p \tag{5-23}$$

当$h > 30$ m时,r_x需乘以p,它说明,当针高超过30 m时,其保护范围不再随针高成正比增加。一个更为有效地扩大保护范围的作法是采用多根(等高或不等高)避雷针。

2. 两支等高避雷针的保护范围

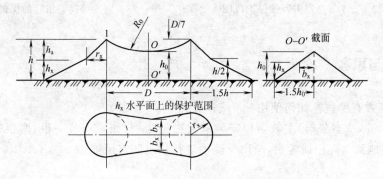

图5-21　两支等高避雷针的保护范围

如图5-21所示,两只高度均为h的避雷针的外侧(即针1的左、针2的右)的保护范围由式(5-21)、式(5-22)决定。由图5-16可见,采用两针时,两针之间除两个半径为r_x的保护范围外,又多得到一部分,这一部分保护范围的确定方法是:令D为两针间的距离,$2b_x$等于在高度为h_x水平面上保护范围的最小宽度,它位于两针的连接线的中点,即距每针的距离为$\dfrac{D}{2}$。如已知b_x的大小,则在平面图上可得($\dfrac{D}{2}$,b_x),由这一点至半径为r_x的圆作切线,便得到保护范围。

b_x的确定:

$$b_x = 1.5(h_0 - h_x) \tag{5-24}$$

式中　h_x——两针间保护范围上部边缘最低点的高度,m。

$$h_0 = h - \frac{D}{7p} \tag{5-25}$$

当 $D = 7ph_a$ 时，$b_x = 0$。

两针间距离与针高之比 D/h 不宜大于 5。

3. 三支或四支等高避雷针的保护范围

三支等高避雷针所形成的三角形 1、2、3 的外侧保护范围，应分别按两支等高避雷针的计算方法确定；如在三角形内被保护物最大高度 h_x 水平面上，各相邻避雷针间保护范围的一侧最小宽度 $b_x \geqslant 0$ 时，则全部面积受到保护，如图 5-22 所示。

四支等高避雷针的保护范围如图 5-23 所示。当针数在四支以上时，由避雷针所形成的多角形，可以先将其分成两个或几个三角形，然后分别按三支等高针的方法计算，如各边保护范围的一侧最小宽度 $b_x \geqslant 0$ 时，则全部面积受到保护。

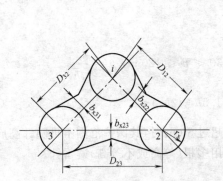

图 5-22　三支等高避雷针的保护范围

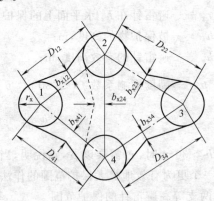

图 5-23　四支等高避雷针的保护范围

复习与思考

1. 避雷装置有哪些？如何使用？

2. 以本学院（或本公司）主教学楼安装避雷措施为例，如果安装一根、两根等高避雷针应如何设置？实地到学院楼顶考察，画出学院的现行建筑防雷措施。

任务四　避雷器试验

避雷器是电力系统中的重要电力设备之一，起过电压保护作用。当电网电压升高达到避雷器规定的动作电压时，避雷器动作，释放过电压负荷，将电网电压升高的幅值限制在一定水平之下，从而保护设备绝缘不受损坏。而实际上避雷器也并非避免雷击，而是将雷击引起的过电压限制到绝缘设备所能承受的水平，除了限制雷击过电压外，有的还限制一部分操作过电压。

目前我国电力系统中运行的避雷器按结构和性能分为五大类：

1. 保护间隙。

2. 管式避雷器。

3. 普通阀式避雷器。它又分为 FS 型（不带并联电阻）和 FZ 型（带并联电阻）。

4. 磁吹避雷器。它又分为 FCZ 型（变电所用）和 FCD 型（旋转电机用）。

5. 金属氧化物避雷器。现在主要就是氧化锌避雷居多。

一、避雷器形式和结构

1. 保护间隙

保护间隙通常做成角形,有利于灭弧。过电压作用时由于间隙下部的距离最小,所以该处先发生放电。放电所产生的电弧高温使周围空气温度剧增,热空气上升时把电弧向上吹,使电弧拉长。此外,电流从电极流过时,电弧到另一电极形成回路,使电弧电阻增大。当电弧拉伸到一定长度时,电网电压不能维持电弧燃烧,电弧就熄灭了。

在中性点不直接接地系统中,一相保护间隙动作时因电容电流较小能自行灭弧,但在两相或三相同时动作时,或中性点直接接地情况下,因流过保护间隙的是工频短路电流,则不能自行熄弧,而引起跳闸,所以一般应用自动重合闸加以配合。

由于保护间隙不能切断工频短路电流,所以大多数情况下已被其他避雷器所取代,仅在特殊情况下使用。

2. 管式避雷器

管式避雷器克服了保护间隙不能熄灭工频短路电流的缺点。管式避雷器及间隙装在用产气材料制成的管内,其结构如图 5-24 所示。

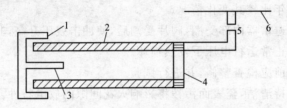

图 5-24　管式避雷器结构图
1—储气室;2—产气管;3—内电极;4—喷口;5—外间隙;6—高压线

管式避雷器的缺点是不容易实现强制灭弧,而且其伏—秒特性陡,不够平坦,放电分散性大,动作时产生截波,因此与其他被保护设备配合度不太好,一般不能用于保护高压电器设备的绝缘。在高压电网中,只用作线路弱绝缘保护和变电所进线保护。

新型管式避雷器用作农村电网配电设备保护,在两电极之间有一个与产气管内壁紧配合的产气芯棒。雷电过电压作用时,沿芯棒和管壁间狭缝发生放电,冲击电弧与产气材料紧密接触,因而产生大量气体。由于缝隙中空间极小,所以气压极高,其灭弧能力比一般管式强得多。它与原管式避雷器的区别是:原管式避雷器一般靠工频短路电流的电弧产气来达到灭弧目的,而新型管式避雷器是靠雷电流产气来灭弧。

3. 普通阀式避雷器

普通阀式避雷器是由火花间隙和非线性电阻片(阀片)串联后叠装在密封的瓷套内,变电所用阀式避雷器还装有与火花间隙相并联的非线性电阻,其目的是使工频电压沿间隙分布均匀。

火花间隙采用固定短间隙(0.1 mm～几毫米),其伏安特性较为平坦,放电电压分散性较小,火花间隙的功能是在正常运行时使阀片与电源隔断,出现过电压时才放电,过电压消失时灭弧,其灭弧介质一般用于干燥空气或充氮。

阀片和非线性电阻均用碳化硅和结合剂经烧炼制成。

除了间隙的结构不同外,阀式避雷器串入了阀片,阀片的串入能够限制工频续流,有利于间隙灭弧,同时还解决了灭弧与保护特性间的矛盾。

4. 磁吹阀式避雷器

磁吹阀式避雷器和普通阀式避雷器的基本原理相同,主要是通过改进间隙来改善避雷器的保护性能。

磁吹避雷器是利用原有间隙串磁吹线圈,利用雷电流自身能量在磁吹线圈中产生磁场,驱动并拉长电弧,使电弧长度长达间隙刚击穿时电弧起始长度的数十倍。由于电弧驱入灭弧盒狭缝并受到挤压和冷却,使弧电阻变得很大;同时,电弧被拉到远离击穿点的部位,使击穿点的绝缘程度得到很好的恢复,从而大大提高了间隙的灭弧能力,磁吹阀式避雷器的灭弧电流可达450 A,而一般阀式避雷器为 50~80 A。避雷器的保护特性主要取决于残压,采用磁吹间隙可有效地改善保护特性。

普通阀式避雷器和磁吹阀式避雷器在运行中应注意以下几个问题:

(1)避雷器的正常运行电压应低于避雷器的灭弧电压。

(2)不能限制谐振过电压。

(3)长期运行会使非线性电阻老化,其电阻增加,电导电流下降,必须每年进行预防性试验,测量电导电流并逐年比较其变化情况。

(4)密封不良将使避雷器内部受潮,阀片受潮后,使冲击残压升高,非线性电阻受潮则电导电流增大,使避雷器在正常运行电压下发热损坏。

(5)每年雷雨季节前应检查整修,并进行试验。

(6)瓷套表面应保持清洁,瓷表面污秽将影响火花间隙的放电特性。

5. 金属氧化物避雷器(MOA)

金属氧化物避雷器(MOA)又称氧化锌避雷器,是一种与传统避雷器概念有很大不同的新型避雷器,如图 5-25 所示。从 20 世纪 80 年代中期开始,它已在电力系统推广应用并已批量生产。

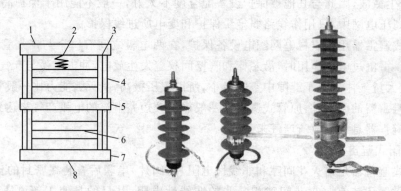

图 5-25　金属氧化物避雷器结构图和实物图

1—上金属板;2—弹簧或金属垫高片;3—螺钉;4—绝缘拉杆;5—绝缘固定套板;6—阀片;7—螺钉;8—隔板

MOA 与其他传统避雷器的区别在于:其他类型避雷器,从羊角间隙到 FCZ 磁吹式避雷器,其内部空气间隙起到十分重要的作用,在正常运行时靠间隙将阀片与电源隔开,出现过电压间隙才被击穿,阀片放电泄流。而氧化锌避雷器是用氧化锌阀片叠装而成的,可完全取消间隙,解决了因间隙放电时限及放电稳定性所引起的各种问题。由于氧化锌阀片具有非线性特性好的特点,从而使避雷器的特性和结构发生了重大改变。

氧化锌阀片是以氧化锌为主并掺以 Sb、Bi、Mn、Cr 等金属氧化物烧制而成的。氧化锌的电阻率为 $1\sim10\Omega/cm$,晶界层的电阻率为 $10^{13}\sim10^{14}\ \Omega/cm$。当施加较低电压时,晶界层近似绝缘状态,电压几乎都加在晶界层上,流过避雷器的电流只有微安量级;电压升高时,晶界层由高阻变低阻,流过的电流急剧增大。

由于氧化锌阀片具有优异的非线性和良好的材质稳定性,所以可以不用串联间隙,其结构比阀式避雷器简单得多。

由于 MOA 不带间隙,所以 MOA 一接入电网就有电流流过,使元件自身发热。工作电压愈高电流愈大,发热量愈大,由于 MOA 阀片在小电流范围内有负的温度特性,所以温度升高,使泄漏电流增加,再加上操作、雷电、暂时过电压等冲击能量和表面污秽,这些累积效应将导致MOA 热崩溃。

二、避雷器的伏秒特性测试

1. 伏秒特性的作用

伏秒特性是指在冲击电压波形一定的前提下,绝缘(包括固体介质、液体介质或气体介质的绝缘以及由不同介质构成的组合绝缘)的冲击放电电压与相应的放电时间的关系曲线。

伏秒特性主要用于比较不同设备绝缘的冲击击穿特性,对避雷器的现场选型比较重要,如用阀型避雷器保护变压器,要获得可靠保护的话,首先必须使阀型避雷器间隙的伏秒特性的上包络线始终位于变压器绝缘伏秒特性的下包络线的下方,此时不论雷电冲击电压的峰值多高,避雷器的间隙总是先击穿,如图 5-26 所示。如果之后避雷器上的电压不高于其间隙的击穿电压的话,则变压器上的电压就低于其击穿电压。如果避雷器的伏秒特性较陡,可能和变压器的伏秒特性出现相交的情况,如图 5-27 所示,此时在交叉部分右边,也就是冲击电压峰值较低时,避雷器的间隙县级穿,变压器能得到保护。但在交叉部分的左边,也就是冲击电压峰值较高时,反而是变压器先击穿,变压器不能得到保护。所以两伏秒特性相交时,变压器不可能得到很好的保护。

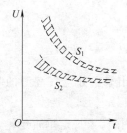

图 5-26　变压器绝缘的伏秒特性(S_1)和阀

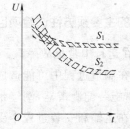

图 5-27　变压器(S_1)和避雷器(S_2)的伏秒特性

2. 试验原理

在绝缘间隙上施加固定的标准冲击电压波形,逐级升高电压,观察实验波形。当电压很低时,间隙不击穿;当电压较低时,击穿发生在冲击波尾;当电压很高时,放电时间明显减少,击穿可发生在波前。若每级电压下，只有一个放电时间，则可根据伏秒特性的定义绘得伏秒特性。但实际上放电时间具有分散性，于是每级电压下会有一系列放电时间，因此实际上伏秒特性是以上、下包络线为界的一个带状区域。

间隙伏秒特性的形状决定于电极间的电压分布。极不均匀电场中平均击穿场强较低，放电时延较长，因此其伏秒特性在放电时间还相当大时(约几微秒)，就已经随后再减少而明显地翘向上方。在均匀及稍不均匀电场中，平均击穿场强较高，相对来说放电时延较短，所以其伏秒特性就比较平坦。

3. 测试方法

实验过程中保持冲击电压的波形不变，逐渐升高电压使间隙发生击穿，并根据示波图记录击穿电压 U 和击穿时间 t。击穿发生在波前或者波峰时，U 与 t 均取击穿时的值；击穿发生在波尾时，t 取击穿瞬间的时间值，但 U 取击穿过程中外施电压的最大值。连接各点，即可画出伏秒特性曲线，如图 5-28 所示。

但实际上放电时延有分散性，即在每级电压下可测得不同的放电时延，所以伏秒特性实际上不是一条曲线，而是一条包络带，其下包络线是 0% 伏秒特性曲线，上包络线是 100% 伏秒特性曲线。通常说的伏秒特性曲线实际上是 50% 伏秒特性曲线，如图 5-29 所示。

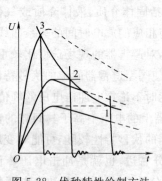

图 5-28　伏秒特性绘制方法
（虚线表示没有被试间隙时的波形）

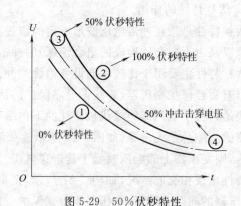

图 5-29　50% 伏秒特性

1—0% 伏秒特性；2—100% 伏秒特性；3—50% 伏秒特性；
4—50% 冲击击穿电压；5—0% 冲击击穿电压(即静态击穿电压)

三、避雷器的主要预防性试验项目及要求

1. 避雷器在运行中常见故障

(1)避雷器在制造过程中可能造成的缺陷，但未被检查出来。如空气潮湿的时候，装配车间未采取防潮措施装配避雷器，潮气带进了避雷器。

(2)避雷器在运输和安装过程中受损。如运输过程中不按厂家规定垂直运输，而是横放在汽车上运输或在运输安装过程受到过大的冲击振动使内部瓷碗破裂、并联电阻震断、外瓷套损坏等。

(3)运行中受潮老化。由于瓷套端部不平、滚压不严、密封胶垫圈老化、瓷套裂纹等原因，同时由于运行中昼夜温差的变化，而使潮气进入避雷器，在谐振过电压和长期工频电压作用下并联电阻和阀片老化，间隙烧毛，致使避雷器工频放电电压和通流容量下降。

2. 项目及要求

避雷器在运行中出现事故屡有发生,因此对避雷器定期进行预防性试验很有必要。表 5-2 为避雷器的主要预防性试验项目及要求。

表 5-2　避雷器的主要预防性试验项目及要求

序号	试验项目	FS、FZ、FCD、FCZ 型避雷器	金属氧化物避雷器
1	外观检查	是否有裂纹,密封是否良好,引下线与接地体及本身连接是否良好,表面有无放电痕迹等	
2	测量绝缘电阻	FS 型:绝缘电阻不小于 2 500 MΩ FZ、FCD、FCZ 型:与前一次或同类型测量数据比较不应有显著变化	35 kV 以上,绝缘电阻不小于 2 500 MΩ;35 kV 及以下,绝缘电阻不小于 1 000 MΩ
3	测量电导电流及检查串联组合元件的非线性因数 α 的差错	FS 型:不要求做该项目 FZ、FCD、FCZ 型:电导电流应在规定的范围内,与出厂值及历年值比较不应有显著变化 同一相内各串联元件 α 差值不大于 0.05,电导电流相差值不大于 30%	
4	测量工频放电电压	仅对 FS 型进行;FZ 解体大修后进行	
5	测量直流 1 mA 电压 U_{1mA} 及 75% U_{1mA} 电压下的泄漏电流		测得 U_{1mA} 与初始值比较,变化不大于 ±5%;75%U_{1mA} 下泄漏电流不大于 50μA
6	测量交流运行电压下的电导电流	有条件可进行,标准自行规定	当电导电流的有功分量增为初始值的 2 倍后,应停电检查
7	基座绝缘及放电记数器电阻试验	基座绝缘电阻自行规定;放电记数器动作试验正常	

四、FS 型避雷器的预防性试验

1. 绝缘电阻试验

测量避雷器的绝缘电阻,目的在于初步检查避雷器内部是否受潮,测量前应检查瓷套有无外伤。测量时应用 2 500 V 兆欧表,把试验连线与避雷器可靠连接,试验接线如图 5-30 所示。

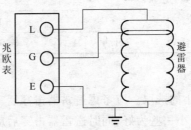

图 5-30　FS 型避雷器绝缘电阻试验接线图

试验方法如下：

(1)当天气潮湿时，瓷套表面对泄漏电流的影响较大，应用干净的布把瓷套表面擦净，并用金属丝将下端瓷套与摇表的屏蔽接线柱 G 端相连接，以消除其影响(其测量值应大于 2 500 MΩ)。按图 5-30 接好线，将被测相高压端接于兆欧表"线路"(L)柱上，低压端及兆欧表的"地"(E)柱一同接地。如果避雷器可能产生表面泄漏时，应在避雷器靠近"L"端的绝缘表面上用裸铜线绕成屏蔽环，接于兆欧表的"屏蔽"("G")柱上。

(2)打开兆欧表开关按钮，调整测量时间为 1 min，进行测量，并记录绝缘电阻值。

(3)将兆欧表和避雷器的联线断开后，断开兆欧表电源，用串有电阻的放电棒使被试避雷器充分放电，拆除测试线。

(4)记录当时的环境温度及相对湿度。

当 FS 避雷器受潮后，如云母垫片吸潮、水气附着在瓷套的内壁，则避雷器绝缘电阻降低，所以测量绝缘电阻是判断避雷器是否受潮的有效方法。

2. 工频放电电压试验

工频放电电压试验接线图如图 5-31 所示，FS 型避雷器在击穿前泄漏电流很小，当保护电阻 R_1 数值不大时，变压器高压侧的电压为作用在避雷器的电压。因此可根据变压器的变化，以低压侧电压表的读数决定避雷器的放电电压。但应事先校准试验变压器变比，低压侧应使用较高精度的电压表。

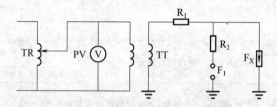

图 5-31　工频放电电压试验接线图

TR—调压器；TT—试验变压器；PV—低压电压表；R_1、R_2—保护电阻器；F_1—保护放电间隙；F_x—被试品

(1)对 FS 型避雷器工频放电电压要求

对 FS 型避雷器工频放电电压要求见表 5-3。如工频放电电压的测量值高于上限值，则冲击放电电压升高(冲击系数一定)，而如工频放电电压测量值低于下限值，则灭弧电压降低，避雷器可能在内部下动作。

表 5-3　FS 型避雷器工频放电电压要求

额定电压(kV)		3	6	10
放电电压(kV)	大修后	9～11	16～19	26～31
	运行中	8～12	15～21	23～33

(2)注意事项

①R 值大小的选取。应考虑避雷器击穿后工频放电电流不超过 0.7 A 和对试验变压器的保护，R 的值取小一些为好；同时避雷器击穿后应在 0.5 s 内跳闸，以免烧坏间隙。

②升压速度。升压过快时，因表针的机械惯性可能带来 15% 的测量误差，以 3～5 kV/s 为宜。

③其他影响因素。避雷器表面有污秽,附近有接地的金属物品等,对测量结果也会有影响。

④R 的选择。使试品击穿时的放电电流限制到试验变压器的 $1\sim5$ 倍额定电流。通常采用水电阻,将蒸馏水装在硬塑料管或玻璃管内制成。为了降低阻值,可以加一些硫酸铜溶液。电阻要有足够的直径和长度,以保证试验进行中的热稳定和试品击穿后不发生沿面放电。一般采用可承受电压 10 kV,直径约 25 mm,长约 50 cm 的水电阻。

升压可用自耦、移圈调压器与试验变压器配合使用。现场一般采用 10 kV·A 及以下的自耦调压器。自耦调压器漏抗小,输出波形好,功率损耗小。移圈调压器用于配合 100 kV 以上试验变压器。

测量工频放电电压,可用高压侧静电电压表、分压器和低压侧测量。

3. 测量直流 1 mA 电压 U_{1mA} 及 75%U_{1mA} 电压下的泄漏电流

此试验应在绝缘电阻测量合格后方可进行,试验接线如图 5-32 所示。

该项试验有利于检查氧化锌避雷器直流参考电压及在正常运行中的荷电率,对确定阀片片数,判断额定电压选择是否合理及老化状态都有十分重要的作用。

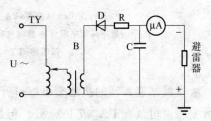

图 5-32　FS 避雷器泄漏电流测量接线图

试验方法如下:

(1)检查调压器是否在零位,确认在零位后,合上电源,进行升压,观察微安表有无指示,若无异常情况,可升至 1 mA。

(2)停止升压确定此时电压值,再降压至该电压的 75% 时,测量其泄漏电流,因该电流值较小,应用数字式万用表检测。

(3)试验无异常,数据合理后,降电压至零,断开试验电源。

(4)试验后,须用放电棒将被试相先经电阻对地放电,然后再直接接地对地充分放电。

(5)将高压引线换至另一相,重复上述试验,直至三相全部试验完毕。

(6)试验完毕,拆除各试验接线。

五、FZ、FCZ、FCD 型避雷器的预防性试验

1. 绝缘电阻试验

测量方法和普通阀式避雷器相同,但通过测量绝缘电阻还可以检查并联电阻接触是否良好、是否老化,有无断裂。多元件串联组成的避雷器要求用 2 500 V 绝缘电阻表测量每一单独元件的绝缘电阻。由于各生产厂以及不同时期的产品,并联电阻的阻值的伏安特性不同,故对测量结果不作统一规定,主要是与以前的测量结果或同类产品相比较后判断。如抚顺电瓷厂规定由其生产的 FCZ2-110JN 型避雷器运行中绝缘电阻不应小于 10 000 MΩ。

2. 电导电流试验

在避雷器两端施加一定的直流电压时,流过避雷器本体的电流称为避雷器的电导电流。电导电流试验的目的是检查避雷器是否受潮、并联电阻有无断裂、老化以及同一相内各组合元件的非线性系数的差值是否符合要求。测得的电导电流应在规定的范围内,超出范围的电导

电流,若明显偏大,则表明避雷器内部受潮,并联电阻劣化;若明显偏小,则可能是并联电阻断裂或接触不良。

采用直流电压发生器时,避雷器电导电流试验接线图如图5-33所示。

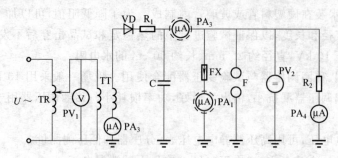

图 5-33　避雷器电导电流试验接线图

PA₁、PA₃—微安表;PA₄—串高电阻测量电压用的微安表;R₁—保护电阻;

R₂—测量用高值电阻;C—滤波电容;VD—高压二极管;PV₁—低压电压表;PV₂—静电电压表;

TR—调压器;TT—试验变压器;F—保护放电间隙;FX—被试品

当被试避雷器的接地端可以打开时,微安表宜放在 PA₁ 处;如避雷器接地端不便打开时,微安表也可放在 PA₂ 或 PA₃ 处。但放在 PA₁ 处最好,因为此时流过微安表的电流主要是避雷器电导电流,准确度较高,且微安表处于低电位。如放在 PA₂ 处,需进行屏蔽,并且微安表要尽可能靠近被试避雷器,否则测量误差很大。这时微安表处于高电位,应放在安全遮拦内。如放在 PA₃ 处,因为回路其他所有元件的泄漏电流都要通过微安表,因此要进行两次测量:第一次不接入避雷器,第二次接入避雷器,再以两次的测量结果相减作为实测结果,这种测量方法误差较大。

3. 工频放电电压试验

对有并联电阻避雷器进行工频放电电压试验时,应保证试验电压超过灭弧电压的时间小于 2s,避雷器击穿后电流应在 0.5 s 内切断,放电电流小于 0.7 A。在现场做此项试验时需要有快速升压设备以及相应的测量设备。

六、金属氧化物避雷器试验(MOA)

1. 绝缘电阻试验

绝缘电阻试验与其他避雷器的绝缘电阻试验相同。电压等级在 35 kV 及以下用 2 500 V 兆欧表,35 kV 以上用 5 000 V 兆欧表。

由于氧化锌阀片在小电流区域具有很高的阻值,故绝缘电阻主要取决于阀片内部绝缘部件和瓷套。

进口避雷器一般按厂家的标准进行绝缘电阻试验。

2. 直流 1 mA 下电压及 75％该电压下泄漏电流测量

测量直流 1 mA 下电压的目的是寻找击穿的临界值,测量在 75％击穿电压下的直流泄漏电流的目的是检查氧化锌避雷器末击穿时的绝缘状态。上述两项试验有利于检查 MOA 直流参考电压及 MOA 在正常运行中的荷电率,对确定阀片片数,判断额定电压选择是否合理及老化状态都有十分重要的作用。其试验原理接线如图 5-34 所示。

试验步骤：先以指针式微安表监测泄漏电流值，升至
1 mA。停止升压确定此时电压值，再降压至该电压的 75%
时，测量其泄漏电流，因该电流值较小，应用数字式万用表
来检测。

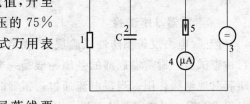

图 5-34　MOA 直流试验接线图
1—直流电压发生器；2—滤波电容；
3—静电电压表；4—直流微安表；5—试品

试验中注意事项：

（1）试验必须与地绝缘，外表面应加屏蔽，屏蔽线要
封口；

（2）直流电压发生器应单独接地；

（3）该试品底部与匝绝缘应保持干燥；

（4）现场测量应注意场地屏蔽。

试验分析数据时试验中如 U_{1mA} 电压比工厂所提供的数据偏差较大，与铭牌不符时，应与
厂家进行联系。通常在 $70\%U_{1mA}$ 下的电流值偏大或电压加不上去，则有可能严重受潮；电流
大于 50 μA，则有可能有受潮情况。投运后，随着运行时间的增加，电流有一定增大，但电流不
能超过 50 μA。

如表 5-4 为避雷器试验报告。

表 5-4　避雷器试验报告

安装环境					
安装位置					
设备名称		试验性质		试验日期	
天气		温度		湿度	
试验标准					
铭牌					
型号		额定电压			
持续运行电压		直流 1mA 参考电压			
制造厂家					
出厂编号	A		B		C
绝缘电阻测试(MΩ)仪器：兆欧表					
相别	A		B		C
绝缘电阻					
直流 1mA 参考电压及 $75\%U_{1mA}$ 下的泄漏电流测量仪器：直流电压发生器、毫安表、微安表、滤波电容、静电电压表					
试验项目	A		B		C
$U_{1mA}(kV)$					
$U_{1mA}(\mu A)$					
试验结论					
试验人员			审核		

七、避雷器基座及放电计数器试验

1. 避雷器基座试验

按照《电力设备预防性试验规程》规定,预防性试验中应当对避雷器基座及放电计数器进行检查试验。避雷器底部的基座一般是一个绝缘的瓷柱,基座上一般并联有放电计数器。基座起对地绝缘作用。当雷电流通过避雷器时,放电计数器动作,为分析过电压及避雷器动作情况积累数据。对避雷器基座要求用 2 500 V 兆欧表测量绝缘电阻,该绝缘电阻一般应在 100 MΩ 以上。

某些特殊系统中,如 10 kV 三角形接线电力电容器组中的某些避雷器,其基座不带放电记数器且单相接地情况下要承受运行相电压,对此类避雷器的基座,应按 10 kV 支持绝缘子进行交流耐压试验。

2. 放电计数器试验

（1）JS 放电计数器工作原理

图 5-35(a)为 JS 型双阀片式结构的放电计数器原理。当避雷器动作时,放电电流流过阀片电阻 R_1,在 R_1 上的压降经阀片电阻 R_2 给电容 C 充电,C 再对电磁式计数器的电感绕组 L 放电,使其的移动一格,记一次数。改变 R_1 及 R_2 的阻值,可使记数器具有不同的灵敏度,一般最小动作电流为 100 A。

图 5-35(b)为 JS-8 型整流式结构的放电计数器原理。避雷器动作时,阀片电阻 R_1 上的压降经全波整流给电容 C 充电,C 再对电磁式计数器的电感绕组放电,使其动作记数。该放电计数器的阀片电阻 R_1 阻值较小,通流容量较大,最小动作电流为 100 A。JS-8 型一般用于 6.0～330 kV 系统,JS-8A 型用于 500 kV 系统。

（2）运行检查和试验

放电计数器在运行中发现的主要问题是密封不良和受潮,严重的甚至出现内部元件锈蚀的情况。因此在对避雷器进行预防性试验时,应检查放电计数器内部有无水气、水珠,元件有无锈蚀,密封橡皮垫圈的安装有无开胶等情况,发现缺陷应予以处理或更换。

图 5-36 是在现场采用的一种简易试验方法。用一个 1 000 V 或 2 500 V 兆欧表给一个容量约为 5～10 μF 的电容器充电,然后用电容器通过放电计数器放电,记数器应当动作。

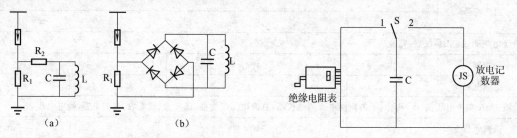

图 5-35　JS 型放电计数器原理图　　　　图 5-36　放电计数器动作次数的检查
(a)双阀片式;(b)整流式

试验时应注意:为得到足够的交流电流,应由一人摇兆欧表,另一人通过绝缘杆挂电容器的放电引线;在兆欧表停摇之前,将兆欧表与电容器的引线断开,用绝缘杆挂导线给放电计数器放电,以防止电容器对兆欧表反充电,损坏兆欧表及因释放电荷得不到正确的结果。应记录放电计数器试验前后的放电指示位数。原则上应将放电计数器指示位数通过多次动作试验恢复到试验前位置。

复习与思考

1. 避雷器有哪些？其分类标准是什么？
2. 请组织一次完整变电所 35 kV 氧化物避雷器的预防性试验。
3. 编写一份某电站避雷防护的技术实施方案。

项目小结

本项目是对输电线路及变电所防雷设备进行整体认识和了解，包括单根、双根避雷线、避雷器、避雷针的保护范围，避雷器、避雷针、泄漏电流和接地电阻的测试方法等。介绍了电力系统的过电压及其防护措施等，具体试验项目能检测出来的故障参见表5-5所示。

表 5-5 避雷器高压试验项目检测故障一览表

序号	试验项目	绝缘故障及部件			
		主绝缘	整体受潮	护套	计数器
1	绝缘电阻	●	●		
2	直流 1mA 临界电压(U_{1mA})及 $0.75U_{1mA}$ 下的泄漏电流(氧化锌)	●	●	●	
3	底座绝缘电阻	●	●		
4	检查放电计数器动作情况				●
5	运行电压下的交流泄漏电流	●			
6	工频参考电流下的工频参考电压	●			

项目资讯单

项目内容	防雷设备绝缘试验			
学习方式	通过教科书、图书馆、专业期刊、上网查询问题；分组讨论或咨询老师		学时	14
资讯要求	书面作业形式完成,在网络课程中提交			
资讯问题	序号	资讯点		
	1	分裂导线法是什么？主要是起到什么作用？		
	2	你有没有经历过或者听说过身边雷击事件？日常生活中应如何避免？		
	3	输电线路雷击有哪几种形式？可以采取哪些防护措施？		
	4	为何避雷线保护角不宜大于 25°？		

续上表

	序号	资讯点
资讯问题	5	衡量线路防雷性能优劣的指标有哪些？应如何计算？
	6	输电线路在线监测主要有何作用？现有什么措施进行？
	7	变电所防雷原则是什么？有哪些防雷措施？
	8	接地电阻值要求为多少？应如何测量？
	9	在水田边上的杆塔发生触电事故，请分析事故原因。
	10	查询一下本市是否属于多雷区？每年遭受雷击事件及伤亡情况。
	11	避雷针避雷的原理是什么？请一句话说出关键点。
	12	请说明单支和两根等高避雷针保护范围是如何计算的？
	13	氧化锌避雷器的结构有什么特点和优势？
	14	什么是伏秒特性？其有什么作用？
	15	阀型避雷器的预防性试验主要有哪些？应如何实施？
	16	试分析阀型避雷器运行中突然爆炸的原因，运行中阀型避雷器瓷套管有裂纹如何处理？
	17	金属氧化物避雷器试验预防性试验主要有哪些？应如何实施？
	18	对于MOA，为何要测量直流1mA下电压及75%该电压下泄漏电流？
	19	防雷的基本措施有哪些？请简要说明。
	20	电容器在直配电机防雷保护中的主要作用是什么？
	21	感应过电压是怎么产生的？请介绍简单的计算公式。
	22	简述避雷针的保护原理和单根保护范围的计算。
	23	对于避雷器放电计数器运行中应如何检查和试验？
	24	运行中的避雷器突然爆炸，应如何处理？
	25	接地电阻参考值是多少？应如何测量？
资讯引导		以上问题可以在本教程的学习信息、精品网站、教学资源网站、互联网、专业资料库等处查询学习。

项目考核单

一、单项选择题（在每小题的选项中，只有一项符合题目要求，把所选选项的序号填在题中的括号内）

1. 以下几种方式中，属于提高线路耐雷水平的措施是（　　）。

    A. 降低接地电阻　　　B. 降低耦合系数　　　C. 降低线路绝缘　　　D. 降低分流系数

2. 大气间游离放电的临界电场强度范围是（　　）。

    A. 10～30 kV/cm　　　B. 5～10 kV/cm　　　C. 30～40 kV/cm　　　D. 40～50 kV/cm

3. 以下哪些形式可以防止输电线路雷害的产生（　　）。

    A. 避雷针　　　B. 避雷线　　　C. 避雷器　　　D. 以上都是

4. 输电线路上，发生雷害的形式有（　　）。

    A. 雷击避雷线　　　B. 直击杆塔　　　C. 绕击导线　　　D. 以上都是

5. 反击过电压的保护措施有（ ）。

    A. 降低杆塔的接地电阻   B. 提高耦合系数

    C. 绕击导线   D. 以上都是

6. 从减少绕击率的观点出发，应尽量减少保护角和降低杆塔的高度，即采用双避雷线为宜，一般杆高超过 30m 时，保护角不宜大于（ ）度。

    A. 20   B. 30   C. 45   D. 60

7. 根据我国有关标准，220 kV 线路的绕击耐雷水平是（ ）。

    A. 12 kA   B. 16 kA   C. 80 kA   D. 120 kA

8. 避雷器到变压器的最大允许距离（ ）。

    A. 随变压器多次截波耐压值与避雷器残压的差值增大而增大

    B. 随变压器冲击全波耐压值与避雷器冲击放电电压的差值增大而增大

    C. 随来波陡度增大而增大

    D. 随来波幅值增大而增大

9. 对于 500 kV 线路，一半悬挂的瓷绝缘子片数为（ ）。

    A. 24   B. 26   C. 28   D. 30

10. 接地装置按工作特点可分为工作接地、保护接地和防雷接地。保护接地的电阻值对高压设备约为（ ）。

    A. 0.5～5Ω   B. 1～10Ω   C. 10～100Ω   D. 小于 1Ω

11. 在发电厂和变电站中，对直击雷的保护通常采用（ ）方式。

    A. 避雷针   B. 避雷线   C. 并联电容器   D. 接地装置

二、填空题

1. 当雷击于线路附近的建筑物或地面时，会在架空输电线的三相导线上出现_____。

2. 按架设的形式，输电线路分为_____和_____。按照输送电流的性质，输电分为_____和_____。

3. 线路上的雷过电压分为_____和_____两种。

4. 通常情况下变电所雷击有两种情况：_____、_____。

5. _____是变电所防直击雷的常用措施。

6. 变电站对侵入波的防护的主要措施是在其进线上装设_____。

7. 把电力设备与接地装置连接起来，称为_____。

8. 目前我国电力系统中运行的避雷器按结构和性能分为五大类：_____、_____、_____、_____、_____。

9. 伏秒特性是指在冲击电压波形一定的前提下，_____与_____的关系曲线。

10. 间隙伏秒特性的形状决定于_____。

三、简答题

1. 叙述感应过电压的产生过程。

2. 需要从哪些方面解决了输电线路的防雷问题？

3. 简述耐雷水平的定义，并叙述有哪些因素可以影响输电线路的耐雷水平。

4. 叙述如何进行杆塔冲击接地电阻测试。

5. 输电线路在线监测的含义,包括哪些方面,有何作用?

6. 简述变电所雷害的主要来源。

7. 简述变电所防雷措施。

8. 简述测量接地电阻的原理。

9. 简述避雷针避雷的原理。

10. 普通阀式避雷器和磁吹阀式避雷器在运行中应注意哪些问题?

四、计 算 题

1. 已知无避雷线的架空线对地平均高度为 12 m,在距离输电线路为 75 m 处的地面遭受 $I=85$ kA 的雷击时,试计算线路感应雷过电压幅值。

2. 某电厂原油罐直径为 10 m,高出地面 10 m,现采用单根避雷针保护,针距罐壁最少 5 m,试求该避雷针的高度是多少?

 项目操作单

分组实操项目。全班分 5 组,每小组 7~9 人,通过抽签确认表 5-6 变压器试验项目内容,自行安排负责人、操作员、记录员、接地及放电人员分工。考评员参考评分标准进行考核,时间 50 min,其中实操时间 30 min,理论问答 20 min。

表 5-6 避雷器试验项目

序号	避雷器绝缘项目内容			
项目 1	避雷器绝缘电阻测试			
项目 2	直流 1 mA 临界电压(U_{1mA})及 $0.75U_{1mA}$ 下的泄漏电流(氧化锌)			
项目 3	运行电压下的交流泄漏电流			
项目 4	避雷器耐压试验			
项目 5	放电计数器动作测试			
项目编号		考核时限	50 min	得分
开始时间		结束时间		用时
作业项目	避雷器试验项目 1~4			
项目要求	1. 说明避雷器绝缘试验原理。 2. 现场就地操作演示并说明需要试验的绝缘结构及材料。 3. 注意安全,操作过程符合安全规程。 4. 编写试验报告。 5. 实操时间不能超过 30 min,试验报告时间 20 min,实操试验提前完成的,其节省的时间可加到试验报告的编写时间里。			
材料准备	1. 正确摆放被试品。 2. 正确摆放试验设备。 3. 准备绝缘工具、接地线、电工工具和试验用接线及接线钩叉、鳄鱼夹等。 4. 其他工具,如绝缘胶带、万用表、温度计、湿度仪。			

续上表

	序号	项目名称	质量要求	满分100分
评分标准	1	安全措施 （14分）	（1）试验人员穿绝缘鞋、戴安全帽，工作服穿戴齐整	3
			（2）检查被试品是否带电（可口述）	2
			（3）接好接地线对避雷器进行充分放电（使用放电棒）	3
			（4）设置合适的围栏并悬挂标示牌	3
			（5）试验前，对避雷器外观进行检查（包括瓷瓶、油位、接地线、分接开关、本体清洁度等），并向考评员汇报	3
	2	避雷器及仪器仪表铭牌参数抄录 （7分）	（1）对与试验有关的避雷器铭牌参数进行抄录	2
			（2）选择合适的仪器仪表，并抄录仪器仪表参数、编号、厂家等	2
			（3）检查仪器仪表合格证是否在有效期内并向考评员汇报	2
			（4）向考评员索取历年试验数据	1
	3	避雷器外绝缘清擦 （2分）	至少要有清擦意识或向考评员口述示意	2
	4	温、湿度计的放置 （4分）	（1）试品附近放置温湿度表，口述放置要求	2
			（2）在避雷器本体测温孔放置棒式温度计	2
	5	试验接线情况 （9分）	（1）仪器摆放整齐规范	3
			（2）接线布局合理	3
			（3）仪器、避雷器地线连接牢固良好	3
	6	电源检查（2分）	用万用表检查试验电源	2
	7	试品带电试验 （23分）	（1）试验前撤掉地线，并向考评员示意是否可以进行试验。简单预说一下操作步骤	2
			（2）接好试品，操作仪器，如果需要则缓慢升压	6
			（3）升压时进行呼唱	1
			（4）升压过程中注意表计指示	5
			（5）电压升到试验要求值，正确记录表计指数	3
			（6）读取数据后，仪器复位，断掉仪器开关，拉开电源刀闸，拔出仪器电源插头	3
			（7）用放电棒对被试品放电、挂接地线	3
	8	记录试验数据（3分）	准确记录试验时间、试验地点、温度、湿度、油温及试验数据	3
	9	整理试验现场 （6分）	（1）将试验设备及部件整理恢复原状	4
			（2）恢复完毕，向考评员报告试验工作结束	2
	10	试验报告 （20分）	（1）试验日期、试验人员、地点、环境温度、湿度、油温	3
			（2）试品铭牌数据：与试验有关的避雷器铭牌参数	3
			（3）使用仪器型号、编号	3
			（4）根据试验数据作出相应的判断	9
			（5）给出试验结论	2
	11	考评员提问（10分）	提问与试验相关的问题，考评员酌情给分	10
考评员项目验收签字				

项目六 电力电容器、电力电缆、绝缘子的绝缘试验

【项目描述】

电力电容器、绝缘电力电缆、绝缘子等电气设备在电力系统中应用广泛,型号、规格、外观、材质等差异很大,如何正确辨识这些电气设备,了解其结构形式、类别及各自的特点和电气性能对确保电力系统的安全运行至关重要。其中,绝缘性能是这些电气设备的基本性能,绝缘试验是电气设备一项基础性的设备性能检验性工作,在已发生的绝大多数电力事故中,因设备绝缘性能降低或损坏而发生的占全部案例的 60% 以上。可见,绝缘试验对电气设备来说是多么重要的试验,也是电力系统规定必须执行的预防性试验制度。

【知识要求】

◆认识电力电容器、电力电缆、绝缘子等电气设备。

◆了解这些电气设备的材质的结构及类别。

◆掌握电力电容器、电力电缆、绝缘子的机构和电气特性。

◆熟悉这些电气设备的应用及安全环境。

【技能要求】

通过对本项目的学习,学生能了解电力电容器、电力电缆、绝缘子的基本工作原理和外观特征,掌握其使用以及安全运行和维护的基本技能,能处理一般的故障;能熟练开展电力电气设备的电气预防性试验工作,正确使用各种电气检测仪器和装置等试验仪器仪表工具。

任务一 认识电力电容器

一、电力电容器的工作原理

电力电容器在电力系统中主要作无功补偿或移相使用,大量装设在各级变配电所里,这些电容器的正常运行对保障电力系统的供电质量与效益起重要作用。像电池一样,电容器也具有两个电极,这两个电极分别连接到被电介质隔开的两块金属板上。电容器与电池之间的不同之处在于:电容器可以瞬时释放它的全部电量,而电池则需要花费数分钟才能完全释放其电量。常用电容按介质区分有纸介电容、油浸纸介电容、金属化纸介电容、云母电容、薄膜电容、陶瓷电容、电解电容等。电容量的单位是法,即容量为 1F 的电容器可以在 1V 的电压下存储 1C 的电量。1C 为 6.25e18(6.25×10^{18},即 625 亿亿)个电子,1A 表示每秒钟流过 1C 电子的电子流动速率。因此,容量为 1F 的电容器可以在 1V 的电压下存储数量为 1A 的电子。

二、电力电容器的外观及铭牌

电力电容器的种类繁多，根据其标准的不同可以划分为很多类型，本书主要介绍的是在电力系统中应用最普遍的移相电容器、串联电容器、耦合电容器、均压电容器等类型，如图 6-1 所示。这些电容器大多是分体式或者是柜式。分体式多为户外型，常见于户外变电站；柜式多为户内安装，常见于配电系统。电容器由箱壳和芯子组成，箱壳用薄纲板密封焊接制成，箱壳盖上焊有出线瓷套，箱壁两侧焊有供安装用的吊攀，一侧吊攀装有接地螺栓（见图 6-2）。

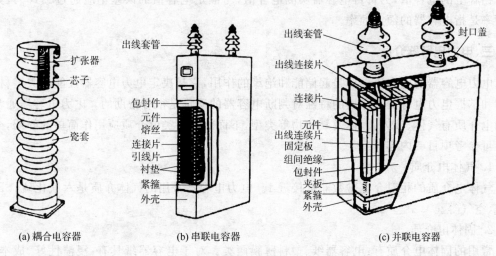

(a) 耦合电容器　　　(b) 串联电容器　　　(c) 并联电容器

图 6-1　电容器内部结构示意图

图 6-2　户外电力电容器安装实例

对于了解电力系统的人，很容易从外观和安装位置上猜出这些设备大概的作用。但更为准确且最直接的方法是通过电容器身上的铭牌来区别的。具体表示方法如下：

口 1 口 2 口 3-口 4-口 5-口 6

型号由文字部分（口 1 口 2 口 3）和数字部分（口 4 口 5 口 6）组成，代号的含义如下。

口 1：表示电容器的用途，Y——移相用；C——串联用。

口 2：表示浸渍物，Y——矿物油浸渍；W——烷基苯浸渍；L——氯化联苯浸渍。

口 3：表示介质材料或使用场所，F——复合介质（电容器纸与聚丙烯薄膜）；W——户外使用。

口 4：表示额定电压（kV）。

口 5：表示标称容量(kvar)。

口 6：表示相数，1——单相；3——三相。

例如：YLW—10.5—50—1，表示氯化联苯浸渍的移相电容器，户外式，额定电压 10.5 kV，标称容量为 50 kvar，单相；YY0.4—12—3，表示矿物油浸渍的移相电容器，用于户内，额定电压为 0.4 kV，标称容量为 12 kvar，三相；YW10.5—16—1，表示烷基苯浸渍的移相电容器，户外式，额定电压 10.5 kV，标称容量为 16 kvar，单相；YWF10.5—25—1，表示烷基苯浸渍的复合介质的移相电容器，额定电压 10.5 kV，标称容量为 25 kvar，单相。

铭牌上的电容值，为每台电容器实测电容值，与额定电容值的误差不应超过±10%，其标称频率是指电容器的额定频率。

三、电力电容器介质

电力电容器的电介质主要是起储能和绝缘的作用，它是决定电力电容器性能的关键材料。了解和掌握电力电容器电介质的特性对判断电容器的质量是很有帮助的。电力电容器通常采用的电介质有气体、液体、固体及氧化物等类型，下面就每一类电介质应用作简单的介绍，介质详情可参考项目一内容。

1. 气体电介质

气体电介质的相对介电常数非常接近 1。电力电容器常用的气体介质是六氟化硫(SF_6)、氮气、空气等。

2. 固体电介质

常用的固体电介质有：电容器纸、塑料薄膜两类。对于电容器纸具有：浸渍性好、成本低、效益高，可实现自动化生产等优点；缺点是：线膨胀系数大、易变形、电容量稳定性差、容易老化、耐热性低(<80℃)、机械强度低等。

塑料薄膜具有耐电强度和机械强度高、体积电阻系数高、电稳定性好等优点。缺点是：难以浸渍，通过采取特殊的工艺，也可以提高浸渍效果，或者做成干式电容器。常用的塑料薄膜有：聚丙烯薄膜(简称 PP 膜)、聚脂薄膜等。

3. 液体电介质

液体电介质分天然液体电介质和合成液体电介质两类。

天然液体电介质有：变压器油、电容器油、电缆油、蓖麻油等矿物质油和植物油。合成化合物：有异丙基联苯(IPB)、二芳基乙烷(PXE)、爱迪索油、二异丙基萘(KIS—400)、CPE 等等，种类较多。

4. 氧化物电介质

以金属(常见的是铝或钽)的氧化膜作为电介质，以电解质作为另一电极。即所谓的电解电容器，这类电容器单个电容量可做到上万微法，如表 6-1 所示。电解电容器的特点是电极是有极性的，应用中正、负极不能接反。

表 6-1　常用介质的相对介电系数

材料名称	ε_r	材料名称	ε_r	材料名称	ε_r
真空	1	电容器纸	6.5	环氧树脂	3.8
空气	1.00058	油浸电容器纸	3.2~4.4	云母	4~7.5

续上表

材料名称	ε_r	材料名称	ε_r	材料名称	ε_r
六氟化硫	1.002	聚丙烯树脂	2.2~2.6	瓷	6~6.5
二氧化碳	1.00098	聚丙烯薄膜	2.0~2.1	胶木层纸	2.5~4
变压器油	2~2.2	聚四氟乙烯	2~2.2	石蜡	2.1~2.5
电容器油	2.1~2.3	聚氯乙烯	3~3.5	玻璃	5.5~10
三氯联苯	5.2	聚乙烯	2.2~2.4	橡胶	2~3
木材	4.5~5	聚酯	3.2	钛酸钡	3 000~8 000
纸	3.0~3.5	有机玻璃	3~3.6		

注：氯化联苯(三氯联苯、五氯联苯)由于毒性大,1975 年国际上已经禁止使用。

四、电力电容器的运行及维护

电力电容器对电力系统的稳定运行作用非常重要,其相关运行与维护的知识有专门的介绍,在学习本书内容前应掌握一定的运行维护知识,本书重点是学习对电力电容器进行试验。有关电力电容器的运行及维护知识,在"变电所运行与维护"课程中有专门的介绍,如需要了解这方面的知识,也可以通过其他专业的资料或相关网络来学习掌握。

复习与思考

1. 电力电容器有哪些？如何区别？
2. 电力电容器运行维护有什么要求,如何做一个合格的运行维护人员？
3. 如何辨别电力电容器采用的电介质是什么,有什么特色？
4. 如何通过检验电介质的特性来判断电容器的质量？

任务二　电力电容器试验项目及方法

一、电容器试验项目

【技术标准】

1. 到货后的验收试验

(1)外观检查；

(2)密封性检查；

(3)电容量测量；

(4)工频耐压试验(通常为出厂试验的 75％)；

(5)tanδ 测量(并联电容器、集合电容器不做)；

(6)绝缘油试验(集合电容器)。

用户也可以根据需要与生产厂家签订合同增加型式试验或出厂试验中的某些项目(例如冲击试验、局部放电测量等)。

2. 安装后的验收(交接)试验

(1)测量绝缘电阻；

(2)测量耦合电容器、断路器电容器的 tanδ 及电容值；

(3)500 kV 耦合电容器的局部放电试验(对绝缘有怀疑时)；

(4)并联电容器交流耐压试验；

(5)冲击合闸试验。

3. 预防性试验

(1)极对外壳绝缘电阻测量(集合电容器增加相间)；

(2)电容量测量；

(3)外观及渗漏油检查；

(4)红外测温；

(5)测量 tanδ(并联电容器及集合电容器不做)；

(6)低压端对地绝缘电阻(耦合电容器)；

(7)交流耐压和局部放电试验(耦合电容器,必要时)；

(8)绝缘油试验(集合电容器)。

二、电容器的试验方法

1. 外观检查

外观检查主要是观察电容器是否存在变形、锈蚀、渗油、过热变色、鼓胀等问题。

2. 密封性检查

用户进行密封性检查通常只能采用加热的方法,在不通电的情况下将试品加热到最高允许温度加 20℃的温度,并维持一段时间(2 h 以上),在容易产生渗油的地方用吸油材料(如白石粉、餐巾纸等)进行检查。

3. 绝缘电阻测量

(1)基本概念

在夹层绝缘体上施加直流电压后,会产生三种电流,如图6-3 所示。

①电导电流 i_R,与绝缘电阻有关；

②电容电流 i_C,与电容量有关；

③吸收电流 i_1,由绝缘介质的极化过程引起。

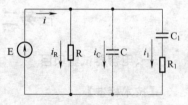

图 6-3　夹层绝缘体的等值电路

一般认为电容电流衰减很快,吸收电流的衰减时间较长,对绝缘电阻的测量影响较大,这种分析只是在电容量 C 比较小的情况下才成立。当电容量较大、而兆欧表又不能提供较大的充电电流时,电容电流反而会成为影响测量结果的主要因素。试品电容量越大,对兆欧表的短路输出电流要求越高。数据参考如表 6-2 所示。

表 6-2　对兆欧表短路电流的要求(参考值)

试品电容(μF)		0.5	1	2	3	5
测量吸收比(mA)	$I_D \geqslant$	1	2	4	5	10
测量极化指数(mA)	$I_D \geqslant$	0.25	0.5	1	1.5	2.5

（2）测量方法

①测量部位：并联电容器只测量两极对外壳的绝缘电阻；分压电容器以及均压电容器测量极间绝缘电阻；耦合电容器测量极间及低压电极对地的绝缘电阻。

②测量接线：兆欧表的 L 端子接被试设备的高压端，E 端子接设备的低压端或地，当需要屏蔽其他非被试设备时，兆欧表的屏蔽端 G 与其他非被试设备连接。

③测量步骤：

测量前应将电容器两极对地短接充分放电 5 min 以上，兆欧表建立电压后分别短接 L、E 端子和分开 L、E 端子，兆欧表应显示零或无穷大，兆欧表的高压端子 L 与被试品的连接或分开均应在兆欧表建立电压的情况下进行，测量吸收比时记录 15 s 和 60 s 时的绝缘电阻；测量极化指数时记录 1 min 和 10 min 的绝缘电阻值，测量后应将电容器两极对地短接放电 5 min 以上。

4. 电容量测量

（1）电压电流法

试验接线见图 6-4。

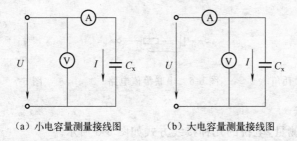

（a）小电容量测量接线图　　（b）大电容量测量接线图

图 6-4　电压电流法测量电容量

电容量的计算：

$$C_x = \frac{I}{U\omega} \quad \text{(F)} \tag{6-1}$$

式中　I——电流，A；

　　　U——电压，V；

　　　ω——$\omega = 2\pi f$，电源频率为 50 Hz 时，$\omega = 314$。

如果取电压 $U = 159.2$ V，C_x 的单位为 μF，则有：

$$C_x = 20I \quad (\mu\text{F}) \tag{6-2}$$

目前市场上有成套的电容、电感测量装置，其原理基于电压电流法，有些仪器为了避开 50 Hz 的电源干扰，采用低于或高于 50 Hz 的电源进行测量，仪器采用开口 CT 测量电流，因此在测量时不用打开电容器的连接线，仪器自动根据电压和电流值计算电容值或电感值。

（2）电桥法

在采用电桥测量时，试验前应估算试验中的电容电流值，以便确定试验电源的容量和选择仪器的量程。

（3）电容表法

随着计算机技术的发展，大量的智能仪表也应运而生，数字式电容表是一种能直接测量各种电容器容量的较为精密的数字仪表，进行测量时，直接将电容器两极接入仪表测试端子即可,使用极其简单。它具有现场测量电容器不需拆除连接线、测量参数完整、海量的数据存储和 USB 通信、抗干扰能力强、使用携带轻便等诸多优点,也在电力系统得到广泛的应用。

5. $\tan\delta$ 测量

(1)介质损耗组成

电容器中介质损耗的组成由以下三部分组成。

①泄漏电流引起的损耗;

②介质极化损耗;

③局部放电引起的损耗。

$\tan\delta$ 是电容器的有功损耗 P 与电容器消耗的无功功率 Q 的比值:

$$\tan\delta = \frac{\text{电容器的有功损耗}}{\text{电容器的无功损耗}} = \frac{P}{Q} \tag{6-3}$$

δ 为介质损耗角,如图 6-5 所示,串联和并联电路如图 6-6、图 6-7 所示。

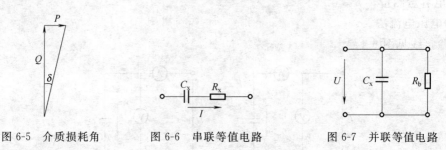

图 6-5 介质损耗角　　　图 6-6 串联等值电路　　　图 6-7 并联等值电路

(2)$\tan\delta$ 测量方法

一般用交流电桥测量,电桥的几种接线方式如图 6-8 所示。

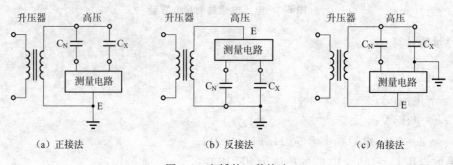

(a) 正接法　　　　　(b) 反接法　　　　　(c) 角接法

图 6-8 电桥的三种接法

①正接法:适用于电容器无接地端的情况,测量准确度高,电桥测量电路处于低电位,比较安全。

②反接法:适用于电容器一端接地的情况,测量结果受引线对地电容的影响,所以测出的电容值比正接法大,不能反映真实的电容值。电桥测量电路处于高电位,安全性差。

③角接法:适用于电容器一端接地的情况,测量结果受升压器、引线的对地电容影响,准确性稍差,但由于电桥的测量电路位于低电压,安全性好。

(3)测量注意事项

①由于试验设备容量的原因,目前不要求测量并联电容器的 $\tan\delta$。

②耦合电容器电容量相对也较大,试品本身容抗小,受与其串联的接触电阻、接地电阻影

响比较大,应注意试验接线接触必须良好,接地线应可靠接地,最好接在设备的接地端上,如果采用地刀接地,应防止地刀接地不良造成的测量误差。

复习与思考

1. 常用的电力电容器测量仪器仪表有哪些? 如何使用?

2. 对电力电容器试验要注意哪些事项?

3. 应用 $\tan\delta$ 测量三种方法对同一电路上的电容器测量结果进行分析对比。

4. 编写一份完整的电力电容器试验报告。

任务三　电力电容器交流耐压试验

一、概　述

1. 交接时只对并联电容器进行。试验电压加在电极引线与外壳之间,主要检查外包油纸绝缘、油面下降、瓷套污染等缺陷。

2. 对耦合电容器必要时进行交流耐压试验。(按出厂试验值的 75% 考虑)

3. 为了减小试验设备容量,通常都采用串联或并联谐振法进行。

4. 测量高压的电压表或分压器应直接接在被试品的高压端上,并应读取试验电压的峰值,试验电压值以 $\dfrac{U_{\max}}{\sqrt{2}}$ 为准,大部分峰值电压表已按 $\dfrac{U_{\max}}{\sqrt{2}}$ 显示试验电压。

二、常规交流耐压试验方法

电力电容器交流耐压试验如图 6-9 所示。

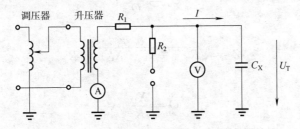

图 6-9　常规交流耐压试验接线

$$X_{\mathrm{C}} = \frac{1}{\omega C_{\mathrm{x}}} \tag{6-4}$$

$$I = \frac{U_{\mathrm{T}}}{X_{\mathrm{C}}} = \omega C_{\mathrm{x}} U_{\mathrm{T}} \tag{6-5}$$

R_1:限流电阻。由于电流较大,R_1 的阻值越大,压降越大,损耗也越大,可按 $R_1 \leqslant X_{\mathrm{C}}$ 选择 R_1 的阻值,而且要有足够大的热容量,通常采用水电阻;

R_2:铜球保护电阻。为了保证铜球击穿后过流保护装置能够动作,应满足 $U_{\mathrm{T}}/R_2 \geqslant$ 动作电流。

注意事项：

1. 电压表的高压端子必须直接接在被试品的高压端子上；

2. 升压速度在试验电压的 75％ 以下时不规定升压速度，但从 75％ 试验电压升到 100％ 试验电压则要求升压速度为每秒 2％，即在 12.5s 左右升到 100％ 试验电压值，避免在接近规定试验电压附近停留太久的时间。

3. 试验前后要做好高压试验的安全措施。

三、串联谐振交流耐压试验

串联谐振法交流耐压试验接线如图 6-10 所示。

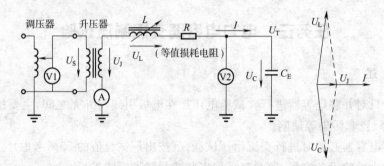

图 6-10　串联谐振法交流耐压试验接线（调感式）

串联谐振的特点：

$$I_L = I_C = I \tag{6-6}$$

$$X_L = X_C \tag{6-7}$$

$$U_L = -U_C \tag{6-8}$$

$$U_J = \frac{U_C}{Q} \tag{6-9}$$

回路阻抗：

$$Z = \sqrt{R^2 + (X_L^2 - X_C^2)} = R \tag{6-10}$$

回路 Q 值：

$$Q = \frac{X_L}{R} \tag{6-11}$$

在试验回路中，由于电容器也存在一定的损耗，相当于增大了损耗电阻 R，所以试验回路总的等效品质因数 Q_S 会比电抗器的 Q 值要小一些：

$$Q_S = \frac{1}{\frac{1}{Q} + \tan\delta} \tag{6-12}$$

一旦试品击穿，X_C 变为零，谐振条件被破坏，此时回路阻抗变为：

$$Z_B = \sqrt{R^2 + (X_L^2 - 0)} \approx X_L \tag{6-13}$$

试品击穿后电流为：

$$I_B = \frac{U_J}{X_J} = \frac{I}{Q} \tag{6-14}$$

即:串联谐振耐压中一旦试品击穿,回路电流就会下降为 Q 分之一,不存在过电流的问题,所以试验比较安全。

串联谐振耐压的优点:

(1)减小升压器输出电压为试验电压的 Q 分之一,从而减小试验设备容量。

(2)试品击穿后电流下降为原来的 Q 分之一,比较安全。

(3)不需要串接限流电阻。

四、并联谐振交流耐压试验

并联谐振法交流耐压如图 6-11 所示。

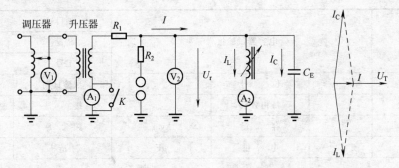

图 6-11 并联谐振法(调感式)交流耐压

并联谐振特点:

$$U_C = U_L = U_T \tag{6-15}$$

$$I_L = -I_C \tag{6-16}$$

回路阻抗:

$$Z \approx QX_L \tag{6-17}$$

回路电流:

$$I \approx \frac{U_T}{QX_L} = \frac{I_C}{Q} \tag{6-18}$$

并联谐振耐压试验特点:

(1)试验电流为试品电流的 Q 分之一,从而减小试验设备容量;

(2)试品击穿时试验电流可能会增加,过流保护应可靠;

(3)需要串接限流电阻。

五、电容器本体绝缘试验

1. 电容器本体绝缘试验

本体绝缘试验目的是掌握电容器的绝缘水平,判断电容器的工作状态。

采用的工具有:绝缘摇表(根据电容器工作电压等级选用对应电压等级的绝缘摇表)、导线(含接地线)若干、温度计和相关安全、记录设备等。

步骤和方法如下:用裸铜导线对电容器两极接线头短接,绝缘摇表接地端可靠接地,待绝缘摇表电压升起来达到试验电压后,快速接到电容器的两极。由于电容器是容性设备,所以在点接通瞬间绝缘电阻会变为零,为电容器的一个充电过程,待电容器充电完成后绝缘电阻会慢慢变大。时间测量 1 min 后记录数值。根据试验数据,写出试验报告,做出试验结论和建议。

　　填写试验报告,并给出正确的结论。因为对高压电气设备的检测,目的就是要判断设备的工作性能确保生产安全。为使判断准确,就要求所做的检测项目能尽可能充分和全面。因此,对电气设备进行检测试验时通常都会包括多个检测项目,报告结论是根据所做项目的结果进行综合的评价,试验表格也是一份全面记录各项检测数据的完整的表格。常用的电容器检测表格如表 6-3 所示。

表 6-3　电容器试验记录表

电容器试验报告				项目:	
				装置:	
				工号:	
名　　　称		位　　号		试验日期	
电容器数量		每相数量		接　　法	
型　　号		容　　量	kvar	频　　率	
额定电压		电容量	μF	制 造 厂	
绝缘试验:			温度(℃)		
接线位置	绝缘电阻(MΩ)		交流耐压(kV)		时间(min)
两级对外壳					
冲击合闸试验					
次数	电流(A)			各相电流差值(%)	熔断器情况
	A 相	B 相	C 相		
第一次					
第二次					
第三次					
断路器电容器、耦合电容器测量				温度(℃)	
级间绝缘电阻(MΩ)	电容量(μF)		介质损耗角正切值(%)	局部放电量(pC)	
备注:					
结论:					
技术负责人			试验人		

　　2. 电容器鉴定试验

　　下面实例是对某型并联电容器进行鉴定试验(本例采用 YYW10-5-400-1 型,具体操作时可根据各自的实训条件进行适当更改)。

YYW10-5-400-1 型铭牌数据如下：

型号：YYW10-5-400-1　　　相数：单相

额定容量：400 kvar　　　额定频率：50 Hz

额定电压：10.5 kV　　　标称电容：11.55 μF

额定电流：38.1 A　　　温度类别：−40/＋40℃

要求：

(1)测量两级对外壳的绝缘电阻。

(2)测量极间电容量。

(3)绘出极间介质损耗角正切值 tanδ(%)与试验电压 U_T 关系曲线。

(4)极间工频交流耐压试验。

(5)两极对外壳的工频交流耐压试验。

(6)热稳定试验，根据测得的数据绘出 tanδ 与电容器内部最热点温度 θ 的关系曲线，绘出内部最热点温度与加压时间 t 的关系曲线和 tanδ 与加压时间的关系曲线。

(7)编写试验报告，给出结论和建议。

容器试验试验工具如表 6-4 所示。

表 6-4　电容器试验工具表

序号	设备名称	数量	备　　注
1	安全隔离围栏	若干	围闭警示，起安全隔离作用
2	作业标示牌	若干	
3	验电笔	1 支	
4	绝缘鞋、绝缘手套等安全用具	若干	满足参试人员需要
5	安全带	若干	
6	万用表	2 块	
7	绝缘梯	1 把	
8	移动电源插排	若干	带漏电保护功能
9	绝缘操作杆	2 根	
10	绝缘绳、绝缘带	若干	
11	温湿度仪	1 个	
12	计算器	1 台	
13	工具箱	1 套	
14	测试导线(带接线套柱)	若干	含接地线
15	绝缘放电棒	1 套	
16	回路电阻测试器	1 台	输出电流≥100 A
17	整流电源型兆欧表(电子摇表)	2 台	输出电压：1 kV、2.5 kV、5 kV
18	全自动介质损耗测量仪	1 台	
19	工频耐压装置	1 套	
20	记录纸、笔	若干	

步骤和方法：

请按照本书前面所述内容进行练习，具体操作内容本处略去。

 复习与思考

1. 常用的交流耐压测量仪器有哪些？如何使用？
2. 试画出用 A-500 型交流电桥（外接自制分流器）测量 tanδ(％)的接线图。
3. 极间工频交流耐压试验应注意什么问题？
4. 编写一份某变电所补偿电力电容器的预防性试验方案。

任务四　电力电缆试验

一、认识电力电缆

电力电缆主要由电缆本体、电缆接头、电缆终端等组成。有些电力电缆线路还带有配件，如压力箱、护层保护器、交叉互联箱、压力和温度警示装置等。图 6-12 为统包型电缆结构示意图。图 6-13 是交联聚乙烯绝缘电力电缆结构，分别由线芯、半导体屏蔽层、XLPE 绝缘、铠甲、护套等组成。

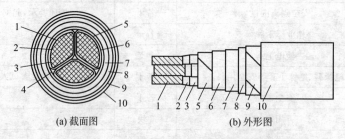

(a) 截面图　　　　　(b) 外形图

图 6-12　统包型电缆结构示意图

1—扇形导体；2—导体屏蔽层；3—油浸纸绝缘；4—填充物；5—统包油浸纸绝缘；6—绝缘屏蔽层；
7—铅（或铝）护套；8—垫层；9—钢带护铠；10—聚氯乙烯或麻织物外护套

图 6-13　交联聚乙烯绝缘电力电缆结构

1. 电力电缆的分类

电力电缆是由外包绝缘的导线所构成的。有的电缆还包有金属外皮并加以接地，也有不包金属外皮的，如某些橡塑电缆。按电压等级和绝缘材料的不同，电力电缆可分为油浸纸绝缘电缆、挤包绝缘电缆、压力电缆和光纤复合电缆四大类。

油浸纸绝缘电缆是用纸带绕包在导体上经过真空干燥后,浸渍矿物油作为绝缘层,在其上再挤包金属套的电力电缆,这种电缆多用于电压等级在 35 kV 及以下的电力线路中。随着技术的进步,油浸纸绝缘电缆可成黏性浸渍纸绝缘电缆和不滴流电缆两种;按结构不同也可分为带绝缘电缆、屏蔽型电缆和分铅型电缆。

挤包绝缘电缆是将聚合材料挤压在导体上用作绝缘电缆的绝缘,这种电缆不存在油浸纸绝缘电缆的滴油等缺点,而且制造工艺简单,已逐步取代油浸纸绝缘电缆。按聚合材料的不同,挤包绝缘电缆可分为聚氯乙烯电缆、聚乙烯电缆、交联聚乙烯电缆和乙丙橡胶电缆。现在比较常用的是交联聚乙烯绝缘电力电缆(简称 XLPE 电缆),其通过物理或化学方法将聚乙烯进行交联而成,具有性能优良,安装方便、载流量大、耐热性好等优点,目前在配电网、输电线中应用广泛并逐渐取代了传统的油纸绝缘电缆,电压等级已高达 500 kV。

压力电缆主要用于 63 kV 及以上电压等级的电缆线路。按填充或压缩气隙措施的不同,压力电缆可分为自容式充油电缆、充气电缆、钢管电缆和六氟化硫(SF_6)绝缘电缆。

光纤复合电缆是将光纤与电力电缆的导体、屏蔽层或护层系统组合在一起构成的电缆,其既可传输电力,又可同时实现通信、保护、测量、控制等功能。光纤复合电缆对光纤的合成方式有直接将光纤复合在电缆芯间、将光纤嵌入电缆屏蔽层或铠装层、将光纤排入电缆导体中三种类型。

2. 常用电力电缆规格型号

常用电力电缆型号及适用场合如表 6-4、表 6-5、表 6-6、表 6-7 所示。

表 6-4 聚氯乙烯绝缘聚氯乙烯护套电力电缆

型号		名称	使用范围
铜芯	铝芯		
VV	VLV	聚氯乙烯绝缘聚氯乙烯护套电力电缆	敷设在室内、管道内、隧道内,不能承受压力及机械外力作用
VY	VLY	聚氯乙烯绝缘聚乙烯护套电力电缆	敷设在室内、管道内、管道中,不能承受压力及机械外力作用
VV22	VLV22	聚氯乙烯绝缘钢带铠装聚氯乙烯护套电力电缆	敷设在地下,能承受机械外力作用
VV23	VLV23	聚氯乙烯绝缘钢带铠装聚乙烯护套电力电缆	

表 6-5 交联聚乙烯绝缘电力电缆

型号		名称	使用范围
铜芯	铝芯		
YJV	YJLV	交联聚乙烯绝缘聚氯乙烯护套电力电缆	固定敷设在空中、室内、电缆沟、隧道或者地下,不能承受压力及机械外力作用
YJY	YJLY	交联聚乙烯绝缘聚乙烯护套电力电缆	固定敷设在室内、电缆沟、隧道或者地下,不能承受压力及机械外力作用
YJV22	YJLV22	交联聚乙烯绝缘钢带铠装聚氯乙烯护套电力电缆	固定敷设在有外界压力作用的场所
YJV23	YJLV23	交联聚乙烯绝缘钢带铠装聚乙烯护套电力电缆	固定敷设在常有外力作用的场所
YJV32	YJLV32	交联聚乙烯绝缘细钢丝铠装聚氯乙烯护套电力电缆	固定敷设在要求能承受拉力作用的场所

续上表

型号		名称	使用范围
铜芯	铝芯		
YJV33	YJLV33	交联聚乙烯绝缘细钢丝铠装聚乙烯护套电力电缆	固定敷设在要求能承受拉力作用的场所
YJV42	YJLV42	交联聚乙烯绝缘粗钢丝铠装聚氯乙烯护套电力电缆	固定敷设在水下、竖井或者要求能承受拉力作用的场所
YJV43	YJLV43	交联聚乙烯绝缘粗钢丝铠装聚乙烯护套电力电缆	固定敷设在要求能承受较大拉力作用的场所

表 6-6　聚氯乙烯绝缘护套耐火电力电缆

型号	名称
NH-W	聚氯乙烯绝缘和护套耐火型电力电缆
NH-W22	聚氯乙烯绝缘和护套钢带铠装耐火型电力电缆

表 6-7　阻燃型和非阻燃型电力电缆

型号		名称
铜	铝	
ZR-W	ZR-VLV	聚氯乙烯绝缘聚氯乙烯护套阻燃电力电缆
ZR-W22	ZR-VLV22	聚氯乙烯绝缘钢带铠装聚氯乙烯护套阻燃电力电缆
ZR-W32	ZR-VLV42	聚氯乙烯绝缘粗钢丝铠装聚氯乙烯护套阻燃电力电缆

二、电力电缆的试验

1. 试验项目

根据电力电缆的基本结构组成,电力电缆的性能试验分为导体导电性能及绝缘材料绝缘性能两大类。导体的导电性能主要涉及导体的直流电阻测量、电缆的相位检查、载流量测算等方面;绝缘材料的绝缘性能主要包括绝缘电阻测量、泄漏电流测量和直流耐压试验等。

具体项目包括测量绝缘电阻、直流耐压试验及泄漏电流测量、检查电缆线路的相位、充油电缆的绝缘油试验。

2. 内容和方法

绝缘电阻测量和直流耐压试验是电缆试验的基本方法,在现场因为电缆比较长,等效电容比较大,如做交流耐压试验要求设备的容量足够大,很难实现,所以,尽管交流耐压试验更能反映电缆的实际情况,现场试验大多是以直流耐压试验为主。本节也重点介绍绝缘电阻测量和直流耐压试验。

3. 导体直流电阻测量

按国标 GB/T 3048.4—1994《电缆电性能试验方法之导体直流电阻试验》规定进行,采用电桥法测量(包括单臂电桥、双臂电桥、单双臂电桥),具体见规程。由于电桥法效率较低,目前常用智能数字式电阻测量仪,既简单又准确。

4. 绝缘电阻测量

理论上绝缘介质是不导电的,但实际上绝缘体介质中总有一些游离的带电离子,在外电场

（或电压）的作用下沿着电场方向运动形成导电电流。外施电压 U，泄漏电流 I_g 和绝缘电阻 R_g 三者之间符合欧姆定律。用兆欧表测量绝缘电阻的具体接线见图 6-14。

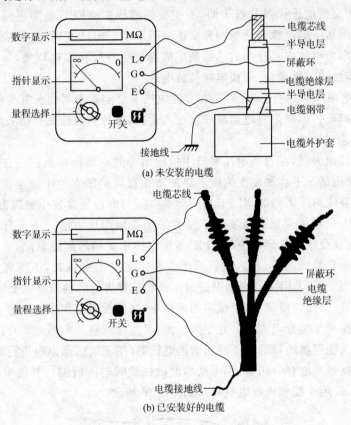

(a) 未安装的电缆

(b) 已安装好的电缆

图 6-14　用兆欧表测量电缆绝缘电阻

5. 直流耐压试验

实际上绝缘电阻测量就是测量电缆的泄漏电流，因为兆欧表的体积小、重量轻、携带方便、操作简单而成为一种常用或必用的仪表。但因输出直流电压较低（不超过 10 kV，一般最高为 5 kV），有点绝缘缺陷不能发现，因此测量泄漏电流往往在较高的电压下进行。通常测量泄漏电流试验和直流耐压试验合在一起同时进行，因这种试验就是加电缆施加比额定电压高得多的直流高压（2 倍以上或者更高），以检验电缆在长时或短时过电压下的工作可靠性，是破坏性的试验。具体接线如图 6-15 所示。

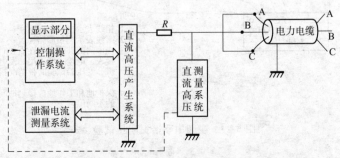

图 6-15　典型的电力电缆直流耐压试验电气接线示意图

6. 变频串联谐振耐压

在直流耐压实验中,施加到电缆上的直流电压产生的电场是按介质的电阻系数成正比分布的,与运行中的交流电压场强分布不同,不能很好的模拟 XLPE 电力电缆运行时候的绝缘状况。而且直流耐压下的绝缘老化机制和交流耐压下的不同,所以不具有等效性。

交联聚乙烯电力电缆内部存在的绝缘缺陷极易产生树枝化放电现象,如果此时再施加直流电压,会进一步加速绝缘老化,造成电树枝放电。

XLPE 电力电缆结构具有"记忆性",在直流电压下会储蓄积累残余电荷,需要很长时间才能尽释这种直流偏压。如果未等电荷放净就投入运行,这种直流偏压就会叠加在交流电压上,造成绝缘的损坏。

国内外的实践也表明,在直流耐压实验中检测出来的绝缘击穿点往往在交流运行条件下不易击穿,而在交流情况下容易发生绝缘击穿的点在直流耐压实验中却常常检测不出来。所以即使是通过了直流耐压实验的 XLPE 电力电缆在运行时也经常发生绝缘击穿事故。

所以对 XLPE 电缆的现场耐压实验不推荐采用直流耐压方法。由于直流高压试验是半波,不能有效地发现交联聚乙烯电缆(XLPE)绝缘中的水树枝等绝缘缺陷,还易造成高压电缆在做完直流试验合格的情况下,投入运行后不久发生绝缘击穿现象,不能有效的起到试验目的。所以对于 XLPE,多采用变频串联谐振耐压试验装置进行容性试品的交流耐压试验,其特点是工频等效性好,故障检出率高,对试品的损伤小,试验设备体积小重量轻,适合现场搬运。

变频串联谐振耐压装置组成部分有变频电源(可连续调整频率的电源)、励磁变压器(用于给电感电容谐振系统提供能量的变压器)、谐振电抗器(用于同试品电容进行谐振,以获得高电压或大电流的电抗器)、电容分压器(用于试品谐振试验时电压监测)、补偿电容(选配,主要做小容量试品时用,常用于配套传统电抗器),如图 6-16 所示。

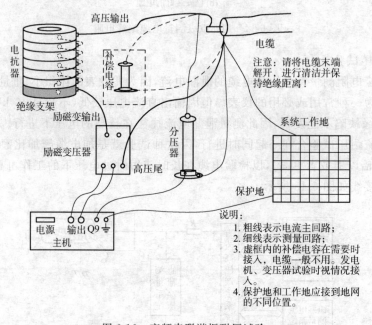

图 6-16 变频串联谐振耐压试验

三、电力电缆故障检测

在电力电缆过程中,一旦发生故障,很难较快地寻测出故障点的确切位置,不能及时排除故障恢复供电,往往造成停电停产的重大经济损失。所以,如何用最快的速度、最低的维护成本恢复供电是各供电部门遇到故障时的首要课题,电力电缆故障的检测是一个世界性的课题。

电缆故障寻测包括两大步骤:粗测和精测,粗测就着故障预定位,精测准确定位故障点。粗测的方法很多,主要有电桥法、低压脉冲法、高压闪络测量法等,测量出故障点的大概范围。精测主要是查找清楚电缆的路径和埋深,进而找出故障点的精确位置。精测定点有跨步电压法定点仪(死接地、碳化故障)、一体无噪定点仪(常规直埋电缆)、电流法定点仪(电缆沟道、桥架相间故障),这时就需要根据不同电缆类型选择不同仪器。

1. 电缆故障性质判别及测试步骤

对故障性质的分析是选择测试方法的唯一依据。因此,首先要清楚电缆的故障都有哪些种类和特征,如图 6-17 所示。

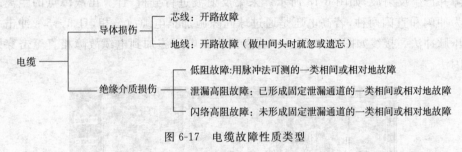

图 6-17 电缆故障性质类型

电力电缆故障可分为两大类型:第一类为电缆导体损伤产生的故障,一般表现为开路或断线故障;第二类为相间或相对地之间绝缘介质损伤产生的故障,这类故障一般表现为低阻、泄漏性高阻和闪络性高阻三种情况。

电缆故障性质及表现如表 6-8 所示。

(1)开路故障:如果电缆绝缘正常,但却不能正常输送电能的一类故障可认为是开路故障,如芯线似断非断、芯线某一处存在较大的线电阻及断芯等情况。一般单纯性开路故障很少见到,多数表现为低阻或高阻故障并存。

(2)低阻故障:如果电缆绝缘介质损伤,并能用"低压脉冲法"可测试的一类相间或相对地故障称为低阻故障。电缆故障点绝缘阻值(相间或相对地)的大小不是判断此故障为低阻故障的唯一标准。低阻故障一般与测试仪器的灵敏度、测试仪器与被测电缆的匹配状况、被测电缆的型号(或衰减状况)、故障点发生的部位以及电缆故障点到测试端的距离等因素有关。

(3)泄漏性高阻故障:电缆绝缘介质损坏并已形成固定泄漏通道的一类相间或相对地故障。表现为电缆做预防性试验时其泄漏电流值随所加的直流电压的升高而连续增大,并大大超过被测电缆本身所要求的规范值,这种类型的故障称为泄漏性高阻故障。交联电缆只存在相一地故障。

(4)闪络性高阻故障:未形成固定泄漏通道的一类相间或相对地故障。电缆的预试电压加到某一数值时,电缆的泄漏电流值突然增大,其值大大超过被测电缆所要求的规范值,这种类型的故障称为闪络性故障。

表 6-8　电缆故障测试方法

故障类型	测试方法
开路故障	通过用脉冲法测量分别在电缆两端测各相长度并与电缆档案资料比较来判断电缆是否存在开路故障
低阻故障	最好的判别方法是用脉冲法测量相间或相对地的波形,若有与发射波反极性波形,可判断电缆有低阻故障(接头反射波小于低阻反射波),低阻故障一般小于几 $k\Omega$
泄漏性高阻故障	1. 用兆欧表测得相间或相对地电阻远小于电缆正常绝缘电阻(一般在数 $k\Omega$ 至几十 $M\Omega$)可判断为电缆有泄漏性高阻故障; 2. 直流耐压试验时,泄漏电流随试验电压的升高连续增大,并远大于允许泄漏值
闪络性高阻故障	直流耐压试验时,当试验电压大于某一值时,泄漏电流突然增大,当试验电压下降后,泄漏电流又恢复正常,可判断为电缆有闪络性高阻故障

2. 高压脉冲法电缆故障初测

高压闪络法是指在高压的作用下使电缆故障点击穿形成闪络放电,高阻故障转化为瞬间短路故障并产生反射波,如图 6-18 所示。采集反射波进行分析,计算出故障点的距离。闪络法又分为冲闪和直闪两种,若高电压是通过球间隙施加至电缆故障相,且 3～5 s 冲击一次则称作高压脉冲法。接线如图 6-19 所示。若直接将高电压施加到电缆故障相直至击穿则称作高压直闪法。

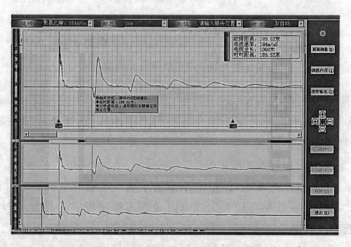

图 6-18　高压脉冲法电缆故障检测图

高压闪络法是建立在高压击穿并使故障点放电这一基础上。电缆故障点被击穿时会产生电弧而形成瞬间的短路,呈瞬间低阻故障特性。二次脉冲法和多次脉冲法概念的提出就是在高压闪络法的原理上,在燃弧稳定阶段(或称瞬间低阻区)再在电缆上加一个低压脉冲信号,则会出现一个和用低压脉冲法测试低阻故障时相同的波形。把这种在电缆上同时施加高压脉冲和低压脉冲的方法称为二次脉冲法。

多次脉冲法电缆仪的先进性在于从根本上解决了读波形难的问题,因为它将冲击高压闪络法中的所有复杂波形变成了极其简单的一种波形,即低压脉冲法短路故障测试波形,易识别,能达到快速准确测量故障距离的目的。同时多次脉冲法能周期性发射脉冲信号,保证了在故障点处于短路电弧状态时必有一个或多个反射波回来,从而显示出测试波形。当在电缆故

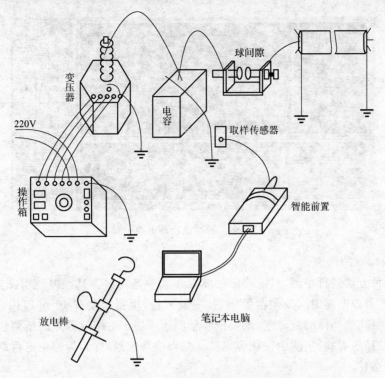

图 6-19　高压脉冲法初测电缆故障接线示意图

障相施加冲击高压闪络时,故障点经历起弧—弧稳定—弧熄灭三个阶段,短路电弧总共持续约 240 μs,只有在弧稳定阶段(约 80 μs)所加的低压脉冲信号才真正有效且返回到测试端。因为短路电弧在起弧和熄弧两个阶段均不稳定,测试电路中脉冲储能电容与放电回路(电缆)中分布电感形成 LC 振荡回路,使芯线上存在幅度很大的衰减余弦振荡波和故障点击穿时在故障点与测试端来回反射的脉冲波,波形杂乱无章。多次脉冲法实际上也可归纳为高压闪络法的范畴,都是利用故障点在冲击高压作用下电弧将故障相和电缆地线短路的特性来完成测试的。

如图 6-20 是多次脉冲法粗测电缆故障接线图,其由操作箱、轻型试验变压器、高压脉冲电容、刻度球隙连接电缆,在产生高压冲击信号时会检测电缆位置。其界面示意图如图 6-21 所示。

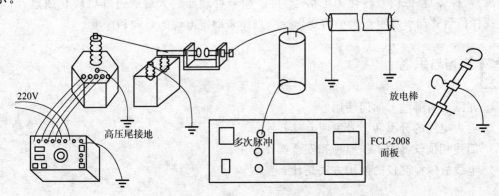

图 6-20　多次脉冲法粗测电缆故障接线图

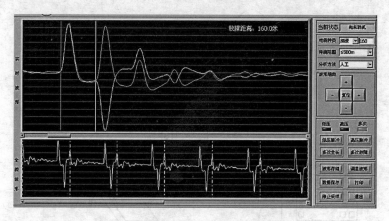

图 6-21　多次脉冲法粗测电缆示意图

3. 电缆故障点的精测

无论用哪种方法进行粗测,只能确定故障点在某一范围内。其误差随粗测方法的不同而差别很大,还要考虑电缆走向及预留等因素,一般来说,粗测误差在 10 m 以内,甚至 20 m 内都是允许的。要找到具体的故障点,则要依靠精测来解决。电缆故障点的精测包括以下两点。

(1)电缆路径的查找:实测中往往容易被忽略而浪费大量时间,为避免走弯路,搞清电缆的正确走向很有必要。

(2)精确定点:在冲击高压作用下依据粗测的范围在电缆正确路径的正上方找出故障点。通常可确定在 50 cm 范围内。

在电缆故障精测过程中,首先有必要而且应该做的就是查找电缆正确走向。通常测试人员都不同程度地遇到过因人员变动或图纸丢失而对电缆走向不清楚的困惑,此时唯一的办法就是用仪器来作出正确判断。根据周围环境将路径信号发生器输出设置为断续或者连续。如图 6-22 所示连线,信号源(路径仪)连续输出一固定频率的正弦(或余

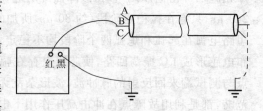

图 6-22　查找路径接线图

弦)信号加到被测电缆某一相上,根据电磁感应原理,在电缆的周围必然产生电磁波。通过磁电传感器(探棒)将磁信号转化为电信号,再经信号处理器放大后通过耳机转化成声音信号。通过探棒位置移动引起声音大小的变化这一规律来确定电缆的走向和深度。

 复习与思考

1. 兆欧表有哪些? 如何使用?
2. 电力电缆的分类和型号说明有哪些?
3. 简述相位仪器的工作原理和安全操作要求。
4. 电缆故障检测仪的使用方法是什么?

任务五　绝缘子试验

一、绝缘子概述

绝缘子是电网中大量使用的绝缘部件,当前应用的最广泛的是瓷质绝缘子和玻璃绝缘子,有机(或复合材料)绝缘子国内也有了比较大应用,特别是电气化铁路供电系统中。

绝缘子的形状和尺寸是多种多样的,按其用途分为线路绝缘子和电站绝缘子或户内型绝缘子和户外型绝缘子;按其形状又有悬式绝缘子、针式绝缘子、支柱式绝缘子、棒型绝缘子、套管型绝缘子和拉线绝缘子等。除此之外还有防尘绝缘子和绝缘子横担,图 6-23 为部分常见绝缘子图例。

标准型陶瓷绝缘子　　　　标准型玻璃绝缘子　　　　复合悬式绝缘子　　　　ZS系列支柱绝缘子

图 6-23　部分常见绝缘子图例

瓷件(或玻璃件)是绝缘子的组要部分,它除了作为绝缘外,还具有较高的机械强度。为保证瓷件的机电强度,要求瓷质坚固、均匀、无气孔。为增强绝缘子表面的抗电强度和抗湿污能力,瓷件常具有裙边和凸棱,并再瓷件表面涂以白色或有色的瓷釉,而瓷釉有较强的化学稳定性,且能增加绝缘子的机械强度。

绝缘子在搬运和施工过程中,可能会因碰撞而留下痕迹;在运行过程中,可能由于雷击事故,而使其破碎或损伤;由于机械负荷和高电压的长期联合作用而导致劣化。这都将使击穿电压不断下降,当下降至小于沿面干闪络电压时,就被称为低值绝缘子。低值绝缘子的极限,即内部击穿电压为零时,就称为零值绝缘子。当绝缘子串存在低值或零值绝缘子时,在污秽环境中,在过电压甚至在工作电压作用下就易发生闪络事故。及时检出运行中存在的不良绝缘子,排除隐患,对减少电力系统事故、提高供电可靠性是很重要的。

二、绝缘子一般试验项目

在相关规程中,绝缘子试验指的是支柱绝缘子和悬式绝缘子试验,其试验项目如下:

1. 零值绝缘子检测(66 kV 及以上)。

2. 测量绝缘电阻。

3. 交流耐压试验。

4. 测量绝缘子表面污秽物的等值盐密。

运行中的针式支柱绝缘子和悬式绝缘子的试验项目可在检查零值、绝缘电阻及交流耐压试验中任选一项。玻璃悬式绝缘子不进行该三项试验,运行中自破的绝缘子应及时更换。

三、绝缘子测量方法和标准

1. 绝缘电阻测量

对于单元件的绝缘子,只能在停电的情况下测量其绝缘电阻,相关规程中规定,采用 2 500 V 及以上的兆欧表。目前使用较多的是 2 500 V 和 5 000 V 兆欧表,也有电压更高的专门仪器。对于多元件组合的绝缘子,可停电、也可带电测量其绝缘电阻。其方法是用高电阻接至带电的绝缘子上,使测量绝缘电阻的兆欧表处于低电位,从测得的绝缘电阻中减去高电阻的电阻值,即为被测绝缘子的绝缘电阻值。

(1)绝缘电阻合格的标准

新装绝缘子的绝缘电阻应大于或等于 500 MΩ。运行中绝缘子的绝缘电阻应大于或等于 300 MΩ。

(2)绝缘子劣化判定原则

绝缘子绝缘电阻小于 300 MΩ,而大于 240 MΩ 可判定为低值绝缘子。绝缘子绝缘电阻小于 240 MΩ 可判定为零值绝缘子。复合绝缘一般不采用本方法测试绝缘电阻。

四、绝缘子工频交流耐压试验

交流耐压试验是判断绝缘子抗电强度是最直接、最有效、最权威的方法。交接试验时必须进行该项试验。预防试验时,可用交流耐压试验代替零值绝缘子检测和绝缘电阻测量,或用它来最后判断用上述方法检出的绝缘子。对于单元件的支柱绝缘子,交流耐压试验目前是最有效、最简易的试验方法。

1. 交流耐压试验的判定标准

按试验标准耐压 1 min,在升压和耐压过程中不发生闪络为合格。以 3~5 kV/s 加压速度升到标准试验电压时,若出现异常放电声,被试绝缘子闪络,电压表指针摆动很大,应判定为不合格。

2. 交流耐压试验注意事项

(1)在加压过程或耐压过程中发现被试品过热、击穿、闪络、异常放电声、电压表指针大幅摆动,应立即断开电源。

(2)被试绝缘子分片放在低电位中,绝缘子钢脚端应连接在试验变压器高压接线柱上。

(3)对被试品应按绝缘子安装顺序进行编号,记录杆号、相别、单片编号、温度、湿度、气压和耐压试验结果。

 复习与思考

1. 绝缘子如何分类?各有什么特色?
2. 不同国家对绝缘子的试验方法有何不同?

任务六　套管试验

一、套管概述

套管是把导体和其他物体进行绝缘隔离的电力绝缘器具。通常按绝缘结构和主绝缘材料的不同,将高压套管分为单一绝缘套管(纯瓷套管、树脂套管)、复合绝缘套管(充油套管、充胶套管、充气套管)、电容式套管(油纸电容式套管、胶纸电容式套管)等;按用途不同可分为穿墙套管和电器套管,其中电器套管又按具体配套对象分为变压器、互感器、断路器套管。图 6-24 为部分套管外观图。

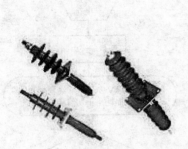

(a)复合材料套管　　(b)纯瓷质套管　　(c)电容式变压器套管

图 6-24　套管外观图

二、套管试验项目及常用仪器表具

套管试验项目主要有:

1. 绝缘电阻测量。
2. 测量 20 kV 及以上非纯瓷套管的介质损耗角的正切值和电容量。
3. 绝缘油试验。
4. 交流耐压试验。

套管试验需要的试验仪器参考如表 6-9 所示。

表 6-9　试验仪器具表

序号	仪器名称	规格	单位	数量	备注
1	兆欧表	2 500 V	块	1	在检验合格有效期内
2	交流耐压试验装置		套	1	
3	全自动介损测量仪		台	1	
4	交流毫安表	0.5 级	块	1	在检验合格有效期内
5	数字万用表	四位半	块	1	在检验合格有效期内

三、试验流程及方法

高压试验是一项极具危险性的工作,试验人员需要持证上岗,还要有心细胆大的作风,作业时必需严格按流程逐步开展作业,上一步工作未完成时,不得进行下一步的工作。图 6-25 为高压试验工作的典型流程作业图。

绝缘电阻测量:测量套管主绝缘是在引出线与末屏之间进行,使用 2 500 V 兆欧表,测量值应大于 5 000 MΩ;对 6.3 kV 及以上的电容式套管,测量"抽压端子"对法兰的绝缘电阻,采用 2 500 V 兆欧表,测量值不应低于 1 000 MΩ。

测量 20 kV 及以下非纯瓷套管的介质损耗角的正切值和电容量:使用全自动介质损耗测量仪,引出线与套管末屏之间采用正接法,试验电压为 10 kV;套管末屏与地之间采用反接法,试验电压为 5 kV。在室温不低于 10℃ 的条件下,套管的介质损耗角正切值 $\tan\delta$ 不应大于 0.7%(20 kV 及以上电容式胶粘纸套管的 $\tan\delta$ 值不应大于 1.0%;66 kV 及以下的 ≤1.5%)。电容量与产品铭牌值或出厂试验值比较,误差在 ±5% 范围内为合格。

绝缘油试验:套管中的绝缘油有出厂试验报告,现场可不进行试验。当有以下情况之一者,应取油样进行水份、击穿电压、色谱试验。

1. 套管主绝缘介质损耗角正切值超标;

2. 套管密封损坏,抽压式测量小套管的绝缘电阻不符合要求;

3. 套管由于渗漏等原因需要重新补油时。

绝缘油耐压试验装置是对绝缘油进行电气强度试验的专用装置,一般要对绝缘油进行 5 次或以上的试验,取平均值。

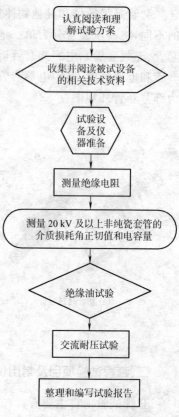

图 6-25　典型高压试验作业流程

（流程图内容：认真阅读和理解试验方案 → 收集并阅读被试设备的相关技术资料 → 试验设备及仪器准备 → 测量绝缘电阻 → 测量 20 kV 及以上非纯瓷套管的介质损耗角正切值和电容量 → 绝缘油试验 → 交流耐压试验 → 整理和编写试验报告）

要求:15 kV 以下,绝缘油击穿值 ≥25 kV/2.5 mm;20~35 kV 的 ≥35 kV/2.5 mm;60~200 kV 的 ≥40 kV/2.5 mm;330 kV 的 ≥50 kV/2.5 mm;500 kV 的 ≥60 kV/2.5 mm。

对于纯瓷套管、多油断路器套管、变压器套管、电抗器及消弧线圈套管,均可随母线或设备一起进行交流耐压试验,具体方法见前面。

复习与思考

1. 常规变电站有哪些用油设备?

2. 油试验的项目及其方法是什么?

3. 油样工作的相关要求和技能是什么?

项目小结

本任务是对电力系统中的电力电容器、绝缘电力电缆、绝缘子进行了介绍,从型号规格、外观材质、组成结构、绝缘特性、预防试验等方面作了介绍,并以实例形式介绍了绝缘预防性试验的具体仪器、试验方法及标准,具体试验项目能检测出来的故障,电容器参见表 6-10,电缆参见表 6-11,套管和绝缘子参见表 6-12。

表 6-10　高压电容器试验项目检测故障一览表

序号	试验项目	绝缘故障				套管
		主绝缘	整体受潮	放电	过热	
1	绝缘电阻	●	●			●
2	极间电容值	●	●			●
3	交流耐压试验	●	●			●
4	绝缘油的试验	●		●	●	●
5	冲击合闸试验	●				
6	局部放电			●		
7	介损测量	●				

表 6-11　电缆高压试验项目检测故障一览表

序号	试验项目	绝缘故障及部件			
		主绝缘	整体受潮	护套	缆芯
1	绝缘电阻	●	●	●	
2	直流耐压试验及泄漏电流测量	●	●	●	
3	交流耐压试验	●	●		
4	检查电缆线路的相位				●

表 6-12　套管、绝缘子高压试验项目检测故障一览表

序号	试验项目	绝缘方面				套管
		主绝缘	整体受潮	局部放电	过热	
1	主绝缘及电容型套管末屏对地绝缘电阻	●	●			●
2	20 kV 及以上非纯瓷套管的介质损耗角正切值 tanδ 电容值	●	●			●
3	交流耐压试验	●	●			
4	主绝缘及电容型套管末屏对地 tanδ 与电容值					●
5	绝缘油的试验			●	●	
6	66 kV 及以上电容型套管的局部放电测量	●		●		●

项目资讯单

项目内容	电力电容器、电缆和套管及绝缘子高压试验		
学习方式	通过教科书、图书馆、专业期刊、上网查询问题；分组讨论或咨询老师	学时	14
资讯要求	书面作业形式完成，在网络课程中提交		
资讯问题	序号	资讯点	
	1	电力电容器的电介质主要有哪些？在材料选择中应注意什么？	
	2	电力电容器有哪些验收试验项目？具体的预防性试验是什么？	
	3	电力电容器在测量 $\tan\delta$ 时的注意事项是什么？其有几种测量方法？	
	4	电容器交流耐压有几种方法？在原理和接线方式上有何不同？	
	5	变电站补偿时电力电容器应是如何计算和实施的？	
	6	电力电缆的结构由哪几部分组成？在型号选择上注意哪些？	
	7	进入电缆井工作有何规定？应如何做防护工作？	
	8	电力电缆的预防性试验主要有哪些？如何进行故障点标定？	
	9	电力电缆进行直流耐压还是交流耐压？这个在现场试验中应如何选择？应注意什么问题？	
	10	测量 10 kV 或 1 kV 以下电力电缆，各选用何种兆欧表，使用前应做哪些检查？绝缘电阻各有何要求？试述对 10 kV 电力电缆测量的全过程。	
	11	绝缘子有几种类型？为了提高绝缘水平，都做了哪些设计？各应用什么场合？	
	12	加压过程中，发现过热或击穿闪络等异常情况，应如何处理？	
	13	套管按绝缘材料可分为哪几种？一般与哪些设备结合一起使用？	
	14	套管有哪些预防性试验？其指标参数各是多少才算合格？	
	15	提高套管沿面闪络电压的措施有哪些？	
	16	绝缘子为什么要进行防污处理？常用有哪些措施？	
	17	绝缘子为何做成爬裙结构？	
	18	对于 110 kV，使用良好的绝缘子至少需要多少片？	
	19	绝缘子突然爆炸应如何处理？	
资讯引导	以上问题可以在本教程的学习信息、精品网站、教学资源网站、互联网、专业资料库等处查询学习		

 项目考核单

一、单项选择题（在每小题的选项中，只有一项符合题目要求，把所选选项的序号填在题中的括号内）

1. 电缆的绝缘屏蔽层一般采用（　　）。
   　A. 金属化纸带　　　　　　　　　　B. 半导电纸带
   　C. 绝缘纸带　　　　　　　　　　　D. 金属化纸带、半导电纸带或绝缘纸带

2. 以下耐热性能最好的电缆是（　　）。

    A. 聚乙烯绝缘电缆　　　　　　　　B. 聚氯乙烯绝缘电缆

    C. 交联聚乙烯绝缘电缆　　　　　　D. 橡胶绝缘电缆

3. 高压电力电缆中,橡胶绝缘电缆具有( )的优点。

    A. 耐电晕　　　　　B. 柔软性好　　　　　C. 耐热性好　　　　　D. 耐腐蚀性好

4. 电缆型号 ZQ22-3×70-10-300 表示的电缆为( )电缆。

    A. 铝芯、纸绝缘、铝包、双钢带铠装、聚氯乙烯护套、3 芯、截面 $70\ mm^2$、$10\ kV$

    B. 铜芯、纸绝缘、铅包、双钢带铠装、聚氯乙烯外护套、3 芯、截面 $70\ mm^2$、$10\ kV$

    C. 铝芯、纸绝缘、铝包、双钢带铠装、聚氯乙烯外护套、3 芯、截面 $70\ mm^2$、$10\ kV$

    D. 铜芯、纸绝缘、铝包、双钢带铠装、聚氯乙烯外护套、3 芯、截面 $70\ mm^2$、$10\ kV$

5. 当电缆导体温度等于电缆长期工作允许最高温度,面电缆中的发热与散热达到平衡时的负载电流称为( )。

    A. 电缆长期允许载流量　　　　　　B. 短时间允许载流量

    C. 短路允许最大电流　　　　　　　D. 空载允许载流量

6. 电力电缆停电超过一个星期但不满一个月时,重新投入运行前应遥测其绝缘电阻值,与上次试验记录比较不得降低( ),否则续做直流耐压试验。

    A. 10%　　　　　B. 20%　　　　　C. 30%　　　　　D. 40%

7. 敷设在竖井内的电缆,每( )至少进行一次定期检查。

    A. 一个月　　　　　B. 三个月　　　　　C. 半年　　　　　D. 一年

8. 在电缆故障原因中,所占比例最大的是( )。

    A. 外力损伤　　　　　B. 保护层腐蚀　　　　　C. 过电压运行　　　　　D. 终端头浸水

9.35~110 kV 线路电缆进线段与架空线连接时,在电缆与架空线的连接处装设阀型避雷器,避雷器接地端应( )。

    A. 单独经电抗器接地

    B. 单独经电装置接地

    C. 与电缆金属外皮连接

10. 当电缆导体温度等于电缆最高长期工作温度,而电缆中的发热与散热达到平衡时的负载电流称为( )。

    A. 电缆长期允许载流量

    B. 短时间允许载流量

    C. 短路允许载流量

11. 新敷设的带有中间接头的电缆线路,在投入运行( )个月后,应进行预防性试验。

    A. 1　　　　　B. 3　　　　　C. 5　　　　　D. 6

12. 架空线路导线通过的最大负荷电流不应超过其( )。

    A. 额定电流　　　　　B. 短路电流　　　　　C. 允许电流　　　　　D. 空载电流

二、判断题(正确的在题后的括号内打"√",错误的打"×")

1. 电力电缆的特点是易于查找故障、价格低、线路易分支、利于安全。( )

2. 电力电缆中,绝缘层将线芯与大地以及不同相的线芯间在电气上彼此隔离。( )

3. 刚好使导线的稳定温度达到电缆最高允许温度时的载流量,称为允许载流量或安全载

流量。（　　）

4. 对无人值班的变（配）电所，电力电缆线路每周至少进行一次巡视。（　　）

5. 新敷设的带有中间接头的电缆线路，在投入运行 1 年后，应进行预防性试验。（　　）

6. 生产厂房内外的电缆，在进入控制室、电缆夹层、控制柜、开关柜等处的电缆孔洞，必须用绝热材料严密封闭。（　　）

 项目操作单

分组实操项目。全班分 7 组，每小组 7～9 人，通过抽签确认表 6-12 变压器试验项目内容，自行安排负责人、操作员、记录员、接地及放电人员分工。考评员参考评分标准进行考核，时间 50 min，其中实操时间 30 min，理论问答 20 min。

表 6-13　电力电容器、电力电缆、绝缘子绝缘试验项目

序号	电力电容器、电力电缆、绝缘子的绝缘试验项目内容				
项目 1	电力电容器绝缘电阻、电容量和 tanδ 测量				
项目 2	电力电容器交流耐压试验				
项目 3	电缆绝缘电阻测量、耐压试验				
项目 4	电缆故障查距试验				
项目 5	绝缘子绝缘电阻测量、工频交流耐压试验				
项目 6	套管绝缘电阻和 tanδ 测量				
项目 7	套管交流耐压试验				
项目编号		考核时限	50 min	得分	
开始时间		结束时间		用时	
作业项目	电力电容器、电力电缆、绝缘子绝缘试验				
项目要求	1. 说明各设备绝缘试验原理、仪器工具、参数等。 2. 现场就地操作演示并说明需要试验的绝缘部分及材料。 3. 注意安全，操作过程符合安全规程。 4. 编写试验报告。实操时间不能超过 30 min，试验报告时间 20 min，实操试验提前完成的，其节省的时间可加到试验报告的编写时间里。				
材料准备	1. 正确摆放被试品。 2. 正确摆放试验设备。 3. 准备绝缘工具、接地线、电工工具和试验用接线及接线钩叉、鳄鱼夹等。 4. 其他工具，如绝缘胶带、万用表、温度计、湿度仪。				

评分标准	序号	项目名称	质量要求	满分 100 分
	1	安全措施 （14 分）	（1）试验人员穿绝缘鞋、戴安全帽，工作服穿齐整	3
			（2）检查被试品是否带电（可口述）	2
			（3）接好接地线对被试品进行充分放电（使用放电棒）	3
			（4）设置合适的围栏并悬挂标示牌	3
			（5）试验前，对被试品外观进行检查（包括本体、接地线、本体清洁度等），并向考评员汇报	3

	序号	项目名称	质量要求	满分100分
评分标准	2	试品及仪器仪表铭牌参数抄录（7分）	(1)对与试验有关的铭牌参数进行抄录	2
			(2)选择合适的仪器仪表，并抄录仪器仪表参数、编号、厂家等	2
			(3)检查仪器仪表合格证是否在有效期内并向考评员汇报	2
			(4)向考评员索取历年试验数据	1
	3	试品外绝缘清擦（2分）	至少要有清擦意识或向考评员口述示意	2
	4	温、湿度计的放置（4分）	(1)试品附近放置温湿度表，口述放置要求	2
			(2)在试品本体测温孔放置棒式温度计	2
	5	试验接线情况（9分）	(1)仪器摆放整齐规范	3
			(2)接线布局合理	3
			(3)仪器、试品地线连接牢固良好	3
	6	电源检查(2分)	用万用表检查试验电源	2
	7	试品带电试验（23分）	(1)试验前撤掉地线，并向考评员示意是否可以进行试验。简单预说一下操作步骤	2
			(2)接好试品，操作仪器，如果需要则缓慢升压	6
			(3)升压时进行呼唱	1
			(4)升压过程中注意表计指示	5
			(5)电压升到试验要求值，正确记录表计指数	3
			(6)读取数据后，仪器复位，断掉仪器开关，拉开电源刀闸，拔出仪器电源插头	3
			(7)用放电棒对被试品放电、挂接地线	3
	8	记录试验数据(3分)	准确记录试验时间、试验地点、温度、湿度、油温及试验数据	3
	9	整理试验现场（6分）	(1)将试验设备及部件整理恢复原状	4
			(2)恢复完毕，向考评员报告试验工作结束	2
	10	试验报告（20分）	(1)试验日期、试验人员、地点、环境温度、湿度、油温	3
			(2)试品铭牌数据：与试验有关的试品铭牌参数	3
			(3)使用仪器型号、编号	3
			(4)根据试验数据作出相应的判断	9
			(5)给出试验结论	2
	11	考评员提问(10分)	提问与试验相关的问题，考评员酌情给分	10
	考评员项目验收签字			

项目七　GIS 试验

【项目描述】随着 GIS 的广泛应用,本项目从介绍 GIS 结构和组成开始,介绍了特性及主要技术参数等,以实例化形式介绍了 GIS 断路器试验项目及方法,对 GIS 的运行和维护也作为较详细的阐述。

【知识目标】
◆认识 GIS
◆了解 GIS 的结构
◆掌握 GIS 的特性
◆熟悉 GIS 的主要技术参数

【能力目标】

通过对本项目的学习,学生能熟悉 GIS 的结构和组成部分;具有 GIS 安全运行和维护的基本技能,能处理一般的故障;能熟练开展 GIS 电气预防性试验工作,确保 GIS 可靠稳定地运行。

任务一　认识 GIS

一、GIS 发展

GIS 是英文 Gas Insulated Substation 的缩写,中文为气体绝缘全封闭组合开关电器。GIS 是将断路器、母线、隔离开关、电压互感器、电流互感器、避雷器、母线、套管 8 种高压电器按照标准的电气主接线方式安装在充有一定压力的 SF_6 气体的全封闭式金属壳体内而组成的一套设备。目前 GIS 国外生产厂家主要有 ABB、东芝、三菱、日立、西门子、阿尔斯通、阿海珐(Areva)集团等,国内生产厂家有西安西开高压开关厂、平高集团、西安高压电器研究所电器制造厂、泰开集团有限公司、正泰电气股份有限公司、上海西门子高压开关有限公司、厦门 ABB 华电高压开关有限公司、江苏现代南自电气有限公司、湖北永鼎开关有限公司、天水长城开关厂等。

我国于 1973 年首次在电力系统中使用 GIS 开关设备。随着制造技术的进步,20 世纪 90 年代以来,我国电力系统开始大量采用 SF_6 真空断路器和 GIS 组合电器等无油设备,目前合企生产的 GIS 占国内市场相当大的份额,如占 550 kV 断路器和 GIS 市场的 80%,占 252 kV 断路器和 GIS 市场的 50%,占 126 kV 断路器和 GIS 市场的 30%。

GIS 与传统敞开式配电装置相比主要由于其具有以下几个方面的优点:

1. GIS 具有占地面积小、体积小,重量轻、元件全部密封不受环境干扰。

2. 操作机构无油化,无气化,具有高度运行可靠性。

3. GIS 采用整块运输,安装方便,周期短,安装费用较低;检修工作量小时间短。共箱式

GIS 全部采用三相机械联动,机械故障率低。

4. 优越的开断性能——断路器采用新的灭弧原理为基础的自能灭弧室(自能热膨胀加上辅助压气装置的混合式结构),充分利用了电弧自身的能量。

5. 损耗少、噪声低——GIS 外壳上的感应磁场很小,因此涡流损耗很小,减少了电能的损耗。弹簧机构的采用,使得操作噪声很低。

正是得益于 GIS 诸多优点,近年来在 220 kV 以上新建的变电站(包括高速铁路电气化牵引变电站)中广泛采用 GIS 装置。截止 2012 年底,我国 110 kV 以上的变电站基本上实现了无油化和实行少人值守/无人值班的运行方式。

近年来,随着技术的进步和价格的下降,GIS 已经在电力系统得到了广泛的应用,它所具有的诸多优点使其成为越来越多电力系统新建输变电工程采购设备的不二选择。认识和了解 GIS 是每个从事电力工程技术人员的基本常识。

二、GIS 的外观与结构

1. GIS 外观

常规的电力电器是分体式或者是柜式。分体式多为户外型,常见于户外变电站;柜式多为户内安装,常见于配电系统。对于了解电力系统的人,很容易从外观和安装位置上猜出这些设备大概的作用。而 GIS 由于是整体的组合结构,虽然也有户外和户内之分,但为方便管理,一般都安装在室内。不是专业人士,还真是看不出来什么门道来的。首先从 GIS 的整体外观形状、安装地点、室内型与室外型等不同的条件,以图片展示的形式,按图索骥,从外观上初步认识 GIS。图 7-1 为户外型 GIS 实物照片,图 7-2 为户内型 GIS 实物照片,图 7-3 为室外 GIS 变电站。

图 7-1　户外型 GIS

图 7-2　户内型 GIS

图 7-3　户外 GIS 变电站

2. GIS 的内部结构

对于一个对电力系统不了解的人来说，GIS 无非就是一大堆铁筒子或铁缸子而已。的确，即使是电力系统内部的工作人员，不是专门的电气工程技术专门人员，光从外观上看，也是很难看懂 GIS 的结构的，更不要奢谈 GIS 的技术性能和内部构造了。通过对上面的学习，在从外观就能正确辨识 GIS 的基础上，展开第二步的学习，了解和弄懂 GIS 的内部构造和主要的组成部件。

图 7-4　35 kV GIS 开关柜解剖图

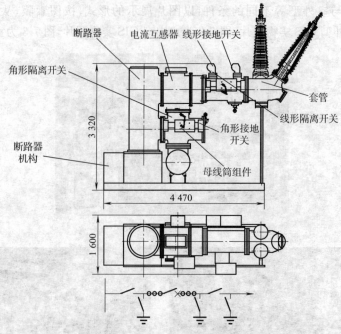

图 7-5　ZF12-126(L)型 GIS 结构示意图(单位:mm)

从图 7-3、图 7-4 和图 7-5 所示，可以看出产品不同、电压等级不同、生产厂家不同，GIS 的结构会有所不同。尽管 GIS 的外观、结构各有特色，其组成部分却是不变的。即 GIS 都是由断路器、电流互感器、隔离开关、接地开关、出线套管、母线、电压互感器、避雷器、电缆连接装置、间隔汇控柜等基础元件组成的。图 7-4 为三菱集团、西安高压电器厂的产品，断路器为垂直设置,属于"匚"形紧凑结构,具有体积小,布置方便等优点,尤其适合穿墙外接母线。

复习与思考

1. 国内常见的 GIS 有哪些,各有什么特色?
2. GIS 有哪些优缺点?

任务二 GIS 主要组成部件及主要技术参数

通过对任务一的学习,对 GIS 有了一个基本的认识,初步了解到 GIS 由断路器、电流互感器、隔离开关、接地开关、出线套管、母线、电压互感器、避雷器、电缆连接装置、间隔汇控柜等元件组成的,本次任务就是对 GIS 的组成元件从结构到原理进行剖析,以利于对 GIS 的理解和掌握,更好地为运行和维护服务。

一、GIS 组成部件

1. 断路器

断路器是 GIS 的主要部件,其作用是用于开合系统空载、负载及故障电流,常配弹簧机构并采用自能式灭弧原理。

图 7-6 为断路器内部结构图,从图中看出,三相电极呈三角状均置于筒内,并通过特殊的绝缘固定,筒内充满 SF_6 气体,在断路器开合时起到灭弧的作用。

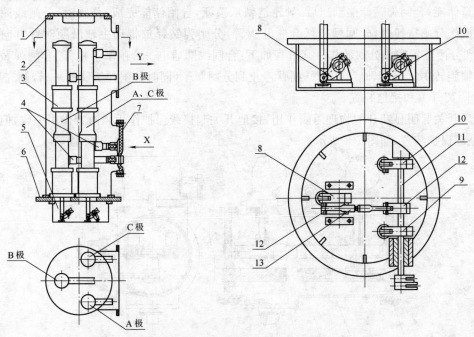

图 7-6 某 220 kV GIS 断路器内部结构图

1—盖板;2—壳体;3—灭弧室;4—静触头;5—拐臂盒;6—底板;7—绝缘子;8—内拐臂(B 极);
9—内拐臂(A 极);10—内拐臂(C 极);11—主体连轴;12—传动拐臂;13—连杆

2. 断路器的操作机构

GIS 断路器常用弹簧机构作为动能,因弹簧机构具有重量轻、结构紧凑、可能性高、寿命长等诸多优点而得到广泛应用,其主要起对断路器开合运动提供能源的作用,如图 7-7 所示。

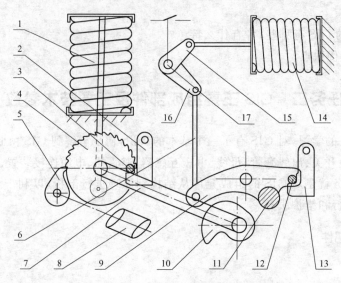

图 7-7 ZF12-126(L)型 GIS 弹簧机构结构图

1—合闸弹簧;2—合闸脱扣器;3—合闸止位销;4—棘轮 5—棘爪;6—拉杆;7—传动轴;8—储能电机;9—主拐臂;
10—凸轮;11—磙子;12—分闸止位销;13—分闸脱扣器;14—分闸弹簧;15—分闸弹簧拐臂;16—传动拐臂;17—主传动轴

弹簧装置的工作原理较简单,合闸时主要接通合闸电机的电源,电机通过减速齿轮及传动轴给弹簧储能,合闸弹簧储能到位后,棘轮被棘爪顶死,合闸储能完成;分闸时,分闸线圈通电或手动操作分闸按钮时,分闸掣子就会脱开拐臂,分闸弹簧释放带动主轴沿顺时针方向旋转 60°,直到分闸位置完成分闸动作。其过程如下:合闸线圈通电→合闸掣子拖开、合闸弹簧释能→合闸轴旋转 180°→主轴旋转 60°→拐臂停止到分闸掣子(同时分闸弹簧储能)→合闸完成。

3. 隔离开关和接地装置

隔离开关起明显断开的物理阻隔作用,接地开关起接线保护作用。两者作用一致,但原理不同,是双保护装置,如图 7-8 所示。

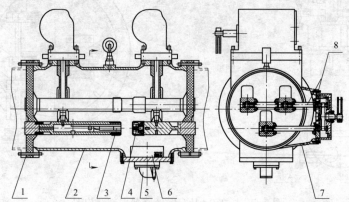

图 7-8 ZF12-126(L)型 GIS 线型隔离开关、接地装置结构图

1—绝缘子;2—筒体;3—动触头;4—静触头;5—爆破片;6—分子筛;7—开关传动侧视图;8—线型接地开关

4. 母线筒

母线通过导电连接件与组合电器的其他元件连通并满足不同的主接线方式,来汇集、分配和传送电能。同时设有伸缩节、波纹管调节装置等,如图 7-9 所示。

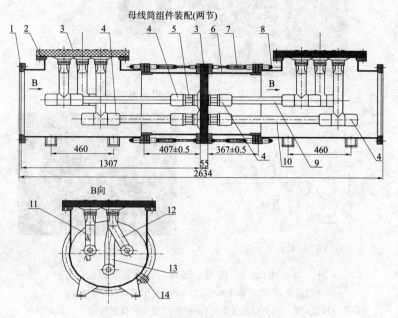

图 7-9　ZF12-126(L)型 GIS 母线筒结构图

1—盖板;2—母线筒;3—绝缘子;4—触头;5—支座;6—伸缩节;7—长六角螺线;8—双头螺柱;
9—边相母线(2个);10—中相母线;11—边相导体 1;12—边相导体;13—中相导体;14—放气接头

5. 绝缘子

GIS 绝缘子结构如图 7-10 所示。

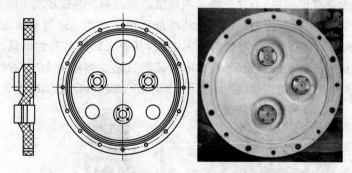

图 7-10　ZF12-126(L)型 GIS 绝缘子结构及实物图

6. 电流互感器

电流互感器用于电力系统的电流测量和系统保护,采用一次穿心式结构。图 7-11 为 ZF12-126(L)型 GIS 电流互感器实物图。

7. 电压互感器

电压互感器用于电力系统的电压测量和系统保护。图 7-12 为 ZF12-126(L)型 GIS 电容式电压互感器的工作原理及实物图。

图 7-11　ZF12-126(L)型 GIS 电流互感器图

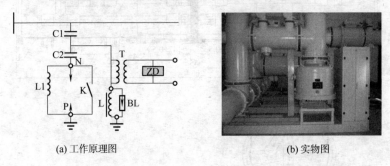

(a) 工作原理图　　　　　　　　　　　(b) 实物图

图 7-12　ZF12-126(L)型 GIS 电容式电压互感器图

C1—高压电容；C2—中压电容；T—中间变压器；ZD—阻尼器；

L—补偿电抗器；BL—氧化锌避雷器；L1—排流线圈；P—保护间隙；K—接地刀闸

8. 氧化锌避雷器

　　ZF12-126(L)型三相母线共箱式 GIS 采用无间隙金属氧化物避雷器作为该 GIS 的保护元件，它用于保护 GIS 的电气设备绝缘免受雷电和部分操作过电压的损害。该避雷器主绝缘为六氟化硫气体，芯体是氧化锌阀片，其非线性电阻特性比碳化硅优异。在运行电压下阻性泄漏电流小，没有串联火花放电间隙，不存在续流和放电迟延问题。其接地端子经放电记录器和短路片(供测量泄漏电流用)再经内部一根导线从底部引出至大地。避雷器在正常运行电压下，基本上处于绝缘状态，仅流过数百微安的泄漏电流，其中大部分是容性电流。当过电压侵入时，避雷器工作在伏—安特性的低阻区域，放电电流经过避雷器泄入大地。过电压过后，避雷器又恢复到正常运行电压下的工作状态。图 7-13 为 ZF12-126(L)型 GIS 避雷器图。

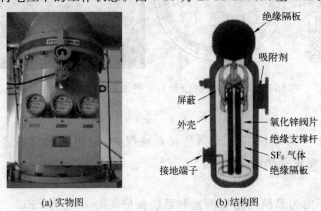

(a) 实物图　　　　　　　　　　(b) 结构图

图 7-13　ZF12-126(L)型 GIS 避雷器

9. 套管和母线

套管的作用是供架空线与 GIS 连接使用。母线是通过导电连接件和 GIS 其他元件接通，满足不同的主接线方式来汇集分配传送电能。母线筒内导体为三角形布置，盘式绝缘子通过导体和触头将三相母线固定于一定的位置上，并起对地绝缘作用。图 7-14 为 ZF12-126(L)型 GIS 出线套管结构图，图 7-15 为 ZF12-126(L)型 GIS 母线筒图。

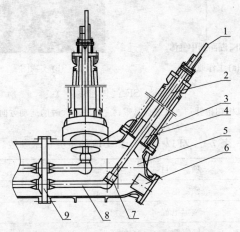

图 7-14 ZF12-126(L)型 GIS 出线套管结构图

1—接线板；2—导电杆；3—瓷套装配；4—屏蔽环；5—连接筒；6—分子筛；7—静触头；8—接头；9—绝缘子

(a) 实物图   (b) 结构图

图 7-15 ZF12-126(L)型 GIS 母线筒

10. SF_6 气体密度开关

SF_6 气体密度开关主要由弹性金属曲管、齿轮机构和指针、双层金属带等零部件组成，实际上是在弹簧管式压力表机构中加装了双层金属带而构成的。空心的弹性金属曲管与断路器相连，内部空间与断路器中的 SF_6 气体相通，弹性金属曲管的端部与起温度补偿作用的双金属带铰链连接，双层金属带与齿轮机构和指针机构 2 铰链连接。图 7-16 为 SF_6 气体密度开关图。

二、GIS 技术参数

由于 GIS 厂家不同，各自的产品结构也不尽相同，即使是同一厂家的产品，因电压等级的不同或者绝缘介质的不同，产品的结构和组成也会有所不同。如表 7-1 是 ZF12-126(L)型 GIS 主要技术参数，但是，不管什么样的产品，本节所提到的基本部分是所有 GIS 都具有的基础部件。要了解 GIS 的每一个部件是很难的，本节只介绍这些主要的部件，其余部件可通过其他方式去掌握。

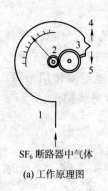

(a) 工作原理图

(b) 实物图

图 7-16 SF₆气体密度开关

1—弹性金属曲管；2—齿轮机构和指针；3—双层金属带；4—压力增大时的运动方向；5—压力减小时的运动方向

表 7-1 ZF12-126(L)型 GIS 的主要技术参数

序号	项 目		单位	基本参数
1	额定电压		kV	126
2	额定电流		A	2 000、3 150
3	额定频率		Hz	50
4	额定短时耐受电流		kA	31.5、40
5	额定峰值耐受电流		kA	80、100
6	额定短路持续时间		s	3
7	1 min 工频耐压	相对地、相间	kV	230、345
		断口间	kV	275
8	雷电冲击耐压	相对地	kV	550
		断口间	kV	650
9	断路器	额定短路开断电流	kA	31.5、40
10		额定失步开断电流	kA	7.9、10
11		近区故障开断电流	kA	28.4/23.7、36/30
12		额定线路充电开断电流(有效值)	A	31.5
13		额定短路电流允许连续开断次数		20
14		额定短路关合电流	kA	80、100
15	隔离开关	切合母线转换电流	A	1 600
16	接地开关	开合电磁感应电流/电压	A/kV	100/6
17		开合静电感应电流/电压	A/kV	10/15
18		额定短路关合电流(峰值)	kA	80、100
19	额定气压	断路器气室	MPa	0.6
20		其余气室	MPa	0.4
21	机械耐久性		次	3 000

复习与思考

1. 请讲述电压互感器在 GIS 中的接线方式、作用及注意事项。
2. 请讲述电流互感器互感器在 GIS 中的接线方法、作用及相关注意事项。
3. 请讲述氧化锌避雷器在 GIS 中的接线方法、作用及相关注意事项。

任务三　GIS 断路器试验项目及方法

一、测量绝缘电阻

在《电气设备预防性试验规程》中,断路器的整体绝缘电阻未做具体规定,可与出厂值及历年试验结果或同类型的断路器作比较来判断。

110 kV 及以上 SF_6 断路器,一次回路对地绝缘电阻应大于 5 000 MΩ。断路器的分、合闸线圈及合闸接触器线圈的绝缘电阻值不低于 10 MΩ。

1. 工具选择

2 500 V 兆欧表(具体接线见图 7-17)。

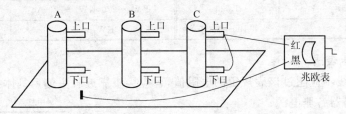

图 7-17　兆欧表测量绝缘电阻接线示意图

2. 步骤

(1)断开断路器的外侧电源开关;

(2)验证确无电压;

(3)分别摇测 A 对地、A 断口;B 对地、B 断口;C 对地、C 断口的绝缘值,并记录;

(4)分别摇测 A 对 B;B 对 C;C 对 A 的绝缘值,并记录。

二、测量导电回路及各线圈的直流电阻

断路器的分、合闸线圈及合闸接触器线圈的直流电阻值与产品出厂试验值比较,应无明显差别。测量主回路的导电电阻,不应超过产品技术条件规定值的 1.2 倍。

常见断路器每相导电回路电阻标准(参考值)如表 7-2 所示。

表 7-2　断路器每相导电回路电阻标准(参考值)

断路器型号	电阻值($\mu\Omega$)	断路器型号	电阻值($\mu\Omega$)
$SN-10$,SN_1-10	<95	DW_8-35	250
SN_2-10	95	DW_3-110G	1 600～1 800
SN_2-10G	75	DW_3-220	1 200

续上表

断路器型号	电阻值($\mu\Omega$)	断路器型号	电阻值($\mu\Omega$)
SN_3-10	26	DW_6-35	<450
$SN_{10}-10\text{Ⅱ}$,$SN_{10}-10\text{Ⅱ}c$	≤60	$ZN-10$	≤150
$SN_{10}-10\text{Ⅲ}$	≤17	$ZN_4-10/1000-16$	100
$SN_{10}-35$,$SN_{10}-35C$	≤75	$QF-63$	≤400(每相)
SW_2-35,SW_2-35C	<70	$QF-110$	≤400(每相)
SW_3-35(额定电流 600 A)	550	CN_2-10(额定电流 600 A)	250
SW_3-110	160	CN_2-10(额定电流 1 000 A)	120
SW_3-110G	180	$LW-220$	≤250
SW_4-220	600	$ZN_4-10K/11\,000-16$	100
SW_6-110	180	KW_1-110	150
SW_6-220(额定电流 1.2 kA)	450	KW_1-220	400
SW_6-330,$SW_6-330\text{Ⅰ}$	≤600	KW_2-220	170
SW_7-220	≤190	KW_3-110	45
DW_1-35	550	KW_3-220	110
DW_2-110	800	KW_4-110A	60
DW_2-220	1 520	KW_4-220,$KW_4-220\,A$	130
DW_3-110	1 100~1 300	KW_3-35	200

1. 电流、电压表法

毫伏表的连线不应超过该表规定的电阻值,且应接于靠近触头侧。具体接线见图 7-18。

(1)断开断路器各侧电源;

(2)连续跳合几次开关;

(3)合上 K;

(4)先调好电流值,再接通毫伏表;

(5)测量 3 次,求取平均值。

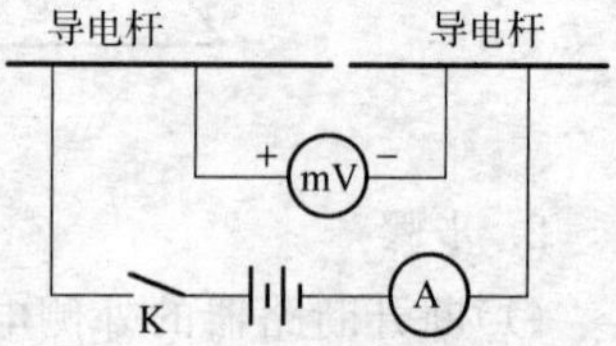

2. 平衡电桥法

测量时,电压引线尽量靠近触头侧;引线在电压线外侧,宜分开不宜重叠。

直流双臂电桥法:1~10 Ω 及以下(具体接线如图 7-19 所示)。

图 7-18 电流、电压表法测量接线图

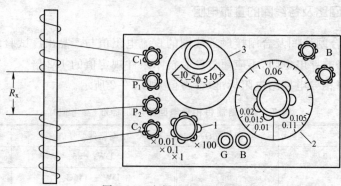

图 7-19 电桥法接线示意图

1—倍率旋钮;2—标准电阻读书盘;3—检流计

(1)断开断路器各侧电源；

(2)连续跳合几次开关；

(3)连线。

①被测电阻的电流端钮和电位端钮分别与电桥的对应端钮连接；

②靠近被测电阻的一对线接到电桥的电位端钮；

③被测电阻的外侧的一对线接到电桥的电流端钮；

④测量要尽快，因为测量工作电流较大。

三、交流耐压

GIS交流耐压试验应在合闸及SF_6压力额定时进行，试验电压为出厂试验电压的80%，SF_6断路器应在分、合闸状态下分别进行耐压试验，如表7-3所示。耐压试验只对110 kV及以上罐式断路器和500 kV定开距磁柱式断路器的断口进行，导电部分对地耐压，在合闸状态下进行。断口耐压，在分闸状态下进行。若三相在同一箱体中，在进行一相试验时，非被试验相应与外壳一起接地。

表7-3 断路器交流耐压试验电压标准

额定电压(kV)	3	6	10	15	20	35	44	60	110	154	220	330
出厂	24	32	42	55	65	95	—	155	250	—	470	570
交接及大修	22	28	38	50	59	85	105	140	225 (260)	(330)	425	—

注：括号内为小接地短路电流系统

1. 工具选择

试验变压器B_s；保护电阻R_1；限流、阻尼电阻R_2；保护间隙(球隙)G；电流表A；电压表V；电流互感器LH；被试变压器B_x。

2. 试验接线图

被试相断路器断口上下导体短接接耐压发生器高压输出端，其余非被试相断口上下导体亦短接接地(见图7-20)。

3. 步骤及方法

(1)断开断路器的外侧电源开关；

(2)验证确无电压；

(3)分别进行"A对地、A断口；B对地、B断口；C对地、C断口"的耐压；

缓慢升压至试验电压，并密切注意倾听放电声音，密切观察各表计的变化，读取1 min的耐压值，并记录；

(4)分别进行A对B；B对C；C对A的耐压。

缓慢升压至试验电压，并密切注意倾听放电声音，密切观察各表计的变化，读取1 min的耐压值，并记录，依次完成断器器各相对地耐压试验。

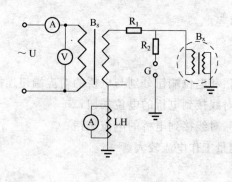

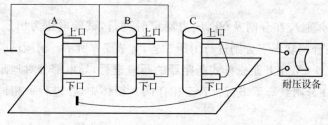

图 7-20　耐压试验接线示图

四、测量断路器分、合闸时间及同期性

1. 使用仪器

可调直流电压源。输出范围应为：电压：0～250 V 直流，电流：应不小于 5 A，纹波系数不大于 3%；断路器特性测试仪一台，要求仪器时间精度误差不大于 0.1 ms，时间通道数应不少于 6 个。

2. 测量方法

将断路器特性测试仪的合、分闸控制线分别接入断路器二次控制线中，用试验接线将断路器一次各断口的引线接入测试仪的时间通道。试验接线如图 7-21 所示。

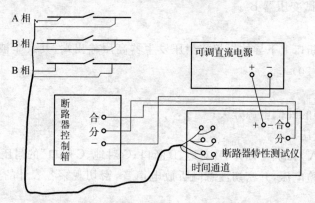

图 7-21　GIS 合分闸时间及同期性试验接线示图

将可调直流电源调至额定操作电压，通过控制断路器特性测试仪，在额定操作电压及额定机构压力下对 GIS 断路器进行分、合操作，得出是各相合、分闸时间。三相合闸时间中的最大值与最小值之差即为合闸不同期；三相分闸时间中的最大值与最小值之差即为分闸不同期。

3. 试验结果判断依据

合、分闸时间应符合制造厂的规定。除制造厂另有规定外,断路器的分、合闸同期性应满足相间合闸不同期不大于 5 ms;相间分闸不同期不大于 3 ms 的要求。

4. 注意事项

试验时也可采用站内直流电源作为操作电源;如果存在第二分闸回路,则应测量第二分闸的分闸时间、同期性。

五、测量断路器分、合闸速度

1. 使用仪器

可调直流电压源。输出范围应为:电压:0～250 V 直流,电流:应不小于 5 A,纹波系数不大于 3％;断路器特性测试仪一台,要求仪器时间精度误差不大于 0.1 ms,时间通道数应不少于 6 个,至少有一个模拟输入通道。

2. 试验方法

本项试验可结合断路器合、分闸时间试验同时进行,将测速传感器可靠固定,并将传感器运动部分牢固连接至断路器机构的速度测量运动部件上。利用断路器特性测试仪进行断路器合、分操作,根据所得的时间－行程特性求得合、分闸速度。

3. 试验结果判断依据

合、分闸速度的测量方法及结果应符合制造厂的规定。

六、操作机构试验

1. 合闸操作

(1)操作电压、液压在表 7-4 所示范围时,操作机构应可靠动作。

表 7-4　断路器操作机构合闸操作试验电压、液压范围

电压		液压
直流	交流	
$(85％～110％)U_n$	$(85％～110％)U_n$	按产品规定的最低及最高值
注:对于电磁机构,当断路器关合电流小于 50 kA 时,直流操作电压范围$(80％～110％)U_n$		

(2)弹簧、液压操作机构的合闸线圈及电磁操作机构的合闸接触器的动作要求,均应符合技术规范书所给出的参数值。

2. 脱扣操作

(1)直流或交流电磁铁的线圈电压大于额定值 65％时,应可靠分闸;当小于额定值的 30％时,不应分闸。

(2)附装失压脱扣器的,动作特性应符合表 7-5 的规定。

表 7-5　附装失压脱扣器的脱扣试验

电源电压与额定电源电压	小于 35％	大于 65％	大于 85％
失压脱扣器的工作状态	铁芯应可靠释放	铁芯不得释放	铁芯可靠吸合
注:当电压缓慢下降至规定比值时,铁芯应可靠释放			

(3)附装过流脱扣器的,其额定电流规定≥2.5 A,脱扣电流的等级范围及其准确度应符合表 7-6 的规定。

表 7-6　附装过流脱扣器的脱扣试验

过流脱扣器种类	延时动作	瞬时动作
脱扣电流等级范围(A)	2.5～10	2.5～15
每级脱扣电流的准确度	±10%	
同一脱扣器各级脱扣电流准确度	±5%	

注:对于延时动作的过流脱扣器,应按制造厂提供的脱扣电流与动作延时的关系曲线进行核对。另外,还应检查在预定时延终了前,主回路电流降至返回值时,脱扣器不应动作

3. 模拟操动试验

(1)当具有可调电源时,可在不同电压、液压条件下,对断路器进行就地或远控操作,断路器均应正确、可靠动作,其联锁及闭锁装置回路的动作应符合产品及设计要求。

(2)当无可调电源时,只在额定电压下试验。

(3)直流电磁或弹簧机构的操动试验,应按表 7-7 的规定进行。

表 7-7　直流电磁或弹簧机构的操动试验

操作类别	操作线圈端钮电压与额定电源电压比值/%	操作次数
合、分	110	3
合闸	85(80)	3
分闸	65	3
合、分、重合	100	3

注:括号内数字适用于:①自动重合闸装置的断路器;②对于电磁机构,当断路器关合电流小于 50 kA 时,直流操作电压范围 80%～110%U_n

(4)液压机构的操动试验,应按应按表 7-8 的规定进行。

表 7-8　液压机构的操动试验

操作类别	操作线圈端钮电压与额定电源电压比值/%	操作液压	操作次数
合、分	110	产品规定的最高操作压力	3
合、分	110	额定操作压力	3
合	85(80)	产品规定的最低操作压力	3
分	65	产品规定的最低操作压力	3
合、分、重合	100	产品规定的最低操作压力	3

注:①括号内数字适用于自动重合闸装置的断路器;
②模拟操作试验应在液压的自动控制回路可靠、准确动作的状态下进行;
③操作时,液压的压降允许值应符合产品技术条件的规定

七、GIS 各元件试验

GIS 各元件是指内装的断路器、隔离开关、负荷开关、接地开关、避雷器、互感器、套管、母线等。由于 GIS 各元件直接联结在一起,并全部封闭在接地的金属外壳内,测试信号可通过

出线套管加入或通过打开接地开关导电杆与金属外壳之间的活动接地片,从接地开关导管加入测试信号。各元件试验项目的试验原理与敞开式设备一致,各试验项目及方法本书前面已作较为详尽的描述,本处不再赘述。

八、测量 SF_6 气体微水含量

SF_6 气体微水检验的方法通常有露点法、电解法、阻容法等,根据方法不一样,采用的仪器也不一样。电力系统一般对大量采用 SF_6 气体绝缘的电气设备采用在线监测系统进行检测。由于微水检测项目较专业,现场检测作业的工艺要求和规范性很严格,操作者的专业水准对结果影响很大,相关在线监测的内容较多且已自成系统。另外,这项目一般都是设备安装交接时和出厂试验时的检测项目,正常是由专业厂家进行检测的。而在大量使用的现场往往安装有整套的在线采集设备,把样品数据实时传输给后台(依赖技术的进步,后台可以设置在生活比较方便的大中城市)由其成套的分析系统完成监测。一般 SF_6 气体微水含量要求是:与灭弧室相通的气室,小于 150×10^{-6};不与灭弧室相通的气室,小于 500×10^{-6};值得注意的是:微水量的测定应在断路器充气 24h 后进行,且在进行检测时要用电热吹风把充放气接头和测量用气管里的残留水分吹净。

九、密封试验

密封试验采用灵敏度不低于 1×10^{-6}(体积比)的检漏仪;试验方法一般采用局部包扎法。在正常的周围空气温度下,各气室充以额定压力的 SF_6 气体,用塑料薄膜包扎各密封面,边缘用胶带粘贴密封。塑料薄膜与被试品应保持一定的间隙。包扎 24 h 后,用 SF_6 检漏仪测量包容区的气体浓度,一般视试品大小测试 2~6 点。判断产品年漏气率不超过允许漏气率的规定值($< 1 \times 10^{-6}$)。

漏气率的计算方法:

$$F = \Delta C \times (V_m - V_1) \times P / \Delta t \quad (\text{MPa} \cdot \text{m}^3/\text{s})$$

式中　F——漏气率;

　　ΔC——试验开始到终了时泄露气体浓度的增量,为测量值的平均值,1×10^{-6};

　　Δt——测量 ΔC 的间隔时间,s;

　　V_m——封闭罩的容积,m^3;

　　V_1——试品体积,m^3;

　　P——绝对大气压,0.1 MPa。

相对年漏气率 F_y:

$$F_y = F \times 31.5 \times 106 / V \times (P_r + 0.1) \times 100\%$$

式中　V——试品气体密封系统容积,m^3;

　　P_r——气室 SF_6 气体压力,MPa。

十、测量气体密封继电器、压力表及压力动作阀的动作值

这个项目检测比较简单,试验时主要是通过调节 SF_6 及空气管路上的进气和放气阀,分别检查 SF_6 密度计及空气压力开关的动作值和复位值,并与产品出厂技术进行对比,不应产生明显的差别。

复习与思考

1. 掌握断路器机械特性测试仪和微水测量仪的使用方法。
2. 掌握 GIS 运行和维护的相关知识。
3. 联系一个 GIS 变电站进行运行情况调研,并写出预防性试验的方案。

项目小结

本项目介绍了 GIS 的外观结构、特性及主要技术参数等,以实例化形式介绍了 GIS 断路器试验项目及方法,对 GIS 的运行和维护也作为较详细的阐述,具体试验项目能检测出来的故障参见表 7-9。

表 7-9 GIS 高压试验项目检测故障一览表

序号	测试项目	绝缘故障				开关断口
		主绝缘	整体受潮	放电	过热	
1	辅助回路的控制回路电阻					●
2	分合闸线圈直流电阻					●
3	交流耐压试验	●	●			
4	微水试验	●				●

项目资讯单

项目内容	GIS设备		
学习方式	通过教科书、图书馆、专业期刊、上网查询问题;分组讨论或咨询老师	学时	10
资讯要求	书面作业形式完成,在网络课程中提交		
资讯问题	序号	资讯点	
	1	GIS 的英文全拼是什么,代表什么含义?	
	2	GIS 里面充满的是什么气体? 气压是多少?	
	3	GIS 主要应用在什么场合? 有什么特点? 其主要技术参数是什么?	
	4	GIS 里互感器起到什么作用? 断路器有何作用? 氧化锌避雷器有何作用?	
	5	GIS 交流耐压试验应如何进行? 其合格指标有哪些?	
	6	GIS 微水测量是如何进行的? 要求什么指标才算是合格的?	
	7	简述 GIS 出现故障时,如何处理?	
	8	GIS 组合开关的巡检内容是什么?	
	9	GIS 哪些故障是需要即时处理的?	
	10	GIS 接地开关故障时应如何处理?	

续上表

	序号	资讯点
资讯问题	11	220 kV GIS 的试验项目有哪些？分别检测哪些绝缘问题？
	12	GIS 气体压力下降，如何处理？正常的气压多少为合适？
	13	GIS 检修完成后，检修人员应做哪些防护工作？
资讯引导		以上问题可以在本教程的学习信息、精品网站、教学资源网站、互联网、专业资料库等处查询学习

 ## 项目考核单

一、单项选择题（在每小题的选项中，只有一项符合题目要求，把所选选项的序号填在题中的括号内）

1. SF_6 设备工作区空气中 SF_6 气体含量不得超过（　）×mL/L。

    A. 500　　　　　　　B. 1 000　　　　　　　C. 1 500

2. 设备运行后每（　）个月检查一次 SF_6 气体含水量，直至稳定后，方可每年检测一次含水量。

    A. 三　　　　　　　B. 四　　　　　　　C. 五

3. SF_6 设备运行稳定后方可（　）检查一次 SF_6 气体含水量。

    A. 三个月　　　　　　B. 半年　　　　　　C. 一年

4. 工作人员进入 SF_6 配电装置室，必须先通风（　）min，并用检漏仪测量 SF_6 气体含量。

    A. 5　　　　　　　B. 10　　　　　　　C. 15

5. SF_6 气体具有较高绝缘强度的主要原因之一是（　）。

    A. 无色无味性　　B. 不燃性　　　　C. 无腐蚀性　　　　D. 电负性

二、多项选择题（在每小题的四个选项中，有多项符合题目要求，把所选选项的序号填在题中的括号内）

1. 装有 SF_6 设备的配电装置室和 SF_6 气体实验室，必须（　）。

    A. 装设强力通风装置　　　　　　B. 风口应设置在室内底部
    C. 风口应设置在室内上部　　　　D. 进行封闭

2. SF_6 电气设备投运前，应检验设备气室内 SF_6 气体的（　）。

    A. 水份　　　　B. 温度　　　　C. 空气含量　　　　D. 压力

3. 工作人员进入 SF_6 配电装置室，必须先做下列工作（　）。

    A. 通风 15 min　　　　　　　　B. 用检漏仪测量 SF_6 气体含量
    C. 测量氢气含量　　　　　　　D. 检查设备状况

4. 发生设备防爆膜破裂事故时，应（　）。

    A. 停电处理　　　　　　　　　B. 带电处理
    C. 用汽油或丙酮擦拭干净　　　D. 用蒸馏水擦拭干净

5. SF_6 电气设备检修结束后，检修人员应（　）。

A. 洗澡   B. 把用过的工器具清洗干净

C. 把用过的防护用具清洗干净   D. 没有什么特殊规定

三、判 断 题

1. SF_6 电气设备检修结束后,检修人员应洗澡。（ ）

2. SF_6 电气设备检修结束后,检修人员应把用过的工器具清洗干净。（ ）

3. SF_6 电气设备检修结束后,检修人员没有什么特殊规定。（ ）

4. SF_6 设备工作区空气中 SF_6 气体含量不得超过 1 000 mL/L。（ ）

 项目操作单

  分组实操项目。全班分 6 组,每小组 7～9 人,通过抽签确认表 7-10 变压器试验项目内容,自行安排负责人、操作员、记录员、接地及放电人员分工。考评员参考评分标准进行考核,时间 50 min,其中实操时间 30 min,理论问答 20 min。

表 7-10　GIS 试验项目

序号	GIS 绝缘项目内容				
项目 1	请根据铭牌讲述 GIS 的组成、技术参数及绝缘结构				
项目 2	GIS 断路器交流耐压试验				
项目 3	GIS 断路器机械特性测试和微水测量特性试验				
项目编号		考核时限	50 min	得分	
开始时间		结束时间		用时	
作业项目	GIS 试验项目 1～3				
项目要求	(1)说明 GIS 结构及绝缘试验原理。 (2)现场就地操作演示并说明需要试验的绝缘结构及材料。 (3)注意安全,操作过程符合安全规程。 (4)编写试验报告。 (5)实操时间不能超过 30 min,试验报告时间 20 min,实操试验提前完成的,其节省的时间可加到试验报告的编写时间里。				
材料准备	(1)正确摆放被试品。 (2)正确摆放试验设备。 (3)准备绝缘工具、接地线、电工工具和试验用接线及接线钩叉、鳄鱼夹等。 (4)其他工具,如绝缘胶带、万用表、温度计、湿度仪。				
评分标准	序号	项目名称	质量要求		满分 100 分
	1	安全措施 (14 分)	(1)试验人员穿绝缘鞋、戴安全帽,工作服穿戴齐整		3
			(2)检查被试品是否带电(可口述)		2
			(3)接好接地线对 GIS 进行充分放电(使用放电棒)		3
			(4)设置合适的围栏并悬挂标示牌		3
			(5)试验前,对 GIS 外观进行检查(包括瓷瓶、油位、接地线、分接开关、本体清洁度等),并向考评员汇报		3

续上表

	序号	项目名称	质量要求	满分100分
评分标准	2	GIS 及仪器仪表铭牌参数抄录（7分）	(1)对与试验有关的铭牌参数进行抄录	2
			(2)选择合适的仪器仪表，并抄录仪器仪表参数、编号、厂家等	2
			(3)检查仪器仪表合格证是否在有效期内并向考评员汇报	2
			(4)向考评员索取历年试验数据	1
	3	GIS 外绝缘清擦（2分）	至少要有清擦意识或向考评员口述示意	2
	4	温、湿度计的放置（4分）	(1)试品附近放置温湿度表，口述放置要求	2
			(2)在 GIS 本体测温孔放置棒式温度计	2
	5	试验接线情况（9分）	(1)仪器摆放整齐规范	3
			(2)接线布局合理	3
			(3)仪器、GIS 地线连接牢固良好	3
	6	电源检查(2分)	用万用表检查试验电源	2
	7	试品带电试验（23分）	(1)试验前撤掉地线，并向考评员示意是否可以进行试验。简单预说一下操作步骤	2
			(2)接好试品，操作仪器，如果需要则缓慢升压	6
			(3)升压时进行呼唱	1
			(4)升压过程中注意表计指示	5
			(5)电压升到试验要求值，正确记录表计指数	3
			(6)读取数据后，仪器复位，断掉仪器开关，拉开电源刀闸，拔出仪器电源插头	3
			(7)用放电棒对被试品放电、挂接地线	3
	8	记录试验数据(3分)	准确记录试验时间、试验地点、温度、湿度、油温及试验数据	3
	9	整理试验现场（6分）	(1)将试验设备及部件整理恢复原状	4
			(2)恢复完毕，向考评员报告试验工作结束	2
	10	试验报告（20分）	(1)试验日期、试验人员、地点、环境温度、湿度、油温	3
			(2)试品铭牌数据：与试验有关的 GIS 铭牌参数	3
			(3)使用仪器型号、编号	3
			(4)根据试验数据作出相应的判断	9
			(5)给出试验结论	2
	11	考评员提问(10分)	提问与试验相关的问题，考评员酌情给分	10
考评员项目验收签字				

附录一　高压电气设备试验规程及设备选型

预防性试验规程是电力系统绝缘监督工作的主要依据,在我国已有 40 年的使用经验。详细可以参考原水利电力部颁发的《电力设备预防性试验规程 DL/T 596—1996》及中华人民共和国电力行业相关标准。

下面结合本书设备顺序介绍高压电气设备试验规程及试验设备选型,以供设备试验及试验设备选型时参考之用。

一、电力变压器

1. 绕组直流电阻(试验设备:直流电阻测试仪)

周　期	要　求	说　明
(1)1~3 年或自行规定 (2)无励磁调压变压器变换分接位置后 (3)有载调压变压器的分接开关检修后(在所有分接侧) (4)大修后 (5)必要时	(1)1.6 MV·A 以上变压器,各相绕组电阻相互间的差别不应大于三相平均值的 2%,无中性点引出的绕组,线间差别不应大于三相平均值的 1% (2)1.6 MV·A 及以下的变压器,相间差别一般不大于三相平均值的 4%,线间差别一般不大于三相平均值的 2% (3)与以前相同部位测得值比较,其变化不应大于 2% (4)电抗器参照执行	(1)如电阻相间差在出厂时超过规定,制造厂已说明了这种偏差的原因,按要求中(3)项执行 (2)不同温度下的电阻值按下式换算 $$R_2 = R_1 \left(\frac{T + t_2}{T + t_1} \right)$$ 式中 R_1、R_2 分别为在温度 t_1、t_2 时的电阻值;T 为计算用常数,铜导线取 235,铝导线取 225 (3)无励磁调压变压器应在使用的分接锁定后测量

2. 绕组绝缘电阻、吸收比或极化指数(试验设备:高压绝缘电阻测试仪)

周　期	要　求	说　明
(1)1~3 年或自行规定 (2)大修后 (3)必要时	(1)绝缘电阻换算至同一温度下,与前一次测试结果相比应无明显变化 (2)吸收比(10~30℃ 范围)不低于 1.3 或极化指数不低于 1.5	(1)采用 2 500 V 或 5 000 V 兆欧表 (2)测量前被试绕组应充分放电 (3)测量温度以顶层油温为准,尽量使每次测量温度相近 (4)尽量在油温低于 50℃ 时测量,不同温度下的绝缘电阻值一般可按下式换算 $$R_2 = R_1 \times 1.5^{(t_1 - t_2)/10}$$ 式中 R_1、R_2 ——温度 t_1、t_2 时的绝缘电阻值 (5)吸收比和极化指数不进行温度换算

3. 电容型套管的 tanδ 和电容值(试验设备:抗干扰介质损耗测试仪)

周　期	要　求	说　明
(1)1~3 年或自行规定 (2)大修后 (3)必要时		(1)用正接法测量 (2)测量时记录环境温度及变压器(电抗器)顶层油温

4. 绕组的 tanδ(试验设备:抗干扰介质损耗测试仪)

周　期	要　求	说　明
(1)1~3 年或自行规定 (2)大修后 (3)必要时	(1)20℃时 tanδ 不大于下列数值: 330~500 kV 时 0.6% 66~220 kV 时 0.8% 35 kV 及以下时 1.5% (2)tanδ 值与历年的数值比较不应有显著变化(一般不大于 30%) (3)试验电压如下: | 绕组电压	10 kV 及以上	10 kV
绕组电压	10 kV 以下	U_n | (4)用 M 型试验器时试验电压自行规定	(1)非被试绕组应接地或屏蔽 (2)同一变压器各绕组 tanδ 的要求值相同 (3)测量温度以顶层油温为准,尽量使每次测量的温度相近 (4)尽量在油温低于 50℃时测量,不同温度下的 tanδ 值一般可按下式换算 $$tan\delta_2 = tan\delta_1 \times 1.3^{(t_2-t_1)/10}$$ 式中 $tan\delta_1$、$tan\delta_2$——温度 t_1、t_2 时的 tanδ 值

5. 铁芯(有外引接地线的)绝缘电阻(试验设备:绝缘电阻测试仪)

周　期	要　求	说　明
(1)1~3 年或自行规定 (2)大修后 (3)必要时	(1)与以前测试结果相比无显著差别 (2)运行中铁芯接地电流一般不大于 0.1 A	(1)采用 2 500 V 兆欧表(对运行年久的变压器可用 1 000 V 兆欧表) (2)夹件引出接地的可单独对夹件进行测量

6. 交流耐压试验(试验设备:试验变压器)

周　期	要　求	说　明
(1)1~5 年(10 kV 及以下) (2)大修后(66 kV 及以下) (3)更换绕组后 (4)必要时	(1)油浸变压器(电抗器)试验电压值按大修试验项目办理(定期试验按部分更换绕组电压值) (2)干式变压器全部更换绕组时,按出厂试验电压值;部分更换绕组和定期试验时,按出厂试验电压值的 0.85 倍	(1)可采用倍频感应或操作波感应法 (2)66 kV 及以下全绝缘变压器,现场条件不具备时,可只进行外施工频耐压试验 (3)电抗器进行外施工频耐压试验

7. 绕组所有分接的电压比(试验设备:全自动变比组别测试仪)

周　期	要　求
(1)分接开关引线拆装后 (2)更换绕组后 (3)必要时	(1)各相应接头的电压比与铭牌值相比,不应有显著差别,且符合规律 (2)电压 35 kV 以下,电压比小于 3 的变压器电压比允许偏差为 ±1%;其他所有变压器:额定分接电压比允许偏差为 ±0.5%,其他分接的电压比应在变压器阻抗电压值(%)的 1/10 以内,但不得超过 ±1%

8. 绕组泄漏电流(试验设备:直流高压发生器)

周　期	要　求						说　明
(1)1～3 年或自行规定 (2)必要时	(1)试验电压一般如下:						读取 1 min 时的泄漏电流值
	绕组额定电压(kV)	3	6～10	20～35	66～330	500	
	直流试验电压(kV)	5	10	20	40	60	
	(2)与前一次测试结果相比应无明显变化						

9. 冷却装置及其二次回路检查试(试验设备:绝缘电阻测试仪)

周　期	要　求	说　明
(1)自行规定 (2)大修后 (3)必要时	(1)投运后,流向、温升和声响正常,无渗漏 (2)强油水冷装置的检查和试验,按制造厂规定 (3)绝缘电阻一般不低于 1 MΩ	测量绝缘电阻采用 2 500 V 兆欧表

10. 校核三相变压器的组别或单相变压器极性(试验设备:全自动变比组别测试仪)

周　期	要　求
更换绕组后	必须与变压器铭牌和顶盖上的端子标志一致

11. 有载调压装置的试验和检查(试验设备:变压器有载调压分接开关测试仪)

周　期	要　求
(1)按制造厂规定 (2)大修后	按 DL/T 574—1995《有载分接开关运行维护导则》执行

12. 套管中的电流互感器绝缘试验(试验设备:绝缘电阻测试仪)

周　期	要　求	说　明
(1)大修后 (2)必要时	绝缘电阻一般不低于 1 MΩ	采用 2 500 V 兆欧表

二、金属氧化物避雷器

1. 绝缘电阻(试验设备:绝缘电阻测试仪)

周　期	要　求	说　明
(1)发电厂、变电所避雷器每年雷雨季节前 (2)必要时	(1)35 kV 以上,不低于 2 500 MΩ (2)35 kV 及以下,不低于 1 000 MΩ	采用 2 500 V 及以上兆欧表

2. 直流 1 mA 电压(U_{1mA})及 $0.75U_{1mA}$ 下的泄漏(试验设备:直流高压发生器或 10 kV 氧化锌避雷器测试仪)

周　　期	要　　求	说　　明
(1)发电厂、变电所避雷器每年雷雨季前 (2)必要时	(1)不得低于 GB 11032—2010 规定值 (2)U_{1mA}实测值与初始值或制造厂规定值比较，变化不应大于±5% (3)0.75U_{1mA}下的泄漏电流不应大于 50 μA	(1)要记录试验时的环境温度和相对湿度 (2)测量电流的导线应使用屏蔽线 (3)初始值系指交接试验或投产试验时的测量值

3. 运行电压下的交流泄漏电流（试验设备：抗干扰氧化锌避雷器测试仪）

周　　期	要　　求	说　　明
(1)新投运的 110 kV 及以上者投运 3 个月后测量 1 次；以后每半年 1 次；运行 1 年后，每年雷雨季节前 1 次 (2)必要时	测量运行电压下的全电流、阻性电流或功率损耗，测量值与初始值比较，有明显变化时应加强监测，当阻性电流增加 1 倍时，应停电检查	应记录测量时的环境温度、相对湿度和运行电压。测量宜在瓷套表面干燥时进行。应注意相间干扰的影响

4. 底座绝缘电阻（试验设备：绝缘电阻测试仪）

周　　期	要　　求	说　　明
(1)发电厂、变电所避雷器每年雷雨季前 (2)必要时	自行规定	采用 2 500 V 及以上兆欧表

三、少油和多油断路器

1. 绝缘电阻（试验设备：绝缘电阻测试仪）

周　　期	要　　求			说　　明
(1)1～3 年 (2)大修后	(1)整体绝缘电阻自行规定 (2)断口和有机物制成的提升杆的绝缘电阻不应低于下表数值：			使用 2 500 V 兆欧表
	额定电压(kV)			
	试验类别	<24	24～40.5	72.5～252
	大修后	1 000	2 500	5 000
	运行中	300	1 000	3 000

2. 40.5 kV 及以上非纯瓷套管和多油断路器的 tanδ、灭弧室并联电容器的电容量和 tanδ（试验设备：抗干扰介质损耗测试仪）

周　　期	要　　求			说　　明
(1)1～3 年 (2)大修后	(1)20℃时多油断路器的非纯瓷套管的 tanδ(%)值见套管国标 (2)20℃时非纯瓷套管断路器的 tanδ(%)值，可比套管章节中相应的 tanδ(%)值增加下列数值：			(1)在分闸状态下按每支套管进行测量。测量的 tanδ 超过规定值或有显著增大时，必须落下油箱进行分解试验。对不能落下油箱的断路器，则应将油放出，使套管下部和灭弧室露出油面，然后进行分解试验 (2)断路器大修而套管不大修时，应按套管运行中规定的相应数值增加 (3)带并联电阻断路器的整体 tanδ(%)可相应增加 1
	额定电压(kV)	≥126	<126	40.5(DW1－35，DW1－35D)
	tanδ(%)值的增加数	1	2	3

3. 126 kV 及以上油断路器提升杆的交流耐压试验（试验设备：试验变压器）

周　期	要　求	说　明
(1)大修后 (2)必要时	试验电压按 DL/T 593 规定值的 80%	(1)耐压设备不能满足要求时可分段进行,分段数不应超过 6 段(252 kV),或 3 段(126 kV),加压时间为 5 min (2)每段试验电压可取整段试验电压值除以分段数所得值的 1.2 倍或自行规定

4. 断路器对地、断口及相间交流耐压试验（试验设备：试验变压器）

周　期	要　求	说　明
(1)1～3 年(12 kV 及以下) (2)大修后 (3)必要时(72.5 kV 及以上)	断路器在分、合闸状态下分别进行,试验电压值如下: 12～40.5 kV 断路器对地及相间按 DL/T 593 规定值; 72.5 kV 及以上者按 DL/T 593 规定值的 80%	对于三相共箱式的油断路器应作相间耐压,其试验电压值与对地耐压值相同

5. 导电回路电阻（试验设备：高精度回路电阻测试仪）

周　期	要　求	说　明
(1)1～3 年 (2)大修后	(1)大修后应符合制造厂规定 (2)运行中自行规定	用直流压降法测量,电流不小于 100 A

6. 断路器的合闸时间和分闸时间（试验设备：高压开关时间参数测量仪）

周　期	要　求	说　明
大修后	应符合制造厂规定	在额定操作电压(气压、液压)下进行

7. 断路器触头分、合闸的同期性（试验设备：高压开关时间参数测量仪）

周　期	要　求
(1)更换绕组后 (2)接线变动后	与铭牌和端子标志相符

8. 40.5 kV 及以上少油断路器的泄漏电流（试验设备：直流高压发生器）

周　期	要　求			说　明
(1)1～3 年 (2)大修后	(1)每一元件的试验电压如下: 额定电压(kV) (2)泄漏电流一般不大于 10 μA	40.5	72.5～252　　≥363	252 kV 及以上少油断路器提升杆(包括支持瓷套)的泄漏电流大于 5 μA 时,应引起注意

四、真空断路器

1. 绝缘电阻（试验设备：绝缘电阻测试仪）

周　　期	要　　求			
(1)1～3 年 (2)大修后	(1)整体绝缘电阻参照制造厂规定或自行规定 (2)断口和用有机物制成的提升杆的绝缘电阻不应低于下表中的数值			
	试验类别	额定电压(kV)		
		<24	24～40.5	72.5
	大修后(MΩ)	1 000	2 500	5 000
	运行中(MΩ)	300	1 000	3 000

2. 交流耐压试验（断路器主回路对地、相间及断口）（试验设备：试验变压器）

周　　期	要　　求	说　　明
(1)1～3 年(12 kV 及以下) (2)大修后 (3)必要时(40.5、72.5 kV)	断路器在分、合闸状态下分别进行，试验电压值按 DL/T 593 规定值	(1)更换或干燥后的绝缘提升杆必须进行耐压试验，耐压设备不能满足时可分段进行 (2)相间、相对地及断口的耐压值相同

3. 导电回路电阻（试验设备：高精度回路电阻测试仪）

周　　期	要　　求	说　　明
(1)1～3 年 (2)大修后	(1)大修后应符合制造厂规定 (2)运行中自行规定，建议不大于 1.2 倍出厂值	用直流压降法测量，电流不小于 100 A

4. 断路器的合闸时间和分闸时间，分、合闸的同期性（试验设备：高压开关时间参数测量仪）

周　　期	要　　求	说　　明
大修后	应符合制造厂规定	在额定操作电压下进行

五、SF₆断路器

1. 断路器的时间参量（试验设备：高压开关时间参数测量仪）

周　　期	要　　求
(1)大修后 (2)机构大修后	除制造厂另有规定外，断路器的分、合闸同期性应满足下列要求： 相间合闸不同期不大于 5 ms 相间分闸不同期不大于 3 ms 同相各断口间合闸不同期不大于 3 ms 同相各断口间分闸不同期不大于 2 ms

2. 交流耐压试验(试验设备:试验变压器)

周　期	要　求	说　明
(1)大修后 (2)必要时	交流耐压或操作冲击耐压的试验电压为出厂试验电压值的80%	(1)试验在 SF$_6$ 气体额定压力下进行 (2)对 GIS 试验时不包括其中的电磁式电压互感器及避雷器,但在投运前应对它们进行试验电压值为 U_m 的 5 min 耐压试验 (3)罐式断路器的耐压试验方式:合闸对地;分闸状态两端轮流加压,另一端接地。建议在交流耐压试验的同时测量局部放电 (4)对瓷柱式定开距型断路器只作断口间耐压

3. 导电回路电阻(试验设备:高精度回路电阻测试仪)

周　期	要　求	说　明
(1)1~3 年 (2)大修后	(1)敞开式断路器的测量值不大于制造厂规定值的 120% (2)对 GIS 中的断路器按制造厂规定	用直流压降法测量,电流不小于 100 A

4. 分、合闸线圈直流电阻(试验设备:直流电阻测试仪)

周　期	要　求
(1)大修后 (2)机构大修后	应符合制造厂规定

六、隔离开关

1. 有机材料支持绝缘子及提升杆的绝缘电阻(试验设备:绝缘电阻测试仪)

周　期	要　求			说　明
(1)1~3 年 (2)大修后	(1)用兆欧表测量胶合元件分层电阻 (2)有机材料传动提升杆的绝缘电阻值不得低于下表数值:			采用 2 500 V 兆欧表

试验类别	额定电压(kV)	
	<24	24~40.5
大修后	1 000	2 500
运行中	300	1 000

2. 二次回路的绝缘电阻(试验设备:绝缘电阻测试仪)

周　期	要　求	说　明
(1)1~3 年 (2)大修后 (3)必要时	绝缘电阻不低于 2 MΩ	采用 1 000 V 兆欧表

3. 交流耐压试验(试验设备:交流试验变压器)

周 期	要 求	说 明
大修后	(1)试验电压值按 DL/T 593 规定 (2)用单个或多个元件支柱绝缘子组成的隔离开关进行整体耐压有困难时,可对各胶合元件分别做耐压试验	在交流耐压试验前、后应测量绝缘电阻;耐压后的阻值不得降低

4. 导电回路电阻测量(试验设备:高精度回路电阻测试仪)

周 期	要 求	说 明
大修后	不大于制造厂规定值的 1.5 倍	用直流压降法测量,电流值不小于 100 A

七、电流互感器

1. 绕组及末屏的绝缘电阻(试验设备:绝缘电阻测试仪)

周 期	要 求	说 明
(1)投运前 (2)1～3 年 (3)大修后 (4)必要时	(1)绕组绝缘电阻与初始值及历次数据比较,不应有显著变化 (2)电容型电流互感器末屏对地绝缘电阻一般不低于 1 000 MΩ	采用 2 500 V 兆欧表

2. tanδ 及电容量(试验设备:抗干扰介质损耗测试仪)

周 期	要 求					说 明
(1)投运前 (2)1～3 年 (3)大修后 (4)必要时	(1)主绝缘 tanδ(%)不应大于下表中的数值,且与历年数据比较,不应有显著变化					(1)主绝缘 tanδ 试验电压为 10 kV,末屏对地 tanδ 试验电压为 2 kV (2)油纸电容型 tanδ 一般不进行温度换算,当 tanδ 值与出厂值或上一次试验值比较有明显增长时,应综合分析 tanδ 与温度、电压的关系,当 tanδ 随温度明显变化或试验电压由 10 kV 升到 $U_m/\sqrt{3}$ 时,tanδ 增量超过±0.3%,不应继续运行 (3)固体绝缘互感器可不进行 tanδ 测量

电压等级(kV)		20～35	66～110	220	330～500
大修后	A	—	1.0	0.7	0.6
	B	3.0	2.0	—	—
	C	2.5	2.0	—	—
运行中	A	—	1.0	0.8	0.7
	B	3.5	2.5	—	—
	C	3.0	2.5	—	—

A 油纸电容型 B 充油型 C 胶纸电容型
(2)电容型电流互感器主绝缘电容量与初始值或出厂值差别超出±5%范围时应查明原因
(3)当电容型电流互感器末屏对地绝缘电阻小于 1 000 MΩ 时,应测量末屏对地 tanδ,其值不大于 2%

3. 一次绕组直流电阻测量(试验设备:直流电阻测量仪)

周 期	要 求
(1)大修后 (2)必要时	与初始值或出厂值比较,应无明显差别

4. 交流耐压试验(试验设备:试验变压器)

周　期	要　　求						
(1)1~3 年 (20 kV 及以下) (2)大修后 (3)必要时	(1)一次绕组按出厂值的 85% 进行。出厂值不明的按下列电压进行试验:						
	电压等级(kV)	3	6	10	15	20	35	66
	试验电压(kV)	15	21	30	38	47	72	120
	(2)二次绕组之间及末屏对地为 2 kV						
	(3)全部更换绕组绝缘后,应按出厂值进行						

八、电磁式电压互感器

1. 绝缘电阻(试验设备:绝缘电阻测试仪)

周　　期	要　求	说　明
(1)1~3 年 (2)大修后 (3)必要时	自行规定	一次绕组用 2 500 V 兆欧表,二次绕组用 1 000 V 或 2 500 V 兆欧表

2. tanδ(20 kV 及以上)(试验设备:抗干扰介质损耗测试仪)

周　　期	要　　求						说　　明
(1)绕组绝缘: a. 1~3 年 b. 大修后 c. 必要时 (2)66~220 kV 串级式 电压互感器支架: a. 投运前 b. 大修后 c. 必要时	(1)绕组绝缘 tanδ(%)不应大于下表中数值:						串级式电压互感器的 tanδ 试验方法建议采用末端屏蔽法,其他试验方法与要求自行规定
	温度(℃)	5	10	20	30	40	
	35 kV 及以下　大修后	1.5	2.5	3.0	5.0	7.0	
	35 kV 及以下　运行中	2.0	2.5	3.5	5.5	8.0	
	35 kV 以上　大修后	1.0	1.5	2.0	3.5	5.0	
	35 kV 以上　运行中	1.5	2.0	2.5	4.0	5.5	
	(2)支架绝缘 tanδ 一般不大于 6%。						

3. 电压比(试验设备:全自动变比组别测试仪)

周　　期	要　求	说　明
(1)更换绕组后 (2)接线变动后	与铭牌标志相符	更换绕组后应测量比值差和相位差

4. 交流耐压试验(试验设备:试验变压器)

周　期	要　　求							说　明
(1)3 年(20 kV 及以下) (2)大修后 (3)必要时	(1)一次绕组按出厂值的 85% 进行,出厂值不明的,按下列电压进行试验:							(1)串级式或分级绝缘式的互感器用倍频感应耐压试验 (2)进行倍频感应耐压试验时应考虑互感器的容升电压 (3)倍频耐压试验前后,应检查有否绝缘损伤
	电压等级(kV)	3	6	10	15	20	35	66	
	试验电压(kV)	15	21	30	38	47	72	120	
	(2)二次绕组之间及末屏对地为 2 kV							
	(3)全部更换绕组绝缘后按出厂值进行							

5. 连接组别和极性(试验设备:全自动变比组别测试仪)

周　期	要　求
(1)更换绕组后 (2)接线变动后	与铭牌和端子标志相符

九、套　管

1. 套管末屏对地绝缘电阻(试验设备:绝缘电阻测试)

周　期	要　求	说　明
(1)1～3 年 (2)大修(包括主设备大修)后 (3)必要时	(1)主绝缘的绝缘电阻值不应低于 10 000 MΩ (2)末屏对地的绝缘电阻不应低于 1 000 MΩ	采用 2 500 V 兆欧表

2. 主绝缘及电容型套管对地末屏 tanδ 与电容量(试验设备:抗干扰介质损耗测试仪)

周　期	要　求					说　明
(1)1～3 年 (2)大修(包括主设备大修)后 (3)必要时	(1)20℃时的 tanδ(%)值应不大于下表中数值:					(1)油纸电容型套管的 tanδ 一般不进行温度换算,当 tanδ 与出厂值或上一次测试值比较有明显增长或接近左表数值时,应综合分析 tanδ 与温度、电压的关系。当 tanδ 随温度增加明显增大或试验电压由 10 kV 升到 $U_m/\sqrt{3}$ 时,tanδ 增量超过 ±0.3%,不应继续运行 (2)20 kV 以下纯瓷套管及与变压器油连通的油压式套管不测 tanδ (3)测量变压器套管 tanδ 时,与被试套管相连的所有绕组端子连在一起加压,其余绕组端子均接地,末屏接电桥,正接线测量
		电压等级(kV)	20～35	66～110	220～500	
	大修后	充油型	3.0	1.5	—	
		油纸电容型	1.0	1.0	0.8	
		充胶型	3.0	2.0	—	
		胶纸电容型	2.0	1.5	1.0	
		胶纸型	2.5	2.0	—	
	运行中	充油型	3.5	1.5	—	
		油纸电容型	1.0	1.0	0.8	
		充胶型	3.5	2.0	—	
		胶纸电容型	3.0	2.0	1.0	
		胶纸型	3.5	2.0	—	
	(2)当电容型套管末屏对地绝缘电阻小于 1 000 MΩ 时,应测量末屏对地 tanδ,其值不大于 2% (3)电容型套管的电容值与出厂值或上一次试验值的差别超出 ±5% 时,应查明原因					

3. 交流耐压试验(试验设备:试验变压器)

周　期	要　求	说　明
(1)大修后 (2)必要时	试验电压值为出厂值的 85%	35 kV 及以下纯瓷穿墙套管可随母线绝缘子一起耐压

十、串联电抗器

1. 绕组绝缘电阻(试验设备:绝缘电阻测试仪)

周　　期	要　　求	说　　明
(1)1～5 年 (2)大修后	一般不低于 1 000 MΩ(20℃)	采用 2 500 V 兆欧表

2. 绕组直流电阻(试验设备:直流电阻快速测试仪)

周　　期	要　　求
(1)必要时 (2)大修后	(1)三相绕组间的差别不应大于三相平均值的 4％ (2)与上次测量值相差不大于 2％

3. 绕组 tanδ(试验设备:抗干扰介质损耗测试仪)

周　　期	要　　求	说　　明
(1)大修后 (2)必要时	20℃下的 tanδ 值不大于: 35 kV 及以下为 3.5,66 kV 为 2.5	仅对 800 kvar 以上的油浸铁芯电抗器进行

4. 绕组对铁芯和外壳交流耐压及相间交流耐压(试验设备:试验变压器)

周　　期	要　　求
(1)大修后 (2)必要时	(1)油浸铁芯电抗器,试验电压为出厂试验电压的 85％ (2)干式空心电抗器只需对绝缘支架进行试验,试验电压同支柱绝缘子

十一、电 容 器

1. 极对壳绝缘电阻(试验设备:智能绝缘电阻测试仪)

周　　期	要　　求	说　　明
(1)投运后 1 年内 (2)1～5 年	不低于 2 000 MΩ	(1)串联电容器用 1 000 V 兆欧表,其他用 2 500 V 兆欧表 (2)单套管电容器不测

2. 电容值(试验设备:全自动电容电桥测试仪)

周　　期	要　　求
(1)6 年 (2)必要时	(1)电容值偏差不超过额定值的－5％～＋10％范围 (2)电容值不应小于出厂值的 95％

3. 耦合电容器和电容式电压互感器的电容分压器的 tanδ(试验设备:全自动抗干扰异频介损测试仪)

周　　期	要　　求	说　　明
(1)投运后 1 年内 (2)1～5 年	10 kV 下的 tanδ 值不大于下列数值:油纸绝缘 0.5％;膜纸复合绝缘 0.2％	(1)当 tanδ 值不符合要求时,可在额定电压下复测,复测值如符合 10 kV 下的要求。可继续投运。 (2)电容式电压互感器低压电容的试验电压值自定

4. 耦合电容器和电容式电压互感器的电容分压器交流耐压试验(试验设备:工频试验变压器)

周　期	要　求
必要时	试验电压为出厂试验电压的 75%

十二、支柱绝缘子和悬式绝缘子

1. 零值绝缘子测试(66 kV 及以上)(试验设备:绝缘检测仪)

周　期	要　求	说　明
1～5 年	在运行电压下检测	(1)可根据绝缘子的劣化率调整检测周期 (2)对多元件针式绝缘子应检测每一元件

2. 绝缘电阻(试验设备:绝缘电阻测试仪)

周　期	要　求	说　明
(1)悬式绝缘子 1～5 年 (2)针式支柱绝缘子 1～5 年	(1)针式支柱绝缘子的每一元件和每片悬式绝缘子的绝缘电阻不应低于 300 MΩ,500 kV 悬式绝缘子不低于 500 MΩ (2)半导体釉绝缘子的绝缘电阻自行规定	(1)采用 2 500 V 及以上兆欧表 (2)棒式支柱绝缘子不进行此项试验

3. 交流耐压试验(试验设备:工频试验变压器)

周　期	要　求	说　明
(1)单元件支柱绝缘子 1～5 年 (2)悬式绝缘子 1～5 年 (3)针式支柱绝缘子 1～5 年 (4)随主设备 (5)更换绝缘子时	(1)支柱绝缘子的交流耐压试验电压值见相关规程规定 (2)35 kV 针式支柱绝缘子交流耐压试验电压值如下:两个胶合元件者,每元件 50 kV;三个胶合元件者,每元件 34 kV (3)机械破坏负荷为 60～300 kN 的盘形悬式绝缘子交流耐压试验电压值均取 60 kV	(1)35 kV 针式支柱绝缘子可根据具体情况按左栏要求进行 (2)棒式绝缘子不进行此项试验

4. 绝缘子表面污秽物的等值盐密(试验设备:智能电导盐密测试仪)

周　期	要　求	说　明
1 年	参照规程规定污秽等级与对应附盐密度值检查所测盐密值与当地污秽等级是否一致。结合运行经验,将测量值作为调整耐污绝缘水平和监督绝缘安全运行的依据。盐密值超过规定时,应根据情况采取调爬、清扫、涂料等措施	应分别为户外代表当地污染程度的至少一串悬垂绝缘子和一根棒式支柱取样,测量在当地积污最严重的时期进行

十三、电力电缆线路

1. 绝缘电阻(试验设备:智能绝缘电阻测试仪)

周　　期	要　　求	说　　明
在直流耐压试验之前进行	自行规定	额定电压 0.6/1 kV 电缆用 1 000 V 兆欧表;0.6/1 kV 以上电缆用 2 500 兆欧表(6 kV 及以上电缆也可用 5 000 V 兆欧表)

2. 直流耐压试验(试验设备:直流高压发生器)

周　　期	要　　求			说　　明
(1)1～3 年 (2)新作终端或接头后进行	(1)试验电压值按下表规定,加压时间 5 min,不击穿			6 kV 及以下电缆的泄漏电流小于 10 μA,8.7/10 kV 电缆的泄漏电流小于 20 μA 时,对不平衡系数不作规定
	额定电压 U_0/U(kV)	粘性油纸绝缘试验电压(kV)	不滴流油纸绝缘试验电压(kV)	
	0.6/1	4	4	
	1.8/3	12	—	
	3.6/6	24	—	
	6/6	30	—	
	6/10	40	—	
	8.7/10	47	30	
	21/35	105	—	
	26/35	130	—	

3. 主绝缘交流耐压试验(试验设备:串联谐振系统)

周　　期	要　　求	说　　明
(1)大修新作终端或接头后 (2)必要时	各电压等级推荐使用频率 20 Hz～300 Hz 谐振耐压试验,试验电压及时间见下表:	(1)不具备试验条件时可用施加正常系统相对地电压 24 h 方法代替 (2)必要时,如怀疑电缆有故障时
电压等级	试验电压	时间
35 kV 及以下	1.6U_0	60 min
110 kV	1.36U_0	60 min
220 kV 及以上	1.12U_0	60 min

十四、绝　缘　油

1. 水分(mg/L)(试验设备:微水测量仪)

标　　准	要　　求
66～110 kV 电压时≤35 220～330 kV 时≤25 330～500 kV 时≤15	运行中设备,测量时应注意温度的影响,尽量在顶层油温高于 50℃时采样,按 GB 7600—1987 或 GB 7601—2008 进行试验

2. 击穿电压(kV)(试验设备:全自动绝缘油介电强度测试仪—单杯)

标　准	要　求
15 kV 以下时≥25 15～35 kV 时≥30 66～220 kV 时≥35 330 kV 时≥45 500 kV 时≥50	按 GB/T 507—2002 和 DL/T 429.9—1991 方法进行试验

3. $\tan\delta$(90℃)‰(试验设备:绝缘油介质损耗测试仪)

标　准	要　求
300 kV 及以下时≤4 500 kV 时≤2	按 GB 5654—2007 进行试验

十五、SF_6 气体

1. 水分(露点)(试验设备:智能微水测量仪)

周　期	要　求
(1)大修后 (2)必要时	按制造厂的技术要求

2. SF_6 气体泄漏试验(试验设备:高精度 SF_6 气体检漏仪)

周　期	要　求
(1)大修后 (2)必要时	年漏气率:≤1%或按制造厂要求

十六、接地装置

1. 有效接地系统的电力设备的接地电阻(试验设备:地网接地电阻测试仪或钳形接地电阻测试仪)

周　期	要　求	说　明
(1)不超过 6 年 (2)可以根据该接地网挖开检查的结果酙酌延长或缩短周期	$R\leq2000/I$ 或 $R\leq0.5\Omega$,($I>4000$A 时) 式中: I—经接地网流入地中的短路电流,A; R—考虑到季节变化的最大接地电阻,Ω	(1)测量接地电阻时,如在必须的最小范围内土壤电阻率基本均匀,可采用各种补偿法,否则,应采用远离法 (2)在高土壤电阻率地区,接地电阻如按规定值要求,在技术经济上极不合理时,允许有较大的数值。但必须采取措施以保证发生接地短路时,在该接地网上 a. 接触电压和跨步电压均不超过允许的数值 b. 不发生高电位引外和低电位引内 c. 3～10 kV 阀式避雷器不动作 (3)在预防性试验前或每 3 年以及必要时验算一次/值,并校验设备接地引下线的热稳定

2. 非有效接地系统的电力设备的接地电阻(试验设备:地网接地电阻测试仪或钳形接地电阻测试仪)

周　　期	要　　求
(1)不超过6年 (2)可以根据该接地网挖开检查的结果酌酌延长或缩短周期	(1)当接地网与1 kV及以下设备共用接地时,接地电阻 $R \leqslant 120/I$ (2)当接地网仅于1 kV以上设备时,接地电阻 $R \leqslant 250/I$ (3)在上述任一情况下,接地电阻一般不得大于10 Ω 式中 I——经接地网流入地中的短路电流,A; 　　　R——考虑到季节变化最大接地电阻,R

3. 有架空地线的线路杆塔的接地电阻(试验设备:地网接地电阻测试仪或钳形接地电阻测试仪)

周　　期	要　　求	说　　明
(1)发电厂或变电所进出线1~2 km内的杆塔1~2年 (2)其他线路杆塔不超过5年	当杆塔高度在40 m以下时,按下列要求,如杆塔高度达到或超过40 m时,则取下表值的50%,但当土壤电阻率大于2 000 Ω·m,接地电阻难以达到15 Ω时可以增加至20 Ω	对于高度在40 m以下的杆塔,如土壤电阻率很高,接地电阻难以降到30 Ω时,可采用6~8根总长不超过500 m放射形接地体或连续伸长接地体,其接地电阻可不受限制。但对于高度达到或超过40 m的杆塔,其接地电阻也不宜超过20 Ω
	土壤电阻率(Ω·m)	接地电阻(Ω)
	100及以下	10
	100~500	15
	500~1 000	20
	1 000~2 000	25
	2 000以上	30

十七、6 000 kW及以上的同步发电机

1. 定子绕组的绝缘电阻、吸收比或极化指数(试验设备:绝缘电阻测试仪)

周　　期	要　　求	说　　明
(1)1年或小修时 (2)大修前、后	(1)绝缘电阻值自行规定。若在相近试验条件(温度、湿度)下,绝缘电阻值降低到历年正常值的1/3以下时,应查明原因 (2)各相或各分支绝缘电阻值的差值不应大于最小值的100% (3)吸收比或极化指数:沥青浸胶及烘卷云母绝缘吸收比不应小于1.3或极化指数不应小于1.5;环氧粉云母绝缘吸收比不应小于1.6或极化指数不应小于2.0;水内冷定子绕组自行规定	(1)额定电压为1 000 V以上者,采用2 500 V兆欧表,量程一般不低于10 000 MΩ (2)水内冷定子绕组用专用兆欧表 (3)200 MW及以上机组推荐测量极化指数

2. 定子绕组的直流电阻（试验设备：直流电阻快速测试仪）

周　期	要　　求	说　　明
(1)大修时 (2)出口短路	汽轮发电机各相或各分支的直流电阻值，在校正了由于引线长度不同而引起的误差后相互间差别以及与初次（出厂或交接时）测量值比较，相差不得大于最小值的 1.5%（水轮发电机为 1%）。超出要求者，应查明原因	(1)在冷态下测量，绕组表面温度与周围空气温度之差不应大于 ±3℃ (2)汽轮发电机相间（或分支间）差别及其历年的相对变化大于 1% 时，应引起注意

3. 转子绕组的直流电阻（试验设备：直流电阻快速测试仪）

周　期	要　　求	说　　明
大修时	与初次（交接或大修）所测结果比较，其差别一般不超过 2%	(1)在冷态下进行测量 (2)显极式转子绕组还应对各磁极线圈间的连接点进行测量

4. 定子绕组泄漏电流和直流耐压试验（试验设备：直流高压发生器和试验变压器）

周　期	要　　求			说　　明
(1)1年或小修时 (2)大修前、后 (3)更换绕组后	试验电压如下：			(1)应在停机后清除污秽前热状态下进行。处于备用状态时，可在冷态下进行。氢冷发电机应在充氢后氢纯度为 96% 以上或排氢后含氢量在 3% 以下时进行，严禁在置换过程中进行试验； (2)试验电压按每级 $0.5U_n$ 分阶段升高每阶段停留 1 min； (3)不符合(2)、(3)要求之一者，应尽可能找出原因并消除，但并非不能运行； (4)泄漏电流随电压不成比例显著增长时，应注意分析； (5)试验时，微安表应接在高压侧，并对出线套管表面加以屏蔽。水内冷发电机汇水管有绝缘者，采用低压屏蔽法接线；汇水管直接接地者，应在不通水和引水管吹净条件下进行试验。冷却水质应透明纯净，无机械混杂物，导电率在水温 20℃ 时要求：对于开启式水系统不大于 $5.0 \times 10^2 \mu s/m$；对于独立的密闭循环水系统为 $1.5 \times 10^2 \mu s/m$
	全部更换定子绕组并修好后		$3.0U_n$	
	局部更换定子绕组并修好后		$2.5U_n$	
	大修前	运行 20 年及以下者	$2.5U_n$	
		运行 20 年及以上与架空线路直接连接者	$2.5U_n$	
		运行 20 年及以上不与架空线路直接连接者	$(2.0\sim 2.5)U_n$	

附录二　高压电气设备绝缘的工频耐压试验电压标准

注:摘自《电气装置安装工程电气设备交接试验标准》GB 50150—2006

额定电压 (kV)	最高工作电压 (kV)	1 min 工频耐受电压(kV)有效值															
		油浸电力变压器		并联电抗器		电压互感器		断路器、电流互感器		干式电抗器		穿墙套管				支柱绝缘子、隔离开关		干式电力变压器	
												纯瓷和纯瓷充油绝缘		固体有机绝缘					
		出厂	交接	出厂	交接	出厂	交接	出厂	交接	出厂	交接	出厂	交接	出厂	交接	出厂	交接	出厂	交接
3	3.5	18	15	18	15	18	16	18	16	18	18	18	18	18	16	25	25	10	8.5
6	6.9	25	21	25	21	23	21	23	21	23	23	23	23	23	21	32	32	20	17.0
10	11.5	35	30	35	30	30	27	30	27	30	30	30	30	30	27	42	42	28	24
15	17.5	45	38	45	38	40	36	40	36	40	40	40	40	40	36	57	57	38	32
20	23.0	55	47	55	47	50	45	50	45	50	50	50	50	50	45	68	68	50	43
35	40.5	85	72	85	72	80	72	80	72	80	80	80	80	80	72	100	100	70	60
63	69.0	140	120	140	120	140	126	140	126	140	140	140	140	140	126	165	165		
110	126.0	200	170	200	170	200	180	185	180	185	185	185	185	185	180	265	265		
220	252.0	395	335	395	335	395	356	395	356	395	395	360	360	360	356	450	450		
330	363.0	510	433	510	433	510	459	510	459	510	510	460	460	460	459				
500	550.0	680	578	680	578	680	612	680	612	680	680	630	630	630	612				

注:①上表中,除干式变压器外,其余电气设备出厂试验电压是根据现行国家标准《高压输变电设备的绝缘配合》;

②干式变压器出厂试验电压是根据现行国家《干式电力变压器》;

③额定电压为 1 kV 及以下的油浸电力变压器交接试验电压为 4 kV,干式电力变压器为 2.6 kV;

④油浸电抗器和弧线圈采用油浸电力变压器试验标准

参考文献

[1] GB 50150—2006 电气装置安装工程电气设备交接试验标准.

[2] DL/T 596—1996 电力设备预防性试验规程.

[3] 简克良. 高电压技术. 北京: 中国铁道出版社, 1989.

[4] 王亚妮. 高速铁路变配电设备检修岗位. 北京: 中国铁道出版社, 2012.